普通高等教育“十四五”规划教材

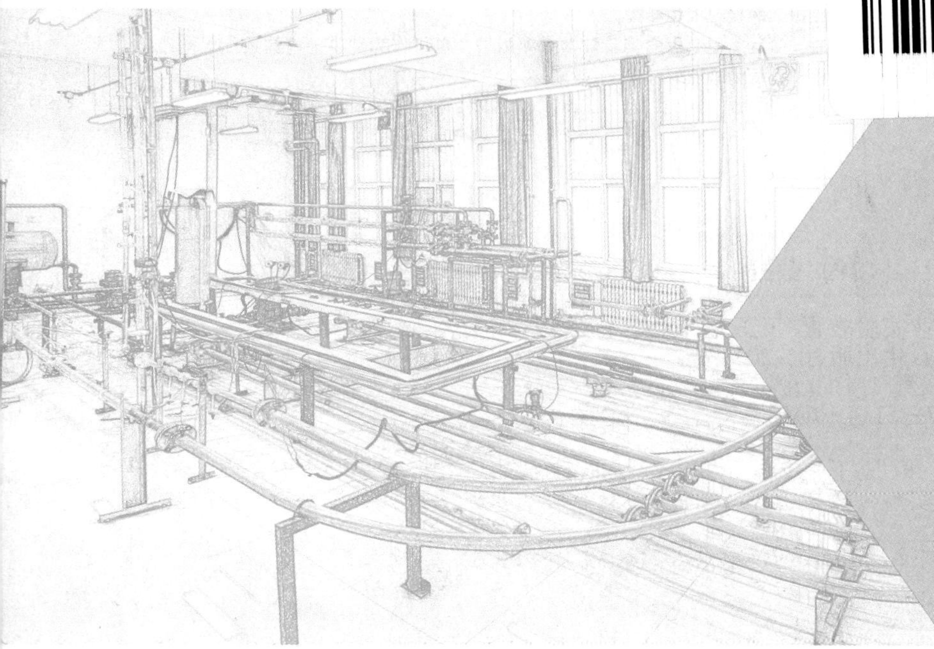

油气储运专业实验教程

王玉龙　魏爱军　齐红媛　编著
邓志安　蒋华义　主审

中国石化出版社

内 容 提 要

本教材是根据油气储运工程专业本科生的人才培养要求，以培养理论联系实际的能力、分析解决相关工程问题的能力，提高科学实验素养为目的，结合实验教学的要求及实验中心的具体情况而编写的。全书内容涵盖工程流体力学、原油流变学、储运油料学、腐蚀与防护、油气集输、输油管道设计与管理及油库设计与管理等油气储运工程专业相关课程的重要实验。

本教材既可作为高等院校油气储运工程专业的实验教学指导用书，也可作为从事油气储运工程设计、技术研发、销售、生产等工作技术人员的培训教材。

图书在版编目（CIP）数据

油气储运专业实验教程/王玉龙，魏爱军，齐红媛编著.
—北京：中国石化出版社，2021.9
（普通高等教育“十四五”规划教材）
ISBN 978-7-5114-6463-7

Ⅰ.①油… Ⅱ.①王…②魏…③齐… Ⅲ.①石油与天然气储运-实验-教材 Ⅳ.①TE8-33

中国版本图书馆CIP数据核字（2021）第189798号

中国石化出版社出版发行

地址：北京市东城区安定门外大街58号
邮编：100011　电话：(010)57512500
发行部电话：(010)57512575
http://www.sinopec-press.com
E-mail:press@sinopec.com
北京力信诚印刷有限公司印刷
全国各地新华书店经销

*

787×1092毫米16开本13印张328千字
2021年9月第1版　2021年9月第1次印刷
定价：36.00元

前　言

油气储运工程涉及油气田集输、长距离输送管道、储存与装卸及城市输配系统，是连接油气产、运、炼、销诸环节的纽带。随着跨国天然气管道的建设和输送介质的多元化，其涉及的基础和工程学科日益广泛，已发展成为一门综合性高新技术学科。高质量地培养能够运用油气储运工程及相关领域的知识，从事油气储运工程设计、研发、建设、生产管理等方面工作并具有创新意识、系统思维和国际视野的高素质工程技术人才是油气储运工程专业的重要任务。

实验教学是人才培养过程中的重要环节之一，在培养学生理论联系实际、分析解决相关工程问题、提高科学实验素养等能力方面起着重要作用。本书结合西安石油大学油气储运工程专业人才培养方案、实验室现状和建设发展规划，综合考虑了学生的认知规律，总结了多年的实验教学讲义、教案及教学实践经验，并结合相关国家标准、行业标准和手册，参考国内部分高校相关专业实验指导书的内容，在多位教师的参与下编写完成。全书内容涵盖工程流体力学、储运油料学、原油流变学、腐蚀与防护、油气集输、输油管道设计与管理、油库设计与管理等油气储运工程专业课程的重要实验（包括演示性、验证性、综合性和设计性四类实验）并介绍了这些实验必要的工程背景。

全书共分为8章，在实际应用中各学校可根据人才培养计划、实验条件、课程教学要求、学时情况等进行遴选开设。第1章为概述，重点介绍油气储运专业实验课程的特点、教学目标、教学内容等，便于对课程整体情况有一定了解；第2章为实验误差分析与数据处理，使学生能够判定影响实验误差的主要因素，掌握实验数据的正确处理方法；第3章为流体力学实验，重点介绍了流体静力学综合实验、动力学综合实验及演示实验，使学生掌握流体运动的基本概念、基本理论、相关参数的测定原理和计算方法；第4章为泵与压缩机实验，重点介绍了离心泵特性曲线测定、双泵串并联实验、离心泵构造与拆装实验、活塞压缩机的拆装实验，使学生掌握管道常用泵体和压缩机的基本构造、基本性能、工作原理、串并联特点；第5章为原油及石油产品物性测试实验，以相关国家标准和行业标准为依据，重点介绍了密度、馏程、凝点、倾点、黏度、水含量等油品基本物性的测试原理及方法，使学生掌握油品分析的基本知识和基础操作技能；第 6 章为腐蚀与防护实验，重点介绍了阳极接地电阻测试实验、土壤电阻率测定实验、“极化曲线法”测土壤腐蚀性实验、管地电位测试实验，使学生掌握一定的管道腐蚀与防护检测技术；第 7 章为油品蒸发及安全性能测定实验，重点介绍了油品的“小呼吸”蒸发损耗、闪燃点、蒸气压、爆炸极限等安全性能的测定实验，使学生充分认识到油品安全管理的重要性；第 8 章为储运工艺综合实验，重点介绍了气液两相流综合实验和等温输油管路模拟综合实验，使学生熟悉油气储运常见工艺流程，了解并掌握设备的使用方法及工艺流程特点。

本书由王玉龙、魏爱军和齐红媛编著。其中王玉龙负责全书统稿及第 1 章、第 3 章中 3.1 ~ 3.10、第 5 章中 5.1 ~ 5.11 及第 8 章中 8.1 的编写；魏爱军负责第 4 章、第 6 章、第 8 章中 8.2 的编写；齐红媛负责第 2 章、第 3 章中 3.11 ~ 3.12、第 5 章中 5.12 ~ 5.14、第 7 章的编写。西安石油大学油气储运工程系的全体教师对本书的编写提供了大量的帮助，邓志安教授和蒋华义教授对全书进行了细致的审阅，并提出许多宝贵意见。编者在此表示衷心的感谢！

本书的编写得到了西安石油大学领导和同仁的大力支持并提出了宝贵意见，同时也得到西安石油大学校级教材建设项目的资助，在此一并表示感谢！

鉴于编者水平有限，书中难免有错误和不足之处，恳请读者批评指正。

目　　录

第1章　概　述

油气储运专业实验是油气储运工程专业中一门重要的综合性实践课程，在帮助学生更好地理解理论知识，培养学生实践能力、团队协作精神、创新思维、创新意识以及解决复杂工程问题能力等方面发挥着重要作用。

油气储运专业实验的先修课程一般包括工程流体力学、传热学、油料学、泵与压缩机、腐蚀与防护、输油管道设计与管理、油库设计与管理、油气集输、城市燃气输配等油气储运工程相关专业的专业基础课程和专业核心课程。该课程以验证和巩固先修课程相关理论为出发点，学生通过实验操作，观察实验现象，熟悉并掌握流体运动的基本概念、基本理论和基本计算方法、油品的基本物性测量原理及方法、管道常用泵体的特点、工作原理及离心泵特性曲线的测定方法、腐蚀与防护的检测技术、长输管道工艺生产流程、各站功能及运行方式、油库中油品储存过程中的蒸发损耗、气液两相流流型及相关测量等基本知识和原理。通过对实验现象的观察及对实验数据的分析和处理，提高学生分析、归纳和解决问题的能力，掌握进行科学实验的基本方法和基本技能，提高动手能力，养成严谨的科学作风，为今后的科研工作奠定坚实的理论基础，为从事油气田地面工程现场工作夯实实践基础。

1.1　课程教学目标

(1)掌握实验相关的基本概念、测试的基本原理及方法，并能够运用数学、自然科学、工程基础和实验基本原理判断、表达并解释实验过程中发生的现象。

(2)能够根据基础科学原理和本专业知识，结合实际问题，选择并确定合理可行的实验方案或自行设计实验方案，并根据实验方案构建实验系统，安全地开展实验，正确地获取实验数据，对获取的实验数据进行分析、解释和归纳，通过信息综合得出合理、有效的结论。

(3)能够在实验过程中发现问题，敢于发表自己的意见，和实验指导教师进行有效沟通和交流，并在后续实验中加以改进，培养科学思维方法和分析问题、解决问题的能力。能够在实验过程中既能发挥个人的能力，还能和小组成员相互协作，共同完成相关实验。能够应用所学知识对实验结果进行总结，形成文字报告进行展示和汇报，为今后开展油气田地面工程生产和科学研究奠定坚实基础。

(4)了解并掌握油气储运工程系统生产中先进的自动化控制仪表、仪器、检测设备及检测方法，能够使用合适的数据处理软件处理实验数据。

1.2 课程教学的主要内容

油气储运专业实验的课程教学内容主要包括两方面：一方面是基本的实验误差分析与数据处理方法(见第2章)；另一方面是工程流体力学、油料学、泵与压缩机、腐蚀与防护、油库设计与管理、油气集输、输油管道设计与管理等油气储运工程专业的专业基础课程和专业核心课程所涉及的实验内容(见第3~8章)。

1.3 课程教学的考核要求

油气储运专业实验的考核主要包括实验预习、实验操作、实验报告三个方面。

(1)实验预习。上课前，学生应认真阅读实验指导书或观看实验教学视频、教学课件等资料，明确实验目的和实验原理，根据实验的具体要求，选择并确定合理可行的实验方案或自行设计实验方案，确定实验内容、步骤、应测数据及数据的分析方法，并预测实验数据的变化规律。结合实验任务到实验室认真查看实验仪器、设备、仪表的种类，分析实验流程，了解实验操作过程和操作的注意事项。经过充分的预习，撰写预习报告，方可进行实验。

(2)实验操作。在实验室上课时，学生首先应认真听实验教师讲解实验原理、内容、仪器使用方法、操作步骤、安全注意事项等，然后在自己进行实验操作的过程中，应严格遵循实验步骤，按规范准确操作，集中注意力，保持较强的安全操作意识；同时，在分组操作时应和团队其他成员进行有效沟通，组织、协调团队开展实验，记录翔实有效的原始实验数据。在操作过程中，能及时发现问题并解决，或与指导教师进行有效沟通后能自行排除并解决问题。

(3)实验报告。实验报告是实验工作的全面总结和概括，一般包括预习报告和正式报告。预习报告包括实验目的、基本原理、实验内容、原始数据记录等内容，正式报告包括实验仪器装置、内容、操作方法及步骤、数据处理及分析、思考题、问题与建议等内容。通过撰写实验报告，使学生在数据处理、作图、误差分析、问题归纳等方面得到全面提高，能够通过信息综合得到合理有效的结论，进而能对油气储运专业及相关领域的工程问题进行合理的论证和评价、预测和判断，或者对工程的开展提出建议。

实验教学课程的考核是对学生综合能力的考查，要求每一位学生在整个过程中都应认真对待并独立完成，提升个人综合素质。

第2章 实验误差分析与数据处理

数据的测定是科学研究和生产实践的基础。实践表明，每项实验都有误差，同一项目的多次重复测量结果总有差异：即实验值与真实值之间的差异。这是由实验环境不理想、实验人员技术水平参差不齐、实验设备与实验方法不完善等因素引起的。随着研究人员对研究课题认识的提高和所使用的仪器设备的不断完善，实验中的误差可以不断减少，但是不可能做到完全消除。一方面，必须将所测得数据加以归纳整理，用一定的方式表示出各数据之间的相互关系；另一方面，还必须对所测对象进行分析研究，事先估计测试结果的可靠程度，并对取得的数据给予合理的解释；前者即数据处理，后者为误差分析。

对实验结果进行误差分析与数据处理的目的在于：

(1)根据科学实验的目的，合理选择实验装置、仪器、条件和方法；

(2)正确处理实验数据，在一定条件下得到与真实值接近的最佳结果；

(3)合理选定实验结果的误差，避免由于误差选取不当造成人力、物力的浪费；

(4)总结测定的结果，得到正确的实验结论，并通过必要的归纳整理(如绘成实验曲线或得到经验公式)，为验证理论分析提供条件。

2.1 数据的误差分析

2.1.1 真值与平均值

2.1.1.1 真值

真值是指某物理量客观存在的确定值，它通常是未知的。由于受测量仪器、测量方法、环境、人的观察力及测量程序等因素影响，实验误差在所难免，故真值是无法测得的。当测量次数无限多时，根据正负误差出现概率相等的误差分布定律，取测量值的平均值，在无系统误差情况下，可以获得极为接近真值的数值。故真值等于测量次数无限多时算出的平均值。但实际测定的次数都是有限的，由有限次数求出的平均值，只能近似地接近于真值，称此平均值为最佳值，计算时可将此值作真值用。在实际应用上也可将高精确度测量仪器所测得的测量值视为低精度测量仪器的真值。

2.1.1.2 平均值

平均值是指某物理量经过多次测量算出的平均数值，测量次数越多，算出的平均值越近似于真值，或称为最佳值。通常用它代替真值。

常用的平均值有以下几种：

(1)算术平均值。这是最常用的一种平均值，它是在最小二乘意义下真值的最佳近似值。设 x_1，x_2，…，x_n是实验中对于某物理变量的一组观测数据，算术平均值为：

$$\bar{x} = \frac{x_1 + x_2 + \cdots + x_n}{n} = \frac{\sum_{i=1}^{n} x_i}{n} \tag{2-1}$$

(2)加权平均值。对于同一物理变量采用不同方法或在不同条件下观测得到的一组数据，通常根据不同数据的可靠程度给予不同的“权重”而得到加权平均值。

$$\bar{x}_w = \frac{w_1 x_1 + w_2 x_2 + \cdots + w_n x_n}{w_1 + w_2 + \cdots + w_n} = \frac{\sum_{i=1}^{n} w_i x_i}{\sum_{i=1}^{n} w_i} \tag{2-2}$$

式中，w_i为相应于 x_i的加权因子，w_i值一般多根据经验给出。

(3)均方根平均值。在数据统计分析中，将所有值平方求和，求其均值，再开平方，得到均方根值。物理学中，常用均方根值分析噪声。同时，它也是定义 AC(Alternating Current)波的有效电压或电流的一种最普遍的数学方法。

$$\bar{x}_{均} = \sqrt{\frac{x_1^2 + x_2^2 + \cdots + x_n^2}{n}} = \sqrt{\frac{\sum_{i=1}^{n} x_i^2}{n}} \tag{2-3}$$

(4)几何平均值。当一组观测值 $x_i(i=1, \cdots, n)$取对数后所得图形的分布曲线更为对称时，常采用几何平均值。

$$\bar{x}_{几} = \sqrt[n]{x_1 \times x_2 \times \cdots \times x_n} \tag{2-4}$$

以对数表示为：

$$\lg \bar{x}_{几} = \frac{\sum_{i=1}^{n} \lg x_i}{n} \tag{2-5}$$

(5)中位值。将观测值按大小顺序排列后，处在中间位置的值即为中位值，当 n 为偶数时，取中间两数据的算术平均值作为中位值。

上述诸多平均值，都是想从一组观测数据中找到最接近真值的那个数值。平均值的选择主要取决于观测数据的分布类型。工科实验中的大多数物理变量服从于正态分布，因此，算术平均值应用最多。

2.1.2 误差的定义和分类

误差是指测量值(也包括间接测量值)与真值之差。偏差是指测量值与平均值之差。当测量次数足够多时，测量误差与偏差很接近，习惯上常将两者混用。误差的大小，反映了测量值相对于真值的符合程度。

在任何一种测量中，无论所用仪器、设备多么精密，方法多么完善，实验人员多么严谨细致地操作、测量，误差都不可避免地存在。

根据误差的性质及产生的原因，可将误差分为系统误差、随机误差(偶然误差)及过失误差(粗大误差)3 种。

(1)系统误差

系统误差是由某些固定不变的因素引起的误差。在同一条件下对同一物理量进行多次测量，其误差的数值大小，正负保持恒定，或误差随条件改变，按某一确定的规律变化。即有的系统误差随时间呈线性、非线性或周期性变化，有的不随测量时间变化。系统误差的大小反映了实测数据的准确度。

造成系统误差的主要因素有：①测量仪器，仪器设计上的缺陷，零件制造不标准，安装不正确，未经校准等。如用未校准而实重偏大的砝码称重，所得称重值偏小。再如，使用电子仪器时零点未经校正而造成固定偏向的误差。②环境，外界温度、湿度、压力、风速等变化引起的误差。③测量方法，近似的测量方法或近似的计算公式等引起的误差。④人员，测量人员的习惯偏向或动态测量时读数提前/滞后现象等。

总之，系统误差有固定偏向和确定的规律，可按具体原因采取措施给予校正或用修正公式消除。

(2)随机误差

随机误差是由某些不易控制的因素造成的误差，也称偶然误差。即已消除引起系统误差的一切因素，在同一条件下对同一物理量进行多次测量，其误差数值和符号是不确定的，时大时小，时正时负，无固定大小和偏向。随机误差产生原因不明，因而无法控制和补偿，但随机误差服从统计规律，其误差与测量次数有关，随着测量次数增加，出现的正负误差可相互抵消。因此，多次测量值的算术平均值接近真值。研究随机误差可采用概率统计方法。

(3)过失误差

过失误差是与实际明显不符的误差，误差值可能很大，无一定规律。主要由于实验人员粗心大意引起，如操作失误、读数错误、记录错误、计算错误等，因此也称粗大误差。存在过失误差的测量值在实验数据整理时必须剔除，此类误差只要操作人员认真细致地工作和加强校对即可避免。

由以上讨论可知，系统误差和过失误差是可以设法消除的。由于仪器、方法及实验环境所造成的系统误差往往超过随机误差许多倍，所以首先应消除系统误差。随机误差是由于暂时未能掌握的某些因素造成的，如，外界环境发生微小变化，装置中零件配合不稳定，操作人员读数不稳定等。随机误差和系统误差之间并不存在明显的界限，同样过失误差有时也难以和随机误差相区别，可作为随机误差来处理。系统误差和过失误差可以避免，而随机误差是不可避免的，因此随机误差是误差理论中的主要研究对象。

2.1.3　误差的表示方法

误差的表示方法有以下几种。

(1)绝对误差

测量值与真值之差的绝对值称为绝对误差，通称误差。但在实际工作中，以平均值代替真值，把观测值与平均值之差叫剩余误差，习惯上叫作绝对误差。

设测量值用 x 表示，真值用 X 表示，则绝对误差 D 为：

$$D=|X-x|，\text{即 } x-D\leqslant X\leqslant x+D \tag{2-6}$$

真值是未知的，计算时常用多次测量的平均值 $\bar{x}$ 代替，则绝对误差 D 可表示为：

$$D=|X-\bar{x}| \tag{2-7}$$

绝对误差的大小不足以说明测量的准确程度，要判断测量的准确度，必须将绝对误差与测量值的真值相比较，即求出其相对误差，才能说明问题。

(2)相对误差

绝对误差与真值的绝对值之比，称为相对误差。真值未知，用算术平均值代替。即为：

$$相对误差=\frac{绝对误差}{真值}\times100\%=\frac{绝对误差}{\bar{x}}\times100\% \tag{2-8}$$

相对误差常用百分数或千分数表示，以适应不同精度的要求。相对误差更能反映测量结果的可靠性，较绝对误差更能鉴别实验的准确度。

(3)引用误差

引用误差(或相对示值误差)指一种简化和实用方便的仪器仪表指示值的相对误差。是以仪器仪表的满量程示值为分母，某一刻度点示值误差为分子所得比值的百分数。仪器仪表的精度用此误差来表示。如1级精度仪表，即为：

$$\frac{量程内最大示值误差}{满量程示值}\times100\%=1\% \tag{2-9}$$

(4)算术平均误差

算术平均误差是指单次测定值与平均值的偏差(取绝对值)之和，除以测定次数，即为：

$$\delta=\frac{\sum|x_i-\bar{x}|}{n}=\frac{\sum d_i}{n} \tag{2-10}$$

式中 n——测量次数；

x_i——测量值，$i=1, 2, 3, \cdots, n$；

d_i——测量值与算术平均值($\bar{x}$)之差的绝对值，$d_i=|x_i-\bar{x}|$。

式(2-10)应取绝对值，否则在一组测量值中，$(x_i-\bar{x})$值的代数和必为零。

算术平均误差的缺点是无法表示各次测量之间彼此的符合程度。因此，偏差彼此相近的一组测量值的算术平均误差，可能与偏差有大、中、小三种情况的另一组测量值相同。

(5)标准误差(均方根误差)

当测定次数为无穷多时，其定义为：

$$\sigma=\sqrt{\frac{\sum D_i^2}{n}}\quad D_i=|x_i-X| \tag{2-11}$$

当测定次数为有限次时，常用式(2-12)表示

$$\sigma=\sqrt{\frac{\sum d_i^2}{n-1}} \tag{2-12}$$

标准误差是目前常用的一种表示精度的方法，它不仅与一组测量值的每个数据有关，而且对一组测量值中的较大误差或较小误差非常敏感，能较好地表明数据的离散程度。标准误差的大小，表明在一定条件下等精度测量列数据中每个观测值对其算术平均值的分散程度。如果标准误差的数值小，则说明该测量列数据中相应小的误差占优势，任一单次观测值对其算术平均值的分散程度小，即测量的精度高；反之，则精度低。实验越精确，其标准误差越小，它是评定测量精确度的标准，故被广泛采用。

2.1.4　错误数据的剔除

整理实验数据时，会遇到以下问题，即在一组实验数据中，发现有误差特别大的数据，若保留它，会降低实验结果的准确度，但要舍去它，必须慎重。一般实验中出现的数据误差，通常是由于疏忽所致。对于此类数据是保留还是舍弃，必须要根据随机误差理论，用较客观、可靠的判断依据进行甄别。

常用判别较大误差最简单的方法是 3σ 准则(又称为拉依达准则)，先假设一组检测数据只含有随机误差，对其进行计算处理得到标准偏差，按一定概率确定一个区间，认为凡超过这个区间的误差，就不属于随机误差而是过失误差，含有该误差的数据应予以剔除。但 3σ 准则是以测量次数充分多为前提，测量次数少时不可靠。因此，3σ 准则只能是一个近似准则。如果在某测量列中发现某测量值 x 误差满足式(2－13)：

$$|x_i - \bar{x}| > 3\sigma \tag{2-13}$$

则认为它含有过失误差值，应该剔除。

当使用 3σ 准则时，允许一次将偏差大于 3σ 的所有数据剔除，再将剩余各个数据重新计算，并再次用 3σ 准则判断剔除超差数据。

2.1.5　精密度、正确度和精确度

测量的质量和水平，可以用误差和精确度等概念来描述。通常用以下三个概念指明误差的来源和性质。

(1)精密度。实验中同一物理量几次测量值之间的一致性，即重复性，称精密度。它可以反映随机误差的影响程度，精密度高则随机误差小。如果实验的相对误差为 0.01% 且误差纯由随机误差引起，则可认为精密度为 10^{-4}。

(2)正确度。指在规定条件下，测量中所有系统误差的综合。它反映系统误差大小的程度，正确度高表示系统误差小。若实验的相对误差为 0.01%，且误差仅由系统误差引起，则可认为正确度为 10^{-4}。

(3)精确度。测量结果与真值之间的符合程度称作精确度，它反映测量中所有系统误差和随机误差的综合影响程度。因此，精确度表示测量结果与真值的逼近程度。若测量的相对误差为 0.01%，且误差由系统误差和随机误差共同引起，则认为精确度为 10^{-4}。

对于实验或测量来说，精密度高，正确度不一定高；正确度高，精密度也不一定高。但精确度高必须是精密度与正确度都高。如图 2－1 所示，(a)的系统误差小而随机误差大，即正确度高而精密度低；(b)的系统误差大而随机误差小，即正确度低而精密度高；(c)的系统误差与随机误差都小，表示正确度和精密度都高，即精确度高。

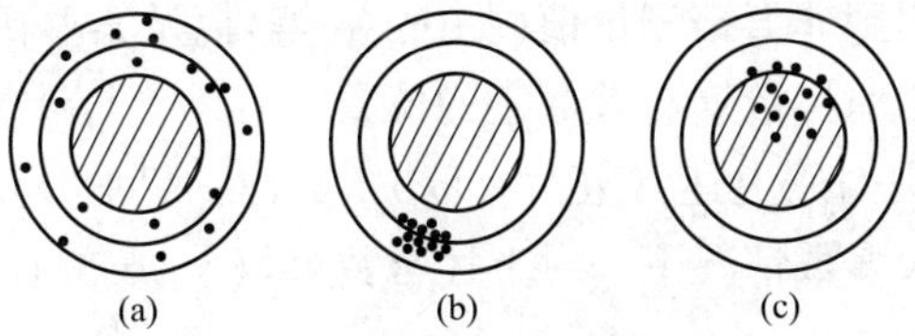

图 2－1　精密度、正确度和精确度

2.2 实验数据的处理

实验数据处理是整个实验研究过程中的一个重要环节，其目的是将实验中获得的大量数据去粗取精、去伪存真之后，再进一步计算处理，最终整理得出各变量之间的定量或定性关系。实际上，对于一个考虑周密、设计完善的实验研究方案，数据处理绝不仅是实验结束后的一个工作步骤，而是贯穿于整个实验研究过程的始终，如实验变量的确定、实验范围的选择、实验点的布置及变量关系的表达方式等都伴有大量的数据处理工作。此外，数据处理方法的选择也是非常重要，它直接影响实验工作量的大小和实验结果的质量。由此可见，在实验研究过程中必须充分重视数据处理的工作。

2.2.1 有效数字的处理

实验测量数据、运算数据以及实验结果数据，应取几位数为有效数据是一个很重要的问题。认为小数点后面的位数越多越准确，或者运算结果保留位数越多越准确的想法是错误的，正确的数据记录和运算都需用有效数字的概念和运算规则来处理。

所谓有效数字是指一个几位数中除末尾一位数为欠准或不确定外，其余各位都是准确知道的。这个数据有几位数，我们就说这个数据有几位有效数字。

有效数字是在分析工作中实际能够测量到的数字，包括最后一位估计的、不确定的数字。我们把通过直读获得的准确数字叫作可靠数字；把通过估读得到的那部分数字叫作存疑数字；把测量结果中能够反映被测量数据大小的带有一位存疑数字的全部数字叫有效数字。例如，测得物体的长度为8.28cm，记录数据时，我们记录的数据和实验结果真值一致的数据位便是有效数字。

有效数据中的小数点位置在前或在后取决于所用的测量单位及测量中所使用的仪器仪表的准确度。例如，用最小分度为1mm的标尺测量长度，得到51.2mm、5.12cm和0.0512m三个数据，这三个数据由于使用的单位不同，因此小数点的位置不同，但其准确度是相同的。在上述的长度测量中，因为使用标尺的最小分度为1mm，故数据的有效数是3位。实验数据的准确度取决于有效数据的位数，而有效数据的位数由使用的仪器仪表的准确度所决定，即实验数据的有效数据位数必须反映仪表的准确度和存在疑问的数字位置。例如，36.5℃和36.55℃，36.5℃的有效数字位数为3位，最后一位5是估计值，即测量用的温度计的最小分度为1℃，0.1℃是估计读出的，但36.55℃的有效数字位数有4位，其测量用的温度计的最小分度为0.1℃，而估计读数可以到0.01℃。显然后者温度计的精度要比前者的高出1个等级。

数据的计算，如果用到非直接测量值（如 π、e 等）以及某些因子（如 $\sqrt{2}$、1/3 等），有效数字则取决于计算所用原始数据有效数字的位数。假设参与计算的原始数据中，位数最多的有效数字是 n 位，则引用上述常数时宜取 $n+2$ 位，目的是避免引用数据的介入造成更大的误差。工程上，大多数情况下，对上述常数可取5～6位有效数字。

2.2.2 实验结果的数据处理

通过实验测得一组构成变量之间关系的数据，需要清晰地表示自变量和因变量之间的关系。表示实验数据的方法一般有三种：列表法、图示法和数学模型法。

列表法：将实验数据以表格形式表示，以反映各变量之间的对应关系。通常，这仅是数据处理过程前期的工作，是为随后标绘曲线图或拟合函数关系式做准备。

图示法：将实验数据在坐标纸上绘成曲线，不仅可以直观而清晰地表达各变量的相互关系，而且可以根据曲线的形状，分析判断变量的变化规律，从而帮助确定适当的函数形式来表示变量间的关系，必要时，还可以借助曲线进行图解积分和微分。

数学模型法：采用适当的数学方法将实验数据按一定的函数形式整理成数学方程。这种方法的优点是结果简洁，而且便于用计算机进行计算。

(1)列表法

实验数据表可分为原始数据记录表、中间运算表及最终处理结果表(原始数据记录表须在实验开始之前设计好)。

例如,《恒定总流伯努利方程综合性实验》的原始记录表如表2－1所示。在实验过程中每完成一组实验数据的测定，须及时将有关数据录入表中，当实验完成时，得到一张完整的原始数据表。切记，勿按操作岗位分开单独记录，实验结束后再汇总成表的记录方法，既费时又容易造成差错。

表2－1 测压管水头 h_i，流量测记表(其中$h_i = z_i + \frac{p_i}{\rho g}$，单位$10^{-2}$m，$i$为测点编号)

实验次数	h_2	h_3	h_4	h_5	h_7	h_9	h_{10}	h_{11}	h_{13}	h_{15}	h_{17}	h_{19}	q_V/ (10^{-6}m^3/s)
1													
2													

中间运算表是记录数据处理过程的中间结果。使用该表有助于计算方便，不易混乱，而且可清楚地表达中间计算步骤和结果，便于检查。仍以《恒定总流伯努利方程综合性实验》为例，要计算总水头值，必须要先计算流速水头，流速水头的运算表格形式如表2－2所示。

表2－2 流速水头计算数值表

管径 d/ 10^{-2}m	$q_{V1} = V_1/t_1 =$ / (10^{-6}m^3/s)			$q_{V2} = V_2/t_2 =$ / (10^{-6}m^3/s)		
	A/ 10^{-4}m^2	v/ (10^{-2}m/s)	$v^2/2g$/ 10^{-2}m	A/ 10^{-4}m^2	v/ (10^{-2}m/s)	$v^2/2g$/ 10^{-2}m

实验最终结果表简明扼要，只用于表达主要变量之间的关系和实验结论。例如,《恒

定总流伯努利方程综合性实验》，要绘制总水头线，需要计算在某一流量下各测点的总水头值，其计算表格形式如表 2 –3 所示。

表 2 –3　总水头 H_i 计算数值表（其中 $H_i = z_i + \frac{p_i}{\rho g} + \frac{\alpha v_i^2}{2g}$，单位 10^{-2}m，i 为测点编号）

实验次数	H_2	H_4	H_5	H_7	H_9	H_{13}	H_{15}	H_{17}	H_{19}	q_V/（10^{-6}m³/s）
1										
2										

在制定表格和记录实验数据时要注意以下几点：

①表格的表头中要列出变量名称和计量单位。计量单位不宜混在数字之中，以免分辨不清；

②记录数字要注意有效位数，应与测量仪表的精度相适应；

③数字较大或较小时要用科学计数法表示，其中表示数量级的阶数部分，即 $10^{\pm n}$，要记在表头中，例如，雷诺数 $Re = 32000 = 3.2 \times 10^4$；

④表格的标题要简明，能恰当说明实验内容，数据书写要清楚整齐，不得潦草。

（2）图示法

图示法是根据离散的实验数据或计算结果绘制出一条尽可能真实地反映因变量和自变量之间关系的实验曲线。根据曲线的形状，不仅可以分析和判断变量间函数关系的极值点、转折点、变化率及其他特性，还可对不同条件下的实验结果进行直接比较。

根据数据作图，通常包括以下六个步骤：

①坐标的选择

工程常用的坐标有直角坐标、对数坐标和半对数坐标。这类坐标已制成相应的坐标纸，市场均有出售。根据数据的关系或预测的函数形式选择不同形式的坐标（如线性函数则采用直角坐标，幂函数采用对数坐标，以便图形线性化，指数函数则选用半对数坐标等）。另外，若自变量和因变量两者的最小值和最大值之间数量级相差太大时，宜采用对数坐标；若自变量或者因变量中的一个最小值与最大值之间数量级相差太大时，宜选用半对数坐标。

②坐标的分度

坐标分度系指沿 x、y 轴每条坐标所代表数值的大小。x 轴代表自变量，y 轴代表因变量。坐标的分度要考虑到横、纵坐标分度值的合理性，以便每个实验数据点在坐标纸上都能迅速方便地找到；坐标原点不一定为零，以尽量利用图面；坐标分度值应与实验数据的有效数字相一致，即实验曲线的坐标读数的有效数字位数与实验数据的位数相同。

③坐标分度值的标记

为了便于阅读，坐标纸上应标出某些主坐标线的分度值，有时在某些副坐标线上也标记数值。另外，每个坐标轴都须注明名称、单位和坐标方向。

④根据数据描点

描点系按数据的值在图纸上点出。若在同一图上表示不同的数据时，应以不同的符号（如●、×、▲、■、◆等）加以区分。

⑤绘制曲线

绘制曲线系将图上若干点连接成一条光滑连续的曲线。绘制曲线时应尽可能使曲线通过较多的实验点，或者使曲线以外的点尽可能位于曲线附近，且曲线两侧点的数目大致相等。

⑥图注和说明

最后需要在已绘制好的图下面注明图中符号和每根曲线的意义，并说明图中数据的来源。

(3)数学模型法

实验数据除了用列表和图形表示以外，还常被整理成经验公式(或叫数字方程式)，即将变量之间的关系表达成 $y = f(x)$ 的函数关系，以描述过程或现象的规律，建立数学模型，这种方法称为数学模型法，也称数学方程法或函数法。其优点在于表达方式简单，也便于求微分、积分和内插值。许多实验方程式中系数的数值，常对应于某一物理量，因此为了求得此物理量，将数据归纳总结为经验方程式，也是非常必要的。

①寻求数学方程的一般方法。

当各变量间的解析依赖关系为未知时，一般可按下列步骤寻求其数学关系式：

a. 确定自变量和应变量，作图，绘出曲线；

b. 将所得曲线形状与已知函数的曲线形状进行比较；

c. 根据比较结果，应用坐标变换变量方法，重新作图，使原曲线线性化；

d. 计算线性方程的常数；

e. 若曲线无法线性化，可将原函数表示成自变量的多项式，如

$$y = a + bx + cx^2 + dx^3 + \cdots \qquad (2-14)$$

应用测量数据进行数学拟合求各常数项，多项式次数的多少，以结果能表示的可靠程度在实验误差范围以内为准。

②直线方程常数的求法。

a. 图解法。根据实验数据在直角坐标纸上作图，若得一直线，即可用线性方程式表示，其常数项可用下述方法求得：在原点坐标系中将直线延长分别交于 x 轴和 y 轴，直接读取相应的常数项；在直线上取点，应用数学的两点法求得方程的斜率和截距(为减少计算误差，所取两点不宜相隔太近，一般在直线的两端附近选取)。

b. 最小二乘法。基本思路是：最佳结果应能使标准误差最小，所以残差(数学方程计算值与测量值之差)的平方和应为最小。应用数学极值方法进行处理可得到相应的计算公式中的常数项。最小二乘法计算虽然比较麻烦，但得到的结果更可靠，应用计算机进行处理比较容易。

③计算机软件处理。

计算机的使用越来越普及，相应的各种通用软件也很多，如 Excel、Word、WPS、Origin、SPSS 等数据和文字处理软件。很多实验的测量数据可以采用计算机通用软件进行处理并绘制简单的直线或曲线图；也可应用专用软件进行处理数据，如流体力学和泵特性实验、油库小呼吸模拟实验、等温输油管道模拟实验等。

详细内容和使用请参阅专业资料和专用说明书，在此简略。

第3章 流体力学实验

本章主要介绍流体力学实验，该部分是油气储运工程专业实验课的主干内容，也可作为能源动力类各专业工程流体力学课程配套实验指导书。流体力学实验一般包括流体静力学综合实验(3.1)、动力学综合实验(3.2~3.10)、流体力学演示实验(3.11)三部分内容，各专业教师可根据课程的教学基本要求及学时情况挑选实验项目。

流体力学实验是工程流体力学原理在实际中的具体应用，其基本理论是重力作用下的水静力学基本方程、实际流体总流的伯努利方程、不可压缩流体的恒定流动量定理和一维不可压缩流体非稳定流动等。通过实验教学，使学生掌握流体运动的基本概念、基本理论和基本计算方法；学生通过实验操作，观察流动现象，验证所学的基本理论，掌握科学实验的基本方法和基本技能，提高动手能力，培养严谨的科学作风。

3.1 流体静力学综合实验

3.1.1 实验目的

(1)掌握用测压管测量流体静压强的方法；

(2)验证不可压缩流体静力学基本方程；

(3)测定未知液体(油)的密度；

(4)通过对诸多流体静力学现象的实验观察、分析，加深流体静力学基本概念理解，提高解决静力学实际问题的能力。

3.1.2 实验装置

3.1.2.1 实验装置简图

实验装置及各部分名称如图3-1所示。

3.1.2.2 装置说明

(1)流体测点静压强的测量方法——测压管。流体的流动要素有压强、水位、流速及流量等。压强的测量方法有机械式测量方法与电测法，测量仪器有静态与动态之分。测量流体点压强的测压管属机械式静态测量仪器。测压管是一端连通流体被测点，另一端开口是与大气相通的透明管，适用于测量流体测点的静态低压范围的相对压强，测量精度为

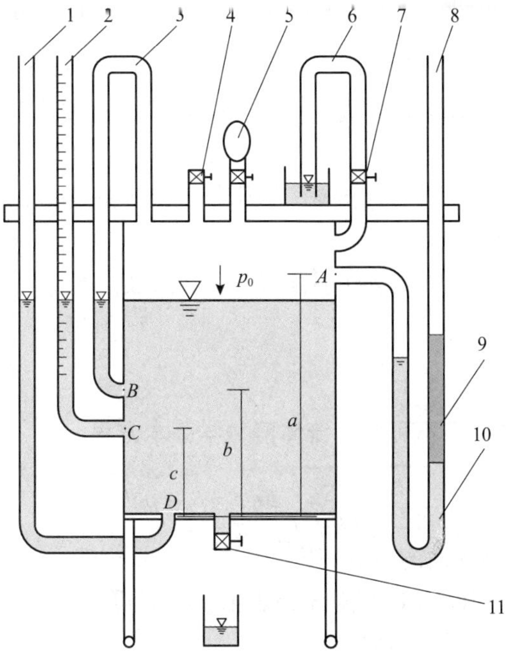

图 3－1 流体静力学综合型实验装置图

1—测压管；2—带标尺测压管；3—连通管；4—通气阀；5—加压打气球；6—真空测压管；7—截止阀；8—U 形测压管；9—油柱；10—水柱；11—减压放水阀

说明：下述中的仪器部件编号均指实验装置图中的编号，如测管 2 即为图 3－1 中“2—带标尺测压管”。后述各实验中述及的仪器部件编号也均指相应实验装置图中的编号。

1mm。测压管分直形管和“U”形管。直形管如图 3－1 中管 2 所示，其测点压强$p=\rho gh$，h 为测压管液面至测点的竖直高度。“U”形如图 3－1 中管 1 与管 8 所示。直形管测压管要求液体测点的绝对压强大于当地大气压，否则因气体流入测点而无法测压；“U”形测压管可测量液体测点的负压，如图 3－1 中，管 1 是测压管液面低于测点时的情况；“U”形测压管还可测量气体的点压强，如图 3－1 中管 8 所示，一般“U”形管中为单一液体（本装置因其他实验需要在管 8 中装有油和水两种液体），测点气压为$p=\rho g\Delta h$，Δh 为“U”形测压管两液面的高度差，当管中接触大气的自由液面高于另一液面时，Δh 为“＋”，反之 Δh 为“－”。受毛细管影响，测压管内径应大于 8～10mm。本装置采用毛细现象弱于玻璃管的透明有机玻璃管作为测压管，内径为 8mm，毛细管高度仅为 1mm 左右。

（2）恒定液位测量方法——连通管。测量液体的恒定水位的连通管属机械式静态测量仪器。连通管是一端连接于被测液体，另一端开口于被测液体表面空腔的透明管，如图 3－1中管 3 所示。敞口容器中的测压管也是测量液位的连通管，连通管中的液体直接显示了容器中的液位，用 mm 刻度标尺即可测读水位值。本装置中连通管与各测压管同为等径透明有机玻璃管。液位测量精度为 1mm。

（3）所有测管液面标高均以带标尺测压管 2 的零点高程为基准。

（4）测点 B、C、D 位置高程的标尺读数值分别以∇_B、∇_C、∇_D表示，若同时取标尺零点作为静力学基本方程的基准，则∇_B、∇_C、∇_D亦为 z_B、z_C、z_D。

（5）本仪器中所有阀门旋柄均以顺管轴线为开。

3.1.2.3 基本操作方法

(1)设置 $p_0=0$ 条件。打开通气阀 4，此时实验装置内压强 $p_0=0$。

(2)设置 $p_0>0$ 条件。关闭通气阀 4、放水阀 11，通过加压打气球 5 对装置打气，可对装置内部加压，形成正压；

(3)设置 $p_0<0$ 条件。关闭通气阀 4、加压打气球 5 底部阀门，开启放水阀 11 放水，可对装置内部减压，形成真空。

(4)水箱液位测量。在 $p_0=0$ 条件下读取测管 2 的液位值，即为水箱液位值。

3.1.3 实验原理

3.1.3.1 在重力作用下不可压缩流体静力学基本方程

$$z+\frac{p}{\rho g}=C \text{ 或 } p=p_0+\rho gh \tag{3-1}$$

式中 z——被测点相对基准面的位置高度；

p——被测点的静水压强(用相对压强表示，以下同)；

p_0——水箱中液面的表面压强；

ρ——液体密度；

h——被测点的液体深度。

3.1.3.2 油密度测量原理

方法一：测定油的密度 ρ_o，简单的方法是利用图 3-2 实验装置的 U 形测压管 8，再另备一根直尺进行直接测量。实验时需打开通气阀 4，使 $p_0=0$。若水的密度 ρ_w 为已知值，如图 3-2 方法一所示，由等压面原理则有：

$$\frac{\rho_o}{\rho_w}=\frac{h_1}{H} \tag{3-2}$$

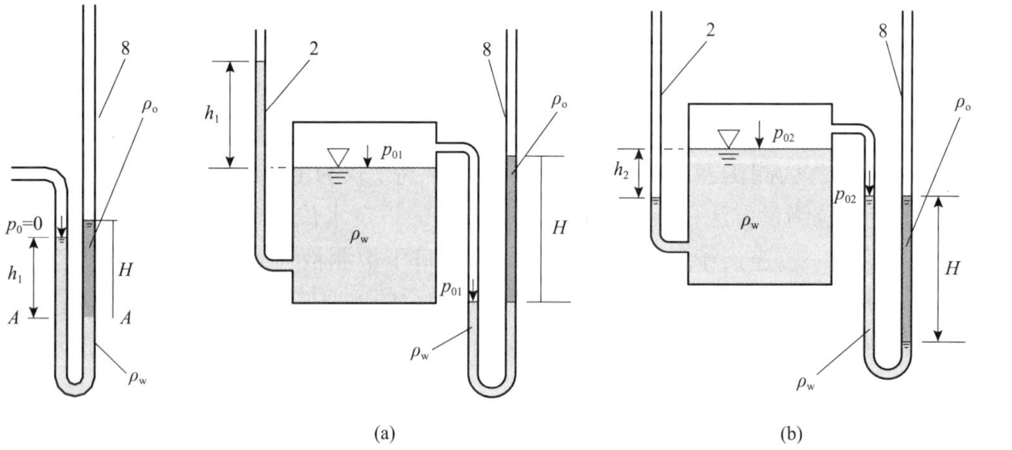

方法一　　方法二

图 3-2　油的密度测量方法

方法二：不另备测量尺，只利用图3－2中测管2的自带标尺测量。先用加压打气球5打气加压，使U形测压管8中的水面与油水交界面齐平，如图3－2(a)所示，则

$$p_{01} = \rho_w g h_1 = \rho_o g H \tag{3-3}$$

再打开减压放水阀11降压，使U形测压管8中的水面与油面齐平，如图3－2(b)所示，则

$$p_{02} = -\rho_w g h_2 = \rho_o g H - \rho_w g H \tag{3-4}$$

联立式(3－3)和式(3－4)，则

$$\frac{\rho_o}{\rho_w} = \frac{h_1}{h_1 + h_2} \tag{3-5}$$

3.1.4 实验内容与方法

3.1.4.1 定性分析实验

(1)测压管和连通管判定

按测压管和连通管的定义，实验装置中管1、2、6、8都是测压管，当通气阀关闭时，管3无自由液面，是连通管。

(2)测压管高度、压强水头、位置水头和测压管水头判定

测点的测压管高度即为压强水头 $p/\rho g$，不随基准面的选择而变化，位置水头 z 和测压管水头 $z + p/\rho g$ 随基准面选择而变化。

(3)观察测压管水头线

测压管液面的连线是测压管水头线。打开通气阀4，此时 $p_0 = 0$，管1、2、3均为测压管，由3根实验管液面的连线可以看出，对于同一静止液体，测管水头线是一条水平线。

(4)判别等压面

关闭通气阀4，打开截止阀7，用打气球稍加压，使 $p_0/\rho g$ 为0.02m左右，判别下列几个平面是不是等压面：

①过 C 点作一水平面，相对管1、2、8及水箱中液体而言，判别该水平面是否为等压面？

②过U形管8中的油水分界面作一水平面，对管8中液体而言，判别该水平面是否为等压面？

③过管6中的液面作一水平面，对管6和方盒中液体而言，判别该水平面是否为等压面？

根据等压面判别条件：质量力只有重力、静止、连续、均质、同一水平面。可判定图3－1中b、c是等压面。在a中，相对管1、2及水箱中液体而言，是等压面，但相对于管8中的水或油，都不是同一等压面。

(5)观察真空现象

打开放水阀11降低箱内压强，使测管2的液面低于水箱液面时，箱体内 $p_0 < 0$，再打开截止阀7，在大气压力作用下，管6中的液面则会升到一定高度，说明箱体内出现了真空区域(即负压区域)。

(6)观察负压下管6中液位变化

关闭通气阀4，开启截止阀7和放水阀11，待空气自管2进入圆筒后，观察管6中液面的变化。

3.1.4.2 定量分析实验

(1)测点静压强测量

根据基本操作方法，分别在 $p_0=0$、$p_0>0$、$p_0<0$ 与 $p_B<0$ 条件下测量水箱液面标高 ∇_0 和测压管2液面标高 ∇_H，分别确定测点 A、B、C、D 的压强 p_A、p_B、p_C、p_D。

(2)油的密度测定拓展实验

按实验原理，分别用方法一与方法二测定油的容重。

实验数据处理与分析参考本节3.1.5数据处理及成果要求。

3.1.4.3 注意事项

(1)用打气球加压、减压需缓慢，以防液体溢出及油柱吸附在管壁上；打气后务必关闭打气球下端阀门，以防漏气。

(2)真空实验时，放出的水应通过水箱顶部的漏斗倒回水箱中。

(3)在实验过程中，装置保持良好的气密性。

3.1.5 数据处理及成果要求

(1)记录有关信息及实验常数

各测点高程为：$\nabla_B=$______ $\times10^{-2}$m，$\nabla_C=$______ $\times10^{-2}$m，$\nabla_D=$______ $\times10^{-2}$m

基准面选在________________________，$z_C=$______ $\times10^{-2}$m，$z_D=$______ $\times10^{-2}$m

(2)实验数据记录及计算结果

实验数据记录及计算结果记录于表3-1、表3-2中。

(3)成果要求

①回答定性分析实验中的有关问题。

②由表中计算的 $z_C+\dfrac{p_C}{\rho g}$、$z_D+\dfrac{p_D}{\rho g}$，验证流体静力学基本方程。

③测定油的密度，对两种实验结果作以比较。

3.1.6 分析思考题

(1)相对压强与绝对压强、相对压强与真空度之间有什么关系？测压管能测量何种压强？

(2)测压管太细，对测压管液面读数造成什么影响？

(3)本仪器测压管内径为 0.8×10^{-2}m，圆筒内径为 2.0×10^{-1}m，仪器在加气增压后，水箱液面将下降 δ，而测压管液面将升高 H，实验过程中，若近似以 $p_0=0$ 时的水箱液面读值作为加压后的水箱液位值，则测量误差 δ/H 为多少？

表 3－1 流体静压强测量记录及计算表

实验条件	次序	水箱液面∇_0/ 10^{-2}m	测压管液面∇_H/ 10^{-2}m	压强水头 $\frac{p_A}{\rho g}=\nabla_H-\nabla_0$/ 10^{-2}m	压强水头 $\frac{p_B}{\rho g}=\nabla_H-\nabla_B$/ 10^{-2}m	压强水头 $\frac{p_C}{\rho g}=\nabla_H-\nabla_C$/ 10^{-2}m	压强水头 $\frac{p_D}{\rho g}=\nabla_H-\nabla_D$/ 10^{-2}m	测压管水头 $z_C+\frac{p_C}{\rho g}$/ 10^{-2}m	测压管水头 $z_D+\frac{p_D}{\rho g}$/ 10^{-2}m
$p_0=0$	1								
$p_0>0$	1								
	2								
$p_0<0$（其中一次 $p_B<0$）	1								
	2								
	3								

表 3－2 油的密度测定记录及计算表

条 件	次序	水箱液面∇_0/ 10^{-2}m	测压管 2 液面∇_H/ 10^{-2}m	$h_1=\nabla_H-\nabla_0$/ 10^{-2}m	$\overline{h_1}$/ 10^{-2}m	$h_2=\nabla_0-\nabla_H$/ 10^{-2}m	$\overline{h_2}$/ 10^{-2}m	$\frac{\rho_o}{\rho_w}=\frac{h_1}{h_1+h_2}$
$p_0>0$，且 U 形管中水面与油水交界面齐平	1							
	2							
	3							
$p_0<0$，且 U 形管中水面与油面齐平	1							
	2							
	3							

3.2 恒定总流伯努利方程综合性实验

3.2.1 实验目的

(1)通过定性分析实验，提高对动水力学诸多水力现象的实验分析能力；

(2)通过定量测量实验，进一步掌握有压管流中动水力学的能量转换特性，验证流体恒定总流的伯努利方程，掌握测压管水头线的实验测量技能与绘制方法；

(3)通过设计性实验，培养理论分析与实验研究相结合的科研能力。

3.2.2 实验装置

3.2.2.1 实验装置简图

实验装置及各部分名称如图 3－3 所示。

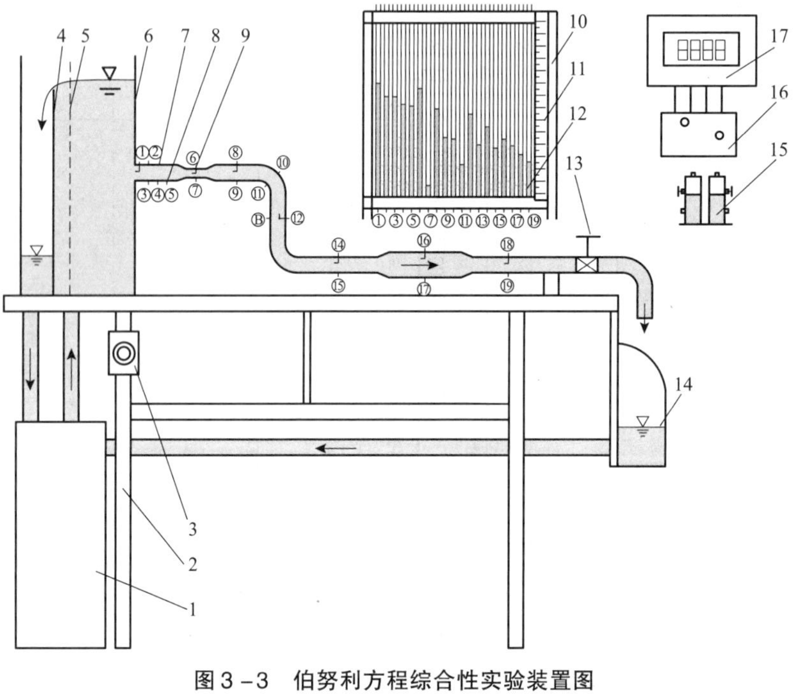

图 3－3 伯努利方程综合性实验装置图

1—自循环供水器；2—实验台；3—可控硅无级调速器；4—溢流板；5—稳水孔板；6—恒压水箱；7—实验管道；8—测压点①～⑲；9—弯针毕托管；10—测压计；11—滑动测量尺；12—测压管①～⑲；13— 实验流量调节阀；14—回水漏斗；15—稳压筒；16—传感器；17—智能化数显流量仪

3.2.2.2 装置说明

(1)流量测量——智能化数显流量仪

智能化数显流量仪系统包括：实验管道内配套流量计、稳压筒 15、高精密传感器 16 和智能化数显流量仪 17(含数字面板表及 A/D 转换器)。该流量仪为管道式瞬时流量仪，测量精度 1 级。

流量仪的使用方法：先排气调零，待水箱溢流后，间歇性全开、全关管道出水阀 13 数次，排除连通管内气泡。再全关阀 13，待稳定后将流量仪调零。测流量时，水流稳定后，流量仪所显示的数值即为瞬时流量值（以下实验类同）。流量仪性能详见说明书。

（2）流速测量——弯针管毕托管

弯针管毕托管用于测量管道内的点流速，原理详见本教材 3.9.3 实验原理。为减小对流场的干扰，本装置中的弯针直径为 $\phi 1.6 \times 1.2$mm（外径×内径）。实验表明，若开孔的切平面与来流方向垂直，则弯针管毕托管的弯角从 90°～180°均不影响所测流速精度，如图 3－4 所示。

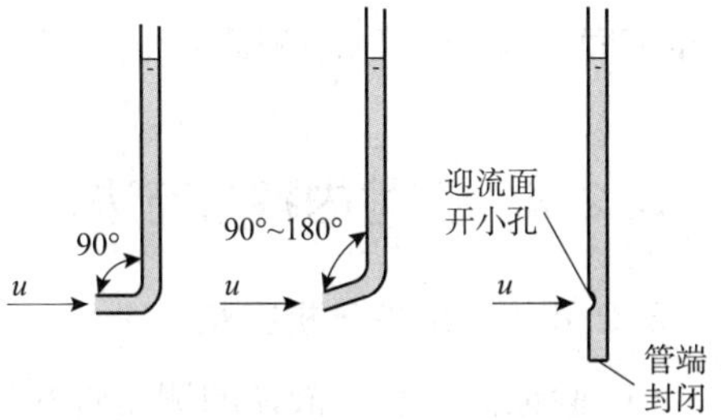

图 3－4 弯针管毕托管类型

（3）本仪器两种测压点

①毕托管测压点，图 3－3 中，标号为①⑥⑧⑫⑭⑯⑱的测点（后述加＊表示），与测压计的测压管连接后，用以测量毕托管探头对准点的总水头值，近似替代所在断面的平均总水头值，可用于定性分析，但不能用于定量计算；

②普通测压点，图 3－3 中，标号为②③④⑤⑦⑨⑩⑪⑬⑮⑰⑲的测点，与测压计的测压管连接后，用以测量相应测点的测压管水头值。

③测点⑥＊、⑦所在喉管段直径为 d_2，测点⑯＊、⑰所在扩管段直径为 d_3，其余直径均为 d_1。

3.2.2.3 基本操作方法

（1）测压管与稳压筒的连通管排气。打开开关给水箱充水，待水箱溢流，间歇性全开、全关管道出水阀 13 数次，直至连通管及实验管道中无气泡滞留即可。再检查调节阀关闭后所有测压管水面是否齐平，如不齐平，则查明故障原因（如连通管受阻、漏气或夹气泡等）并排除，直至调齐平。

（2）恒定流操作。全开调速器，此时水箱保持溢流，阀门 13 开度不变情况下，实验管道出流为恒定流。

（3）非恒定流操作。调速器开、关过程中，水箱 6 无溢流情况下，实验管道出流为非恒定流。

（4）流量测量。实验流量用阀 13 调节，记录智能化数显流量仪的流量值。

3.2.3 实验原理

3.2.3.1 伯努利方程

在实验管路中沿管内水流方向取 n 个过水断面，在恒定流动时，可列出进口断面。断面（1）至另一断面（i）的伯努利方程式（$i=2，3，\cdots，n$）

$$z_1+\frac{p_1}{\rho g}+\frac{\alpha_1 v_1^2}{2g}=z_i+\frac{p_i}{\rho g}+\frac{\alpha_i v_i^2}{2g}+h_{w1-i} \tag{3-6}$$

取 $\alpha_1=\alpha_2=\alpha_n=\cdots=1$，选好基准面，从已设置的各断面的测压管中读出 $z+\frac{p}{\rho g}$值，测出通过管路的流量，可计算断面平均流速 v 及$\frac{\alpha v^2}{2g}$，从而得到各断面测管水头和总水头。

3.2.3.2 过流断面性质

均匀流或渐变流断面流体动压强符合静压强的分布规律，即在同一断面上 $z+\frac{p}{\rho g}=C$，但在不同过流断面上的测压管水头不同，$z_1+\frac{p_1}{\rho g}\neq z_2+\frac{p_2}{\rho g}$；急变流断面上 $z+\frac{p}{\rho g}\neq C$。

3.2.4 实验内容与方法

3.2.4.1 定性分析实验

(1)验证同一静止液体的测压管水头线是条水平线。

阀门全关，稳定后，实验显示各测压管的液面连线是一条水平线，而这时的滑尺读数值是水体在流动前所具有的总能头。

(2)观察不同流速下，某一断面上水力要素变化规律。

以测点⑧＊、⑨所在的断面为例，测管⑨的液面读数为该断面的测压管水头。测管⑧＊连通毕托管，显示测点的总水头。实验表明，流速越大，水头损失越大，水流到该断面时的总水头越小，断面上的势能亦越小。

(3)验证均匀流断面上，动水压强按静水压强规律分布。

观察测点②和③，尽管位置高度不同，但其测压管的液面高度相同，表明 $z+\frac{p}{\rho g}=C$。

(4)观察沿流程总能坡线的变化规律。

加大开度，接近最大流量，若稳定后各测管水位如图 3－5 所示，图中 $A-A$ 为管轴线。

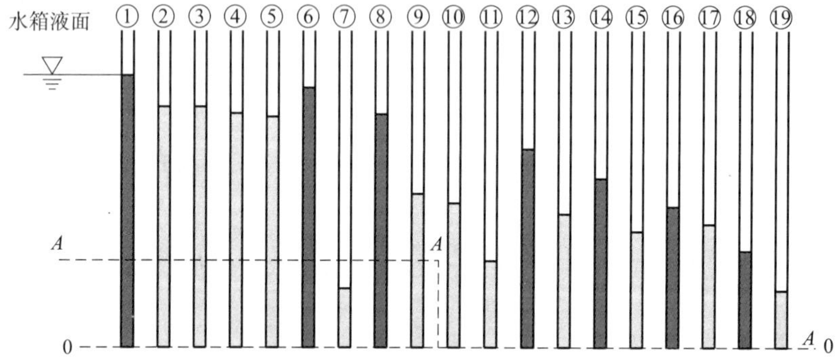

图 3－5 测压管水位示例

纵观带毕托管的测点①＊、⑥＊、⑧＊、⑫＊、⑭＊、⑯＊、⑱＊的测管水位(实验时可加入雷诺实验用的红色水，使这些管呈红色，如图 3－5 中以较深颜色表示的测压管)，可见各测管的液面沿流程是逐渐降低而没有升高的，表明总能量沿流程只会减少，不会增加，故能量损失是不可逆转的。

(5)观察测压管水头线的变化规律。

总变化规律：纵观测压点②④⑤⑦⑨⑬⑮⑰⑲的测压管水位，可见沿流程有升也有降，表明测压管水头线沿流程可升也可降。

沿程水头损失：观察②④⑤点可看出沿程水头损失的变化规律，等径管道上距离相等，沿程损失相同。

势能与动能的转换：以测点⑤⑦⑨为例，测点所在流段上高程相等，管径先收缩后扩大，流速由小增大再减小。测管⑤到测管⑦的液位发生了陡降，表明水流从测点⑤断面流到测点⑦断面时，有部分压力势能转化成了流速动能。而测管⑦到测管⑨测管水位回升，和前面相反，说明有部分动能又转化成了压力势能。这就清楚地验证了动能和势能之间可以互相转化，因而是可逆的。

位能和压能的转换：以测点⑨与⑮所在的两断面为例，由于两断面的流速水头相等，测点⑨的位能较大，压能(测管液位离管轴线的高度)很小，而测点⑮的位能很小，压能却比测点⑨大，说明了水流从测点⑨断面流到测点⑮断面的过程中，部分位能转换成了压能。

(6)利用测压管水头线判断管道沿程压力分布。

测压管水头线高于管轴线，表明该处管道处于正压下；测压管水头线低于管轴线，表明该处管道处于负压下，出现了真空。高压和真空状态都容易使管道破坏。实验显示(图 3-5)，测点⑦的测管液面低于管轴线，说明该处管段承受负压(真空)；测压管⑨的液位高出管轴线，说明该处管段承受正压。

3.2.4.2 定量分析实验——伯努利方程验证与测压管水头线测量分析实验

实验方法与步骤：在恒定流条件下改变 2 次流量，其中一次阀门开度大到使⑲号测管液面接近可读数范围的最低点，待流量稳定后，测记各测压管液面读数，同时测记实验流量(毕托管测点供演示用，不必测记读数)。实验数据处理与分析参考 3.2.5 数据处理及成果要求。

3.2.4.3 设计性实验——改变水箱的液位高度对喉管真空度影响的实验研究

为避免引水管道的局部负压，可采取以下技术措施：①减小流量；②增大喉管管径；③降低相应管线的安装高程；④改变水箱的液位高度。下面分析后两项。

对于措施③，以实验装置为例(图 3-3)，可在水箱出口先接一根下垂 90°弯管，后接水平段，将喉管的高程降至基准高程 0-0，使位能降低，压能增大，从而可能避免点⑦处的真空。该项措施常用于实际工程的管轴线设计中。

对于措施④，不同供水系统调压效果不同，需作具体分析。可通过理论分析与实验研究相结合的方法，确定改变作用水头(如抬高或降低水箱的水位)对管中某断面压强的影响情况。

本设计性实验要求利用图 3-3 实验装置，设计改变水箱中的液位高度对喉管真空度影响的实验方案，并进行自主实验。

理论分析与实验方法提示：

取基准面 0-0 如图 3-6 所示，图中 1-1、2-2、3-3 分别为计算断面 1、2、3，计算断面 1 的计算点选在液面位置，计算断面 2、3 的计算点选在管轴线上。水箱液面至基准面 0-0 的水深为 h。改变水箱中的液位高度对喉管真空度影响的问题，即$z_2+\dfrac{p_2}{\rho g}$随 h 递增还是递减的问题，可由 $\partial\left(z_2+\dfrac{p_2}{\rho g}\right)/\partial h$ 加以判别。

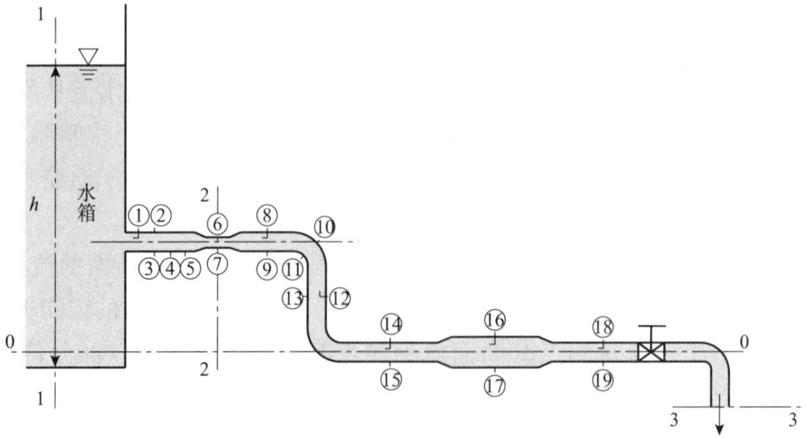

图 3-6 实验管道系统图

列计算断面 1、2 的伯努利方程(取 $\alpha_2=\alpha_3=1$)有

$$h=z_2+\frac{p_2}{\rho g}+\frac{v_2^2}{2g}+h_{w1-2} \tag{3-7}$$

因 h_{w1-2} 可表示成

$$h_{w1-2}=\zeta_{c1.2}\frac{v_3^2}{2g} \tag{3-8}$$

式中，$\zeta_{c1.2}$ 是管段 1-2 总水头损失因数，当阀门开度不变时，在 h 的有限变化范围内，可设 $\zeta_{c1.2}$ 近似为常数。

又由连续性方程有

$$\frac{v_2^2}{2g}=\left(\frac{d_3}{d_2}\right)^4\frac{v_3^2}{2g} \tag{3-9}$$

故式(3-7)可变为

$$z_2+\frac{p_2}{\rho g}=h-\left[\left(\frac{d_3}{d_2}\right)^4+\zeta_{c1.2}\right]\frac{v_3^2}{2g} \tag{3-10}$$

式(3-10)中，$v_3^2/2g$ 可由断面 1、3 伯努利方程求得，即

$$h=z_3+(1+\zeta_{c1.3})\frac{v_3^2}{2g} \tag{3-11}$$

$\zeta_{c1.3}$ 是全管道的总水头损失因数，当阀门开度不变时，在 h 的有限变化范围内，可设 $\zeta_{c1.3}$ 近似为常数。

由此得 $\frac{v_3^2}{2g}=\frac{h-z_3}{1+\zeta_{c1.3}}$，代入式(3-10)有

$$z_2+\frac{p_2}{\rho g}=h-\left[\left(\frac{d_3}{d_2}\right)^4+\zeta_{c1.2}\right]\frac{h-z_3}{1+\zeta_{c1.3}} \tag{3-12}$$

则

$$\frac{\partial(z_2+p_2/\rho g)}{\partial h}=1-\frac{(d_3/d_2)^4+\zeta_{c1.2}}{1+\zeta_{c1.3}} \tag{3-13}$$

若 $1-\frac{(d_3/d_2)^4+\zeta_{c1.2}}{1+\zeta_{c1.3}}>0$，则断面 2 上的 $z_2+\frac{p_2}{\rho g}$ 随 h 同步递增，反之，则递减。若接

近于0，则断面2上的$z_2+\frac{p_2}{\rho g}$随h变化不明显。

实验中，先测计常数d_3/d_2、h和z_3各值，再针对本实验装置的恒定流情况，测得某一大流量下$z_2+\frac{p_2}{\rho g}$、$v_2^2/2g$、$v_3^2/2g$等值，将各值代入式(3－10)、式(3－11)，可得各管道阻力因数$\zeta_{c1.2}$和$\zeta_{c1.3}$。再将其代入式(3－13)得$\frac{\partial(z_2+p_2/\rho g)}{\partial h}$，由此可得出改变水箱中的液位高度对喉管真空度影响的结论。

最后，利用变水头实验可证明该结论是否正确。

3.2.4.4　注意事项

(1)各自循环供水实验均需注意：计量后的水必须倒回原实验装置的水斗内，以保持自循环供水(此注意事项后述实验不再提示)。

(2)稳压筒内气腔越大，稳压效果越好。但稳压筒的水位必须淹没连通管的进口，以免连通管进气，否则需拧开稳压筒排气螺丝提高筒内水位；若稳压筒的水位高于排气螺丝口，说明有漏气，需检查处理。

(3)传感器与稳压筒的连接管要确保气路通畅，接管及进气口均不得有水体进入，否则需清除。

(4)智能化数显流量仪开机后需预热3～5min。

3.2.5　数据处理及成果要求

3.2.5.1　记录有关信息及实验常数

均匀段d_1＝____ $\times10^{-2}$m，喉管段d_2＝____ $\times10^{-2}$m，扩管段d_3＝____ $\times10^{-2}$m，

水箱液面高程∇_0＝____ $\times10^{-2}$m，上管道轴线高程∇_z＝____ $\times10^{-2}$m

(基准面选在标尺的零点上)。

3.2.5.2　实验数据记录及计算结果

实验数据记录及计算结果记录于表3－3～表3－5中。

表3－3　管径记录表

测点编号	①*	②③	④	⑤	⑥*、⑦	⑧*、⑨	⑩⑪	⑫*、⑬	⑭*、⑮	⑯*、⑰	⑱*、⑲
管径 $d/10^{-2}$m											
两点间距 $l/10^{-2}$m	4	4	6	6	4	13.5	6	10	29.5	16	16

表3－4　测压管水头h_i，流量测记表(其中$h_i=z_i+\frac{p_i}{\rho g}$，单位$10^{-2}$m，$i$为测点编号)

实验次数	h_2	h_3	h_4	h_5	h_7	h_9	h_{10}	h_{11}	h_{13}	h_{15}	h_{17}	h_{19}	q_V/(10^{-6}m³/s)
1													
2													

表 3－5　计算数值表

(1)　流速水头

管径 d/10^{-2}m	$q_{V1}=V_1/t_1=$/(10^{-6}m^3/s)			$q_{V2}=V_2/t_2=$/(10^{-6}m^3/s)		
	A/10^{-4}m^2	v/(10^{-2}m/s)	$v^2/2g$/10^{-2}m	A/10^{-4}m^2	v/(10^{-2}m/s)	$v^2/2g$/10^{-2}m

(2)　总水头 H_i　（其中 $H_i=z_i+\dfrac{p_i}{\rho g}+\dfrac{\alpha v_i^2}{2g}$，单位 10^{-2}m，i 为测点编号）

实验次数	H_2	H_4	H_5	H_7	H_9	H_{13}	H_{15}	H_{17}	H_{19}	q_V/(10^{-6}m^3/s)
1										
2										

3.2.5.3　成果要求

(1)回答定性分析实验中的有关问题。

(2)计算流速水头和总水头，如表 3－5 所示。

(3)绘制上述成果中最大流量下的总水头线和测压管水头线。(轴向尺寸参见图 3－7，总水头线和测压管水头线可以绘在图 3－7 中)。

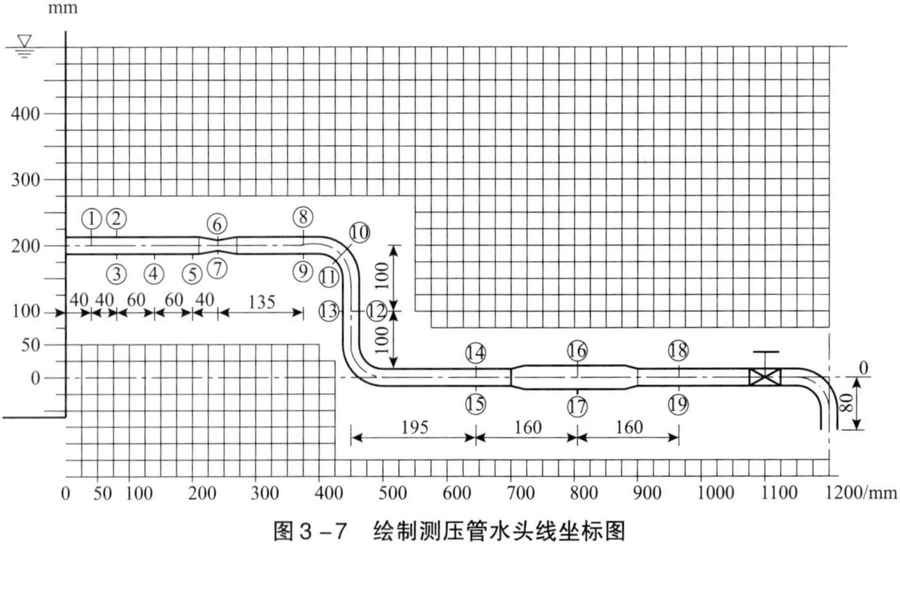

图 3－7　绘制测压管水头线坐标图

3.2.6　分析思考题

(1)测压管水头线和总水头线的变化趋势有何不同？为什么？

(2)阀门开大，增加流量，测压管水头线有何变化？为什么？

(3)由毕托管测量的总水头线与按实测断面平均流速绘制的总水头线一般都有差异，试分析其原因。

(4)为什么急变流断面不能被选作能量方程的计算断面？

3.3　文丘里综合型实验

3.3.1　实验目的

(1)了解文丘里流量计的构造、原理和适用条件，率定流量因数μ；

(2)掌握应用气－水多管压差计测压差的方法；

(3)通过确定文丘里流量计最大允许过流量的设计性实验，体验理论分析和实验相结合的研究过程。

3.3.2　实验装置

3.3.2.1　实验装置简图

实验装置及各部分名称如图3－8所示。

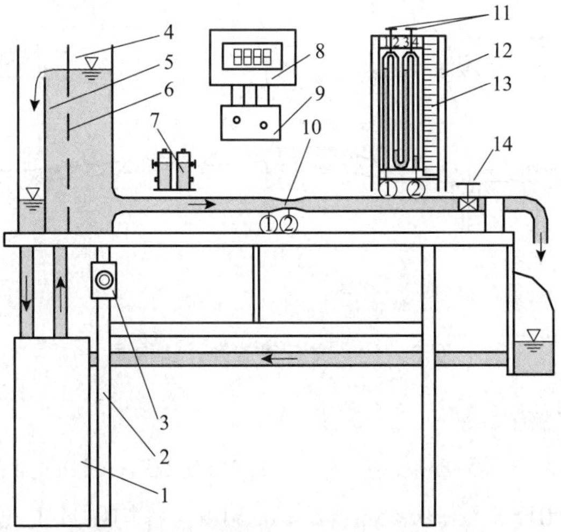

图3－8　文丘里综合型实验装置图

1—自循环供水器；2—实验台；3—水泵电源开关；4—恒压水箱；5—溢流板；6—稳水孔板；7—稳压筒；8—智能化数显流量仪；9—传感器；10—文丘里流量计；11—压差计气阀；12—压差计；13—滑尺；14—实验流量调节阀

3.3.2.2 装置说明

(1)压差测量装置

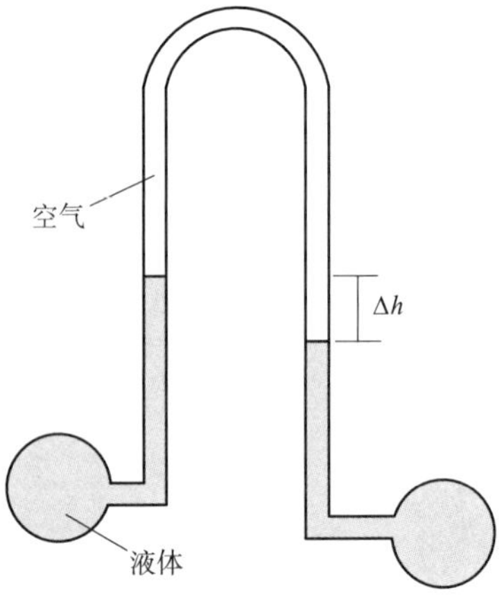

图3-9 气-水压差计

①气-水压差计为一倒U形管，如图3-9所示，在倒U形管中保留一段空气，两端各接测压点，测量时，管内液柱的高差即为压强差。在测量中，气-水压差计竖直放置。当数值相对较大时，可用连续串联多个气-水压差计的方法增大量程；数值较小时可倾斜U形管放大测量值。本实验装置中，采用双U形的气-水多管压差计，如图3-9中的压差计12所示，压差量程为0~1mH_2O，测量精度为1mm。

②流量测量——智能化数显流量仪。该系统包括实验管道内配套流量计、稳压筒、高精密传感器和智能化数显流量仪(含数字面板表及A/D转换器)。该流量仪为管道式瞬时流量仪，测量精度1级。

流量仪的使用方法参见伯努利方程实验，先排气调零，流量仪所显示的数值为瞬时流量值。

(2)文丘里流量计结构与布置(图3-10)

在结构上，要求管径比(d_2/d_1)在0.25~0.75之间，通常采用$d_2/d_1=0.5$；其扩散段的扩散角θ_2不宜太大(一般不大于5°~7°)；在测量断面上布置多个测压孔和均压环。在布置上，要求文丘里流量计上游l_1在管径d_1的10倍以内，下游l_2在管径d_1的6倍以内，均为顺直管段，以免水流产生旋涡影响其流量因数。

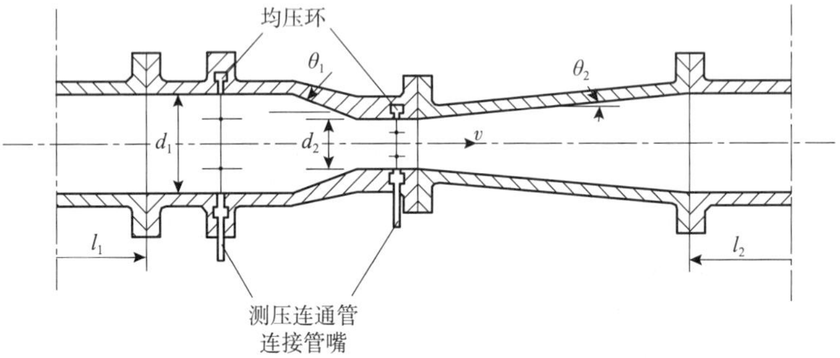

图3-10 文丘里流量计结构图

(3)文丘里流量计结构参数

本实验装置中，$\theta_2=3.45°\pm0.1°$；$d_1=(1.4\pm0.03)\times10^{-2}$m；$d_2=(0.7\pm0.015)\times10^{-2}$m；$d_2/d_1=0.5\pm0.015$；$l_1=0.45$m；$l_2=0.54$m，各均压环上测压孔数为4个。

3.3.2.3 基本操作方法

(1)排气方法。打开开关使水箱充水，待水箱溢流，间歇性全开、全关管道出水阀数次，直至连通管及实验管道中无气泡滞留，排气后测管液面读数$h_1-h_2+h_3-h_4$为0，此时智能化数显流量仪显示为零。

(2)调节多管测压计。全开调节阀14检查各测管液面是否都处在滑尺读数范围内。否则，按下列步序调节：①关阀 14，开气阀 11，待各测压管中液位稳定后，将清水注入压差计 12 中编号为 2、3 的测管内，使 $h_2=h_3\approx 0.31\mathrm{m}$；②关闭气阀 11，全开阀 14，若压差计 12 中编号为 1、3 的测压管液面上升过高，可微微松开气阀 11，液面将自动降低，可使测管读数控制在测读范围内，迅速关闭气阀 11。

(3) 测压管水头差 Δh 测量。读取气－水多管压差计 12 各测压管的液面读数 h_1、h_2、h_3、h_4，$\Delta h=h_1-h_2+h_3-h_4$。

(4) 流量测量。记录智能化数显流量仪的流量值。

(5) 真空度测量。智能化数显流量仪正端显示为流量，负端显示为压差水柱。利用流量仪的智能化特性可测量文丘里喉颈处的真空度。实验时，将传感器低压端用连通管连接文丘里流量计喉颈处，传感器高压端通大气，并调整传感器放置高度，使高压端口与文丘里流量计喉颈处的测点齐平，即可实验测量测点的真空度。

3.3.3　实验原理

根据能量方程式和连续性方程式，可得不计阻力作用时的文氏管过水能力关系式

$$q_V'=\frac{\frac{\pi}{4}d_1^2}{\sqrt{\left(\frac{d_1}{d_2}\right)^4-1}}\sqrt{2g\left[\left(z_1+\frac{p_1}{\rho g}\right)-\left(z_2+\frac{p_2}{\rho g}\right)\right]}=k\sqrt{\Delta h} \tag{3-14}$$

$$k=\frac{\pi}{4}d_1^2\sqrt{2g}\Big/\sqrt{\left(\frac{d_1}{d_2}\right)^4-1} \tag{3-15}$$

$$\Delta h=\left(z_1+\frac{p_1}{\rho g}\right)-\left(z_2+\frac{p_2}{\rho g}\right) \tag{3-16}$$

式中　Δh——两断面测压管水头差；

k——文丘里流量计常数，对给定管径是常数。

由于阻力的作用，实际流量 q_V 恒小于 q_V'。引入无量纲因数 $\mu=q_V/q_V'$（μ 为流量因数），对计算所得流量值进行修正。即

$$q_V=\mu q_V'=\mu k\sqrt{\Delta h} \tag{3-17}$$

另由静水力学基本方程可得气－水多管压差计的 Δh 为

$$\Delta h=h_1-h_2+h_3-h_4 \tag{3-18}$$

3.3.4　实验内容与方法

(1) 定量分析实验——文丘里流量计流量因数的测量与率定

实验方法与步骤：参照基本操作方法，改变流量 4～6 次，分别测量压差和流量。数据处理及结果分析参考本节 3.3.5 数据处理及成果要求。

(2) 设计性实验——文丘里流量计最大允许过流量的理论分析与实验

文丘里流量计管喉颈处容易产生真空，最大允许过流量受真空度限制，最大允许真空度为 6～7$\mathrm{mH_2O}$，否则易造成空化与空蚀破坏。工程上应用文丘里流量计时，应检验其最大真空度是否在允许范围之内。

本实验要求通过理论分析，设计实验方案，针对图 3－8 实验装置，通过实验测量相应参数，确定文丘里流量计真空值不大于 $6mH_2O$ 条件下供水箱的最大作用水头 H_0 及最大流量 q_V。

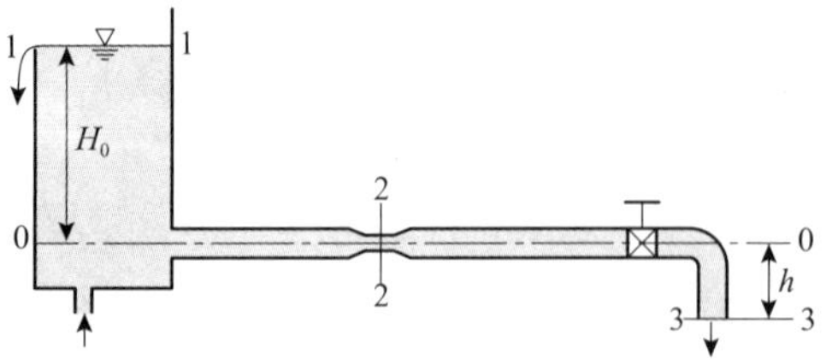

图 3－11　文丘里流量计管流水力计算

理论分析提示：

应用伯努利方程，选基准面和计算断面如图 3－11 所示，取 $\alpha_1 = \alpha_2 = 1.0$。计算断面 1－1与 3－3 有

$$H_0 = -h + (1 + \zeta_{1-3})\frac{1}{2g}\left(\frac{4}{\pi}\frac{q_V}{d_1^2}\right)^2 \tag{3-19}$$

计算断面 2－2、3－3，有

$$\frac{p_2}{\rho g} + \frac{1}{2g}\left(\frac{4}{\pi}\frac{q_V}{d_1^2}\right)^2 = -h + (1 + \zeta_{2-3})\frac{1}{2g}\left(\frac{4}{\pi}\frac{q_V}{d_1^2}\right)^2 \tag{3-20}$$

根据经验，式中管段的总水头损失因数 ζ_{1-3} 和 ζ_{2-3} 在流速达到某一较大值以上时便近似为常数，可在阀门全开的大流量下实验测得。由断面的允许真空度 $p_2/\rho g$ 及 ζ_{1-3}、ζ_{2-3} 等值代入式(3－11)、式(3－12)便可确定最大作用水头 H_0 及最大流量 q_V。

3.3.5　数据处理及成果要求

3.3.5.1　记录有关信息及实验常数

d_1 = ______ $\times 10^{-2}$m，d_2 = ________ $\times 10^{-2}$m，水温 t = ______ ℃，

$v = \dfrac{0.01775 \times 10^{-4}}{1 + 0.0337t + 0.000221t^2}$ = ________ $\times 10^{-4}\,m^2/s$，

水箱液面高程 ∇_0 = ________ $\times 10^{-2}$m，管道轴线高程 ∇_z = ________ $\times 10^{-2}$m

（基准面选标尺的零点）。

3.3.5.2　实验数据记录及计算结果

实验数据记录及计算结果记录于表 3－6、表 3－7 中。

表 3－6　记录表

次数	测压管读数/10^{-2}m				流量 q_V/($10^{-6}m^3/s$)
	$h_1/10^{-2}$m	$h_2/10^{-2}$m	$h_3/10^{-2}$m	$h_4/10^{-2}$m	
1					
2					
3					
4					
5					
6					

表 3-7 计算表　　　$k=$　　　$\times 10^{-5} m^{2.5}/s$

次数	$q_V/$ $(10^{-6}m^3/s)$	$\Delta h = h_1 - h_2 + h_3 - h_4/$ $10^{-2}m$	Re	$q_V' = k\sqrt{\Delta h}/$ $(10^{-6}m^3/s)$	$\mu = q_V/q_V'$
1					
2					
3					
4					
5					
6					

3.3.5.3 成果要求

按相关实验项目的要求，完成方案设计、测量与成果分析。

3.3.6 分析思考题

(1)文丘里流量计有何安装要求和适用条件?

(2)本实验中，影响文丘里流量计流量因数大小的因素有哪些?哪个因素最敏感?对本实验的管道而言，若因加工精度影响，误将$(d_2-0.01)\times 10^{-2}m$值取代上述$d_2$值时，本实验在最大流量下的$\mu$值将变为多少?

(3)为什么计算流量q_V'与实际流量q_V不相等?

(4)应用量纲分析法，阐明文丘里流量计的水力特性。

3.4 动量定律综合型实验

3.4.1 实验目的

(1)通过定性分析实验，加深动量与流速、流量、出射角度及动量矩等因素间相关关系的了解;

(2)通过定量测量实验，进一步掌握流体动力学的动量守恒定理，验证不可压缩流体恒定总流的动量方程，测定管嘴射流的动量修正因数;

(3)了解活塞式动量定律实验仪原理和构造，启发创新思维。

3.4.2 实验装置

3.4.2.1 实验装置简图

实验装置及各部分名称如图 3-12 所示。

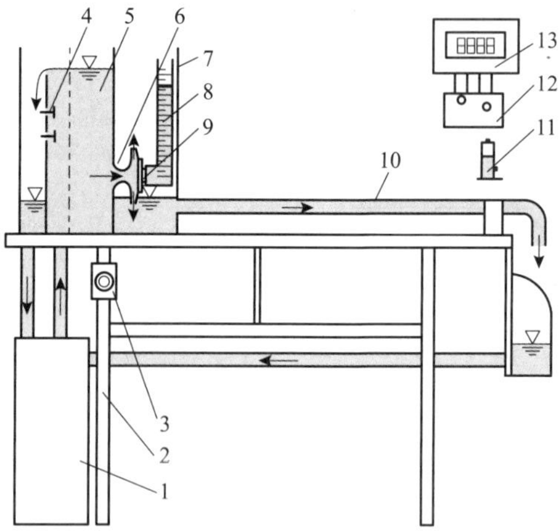

图 3－12　动量定律综合型实验装置图

1—自循环供水器；2—实验台；3—水泵电源开关；4—水位调节阀；5—恒压水箱；6—喇叭形进口管嘴；7—集水箱；8—带活塞套的测压管；9—带活塞和翼片的抗冲平板；10—上回水管；11—内置式稳压筒；12—传感器；13—智能化数显流量仪

3.4.2.2　装置结构与工作原理

（1）装置结构

①智能化数显流量仪

配置新研发的水头式瞬时智能化数显流量仪，测量精度 1 级。

使用方法：先调零，将水泵关闭，确保传感器连通大气时，将显示值调零。水泵开启后，流量随水箱水位淹没管嘴的高度而变化，此时流量仪显示的数值即为管嘴出流的瞬时流量值。

②测力机构

测力机构由带活塞套并附有标尺的测压管 8 和带活塞及翼片的抗冲平板 9 组成。部件示意图如图 3－13(a)所示。活塞中心设有一细导水管 a，进口端位于平板中心，出口端伸出活塞头部，出口方向与轴向垂直。在平板上设有翼片 b，活塞套上设有泄水窄槽 c。

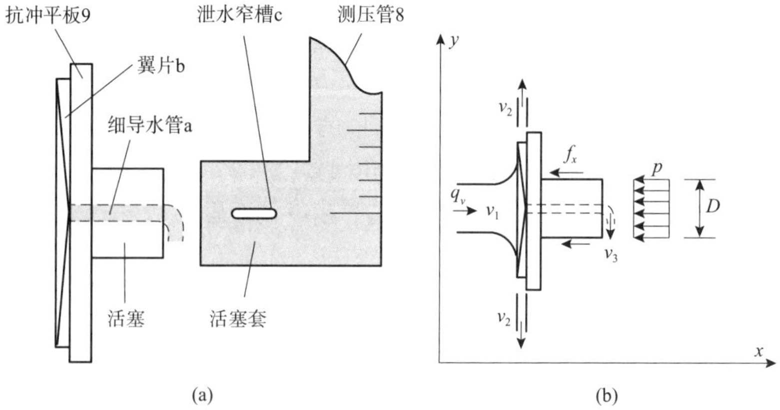

图 3－13　活塞构造与受力分析

（2）工作原理

为精确测量动量修正因数 β，本实验装置应用了自动控制的反馈原理和动摩擦减阻技术。工作时，活塞置于活塞套内，沿轴向可以自由滑移。在射流冲击力作用下，水流经导水管 a 流向测压管 8。当射流冲击力大于测压管内水柱对活塞的压力时，活塞内移，窄槽 c 关小，水流外溢减少，使测压管 8 水位升高，活塞所受的水压力增大。反之，活塞外移，窄槽开大，水流外溢增多，测压管 8 水位降低，水压力减小。在恒定射流冲击下，经短时段的自动调整后，活塞处在半进半出、窄槽部分开启的位置上，过 a 流入测压管的水量和过 c 外溢的水量相等，则测压管中的液位达到稳定。此时，射流对平板的冲击力和测压管中水柱对活塞的压力处于平衡状态，如图 3-13(b)所示。活塞形心处水深 h_c 可由测压管 8 的标尺测得，由此可求得活塞的水压力，即为射流冲击平板的动量力 F。

由于在平衡过程中，活塞需要做轴向移动，为此平板上设有翼片 b。翼片在水流冲击下带动活塞旋转，因而克服了活塞在沿轴向滑移时的静摩擦力，提高了测力机构的灵敏度。本装置还采用了双平板狭缝出流方式，精确地引导射流的出流方向垂直于来流方向，以确保 $v_{2x}=0$。

3.4.2.3 基本操作方法

(1)测压管定位。待恒压水箱满顶溢流后，松开测压管固定螺丝，调整方位，要求测压管垂直、螺丝对准十字中心，使活塞转动松快。然后旋转螺丝固定好。

(2)恒压水箱水位调节。旋转水位调节阀 4，打开不同高度上的溢水孔盖，调节恒压水箱 5 水位，改变管嘴的作用水头。调节调速器，使溢流量适中，待水头稳定后，即可进行实验。

(3)活塞形心处水深 h_c 测量。标尺的零点已固定在活塞圆心的高程上。当测压管内液面稳定后，记下测压管内液面的标尺读数，即为作用在活塞形心处的水深 h_c 值。

(4)管嘴作用水头测量。管嘴作用水头指水箱液面至管嘴中心的垂直深度。在水箱的侧面上刻有管嘴中心线，用直尺测读水箱液面及中心线的值，其差值即为管嘴作用水头值。

(5)测量流量。记录智能化数显流量仪的流量值。

3.4.3 实验原理

恒定总流动量方程为

$$\vec{F}=\rho q_V(\beta_2\vec{v_2}-\beta_1\vec{v_1}) \tag{3-21}$$

取控制体如图 3-13(b)所示，因滑动摩擦阻力水平分力 $F_f<0.5\% F_x$，可忽略不计，故 x 方向的动量方程可化为

$$F_x=-p_cA=-\rho g h_c\frac{\pi}{4}D^2=\rho q_V(0-\beta_1 v_{1x}) \tag{3-22}$$

即

$$\beta_1\rho q_V v_{1x}-\frac{\pi}{4}D^2\rho g h_c=0 \tag{3-23}$$

式中 h_c——作用在活塞形心处的水深；

D——活塞的直径；

q_V——射流的流量；

v_{1x}——射流的速度；

β_1——动量修正因数。

实验中，在平衡状态下，只要测得流量q_V和活塞形心水深 h_c，将给定的管嘴直径 d 和活塞直径 D 代入式(3－22)，便可验证动量方程，并测定射流的动量修正因数 β_1 值。

3.4.4 实验内容与方法

3.4.4.1 定性分析实验

(1)观察、分析本实验装置中测力机构的结构特点

测射流冲击力的方法很多，装置各不相同，相比之下，本装置的测力机构测量方法简便，精度最高。主要特点如下：

①将射流冲击力转变为活塞所受的静水总压力，用测压管进行测量；

②用双平板狭缝方式精确导流，确保 $v_{2x}=0$；

③采用动摩擦减阻，减少活塞轴向位移的摩擦阻力，带翼片的平板在射流作用下获得力矩，使活塞在旋转中作轴向位移，到达平衡位置，活塞采用石墨润滑；

④利用导水管 a 和窄槽 c 的自动反馈功能，自动调节受力平衡状态下的测压管水位；

⑤利用大口径测压管内设置阻尼孔板的方法，减小测压管液位的振荡。

(2)测定本实验装置的灵敏度

要验证本装置的灵敏度，只要在实验中的恒定流受力平衡状态下，人为地增、减测压管中的液位高度，即使改变量不足总液柱高度的5‰(约 0.5～1mm)，活塞在旋转下亦能有效地克服动摩擦力而做轴向位移，开大或减小窄槽 c，使过高的水位降低或过低的水位升高，恢复到原来的平衡状态。说明该装置的灵敏度高达 0.5%(此量值越小，灵敏度越高)，亦即活塞轴向动摩擦力不足总动量力的5‰。

(3)验证 $v_{2x}\neq0$ 对 F_x的影响

取下平板活塞 9，使水流冲击到活塞套内，便可呈现出回流与 x 方向的夹角 $\alpha>90°$(即 $v_{2x}\neq0$)的水力现象[图 3－14(a)]。调整好位置，使反射水流的回射角度一致。以某动量实验台为例，某次实验测得作用于活塞套圆心处的水深 $h_c'=292$mm，管嘴作用水头$H_0=293.5$mm，而相应水流条件下，取下带翼轮的活塞前，$v_{2x}=0$，$h_c=196$mm。表明 v_{2x}若不为零，对动量力影响极大。因为 v_{2x}不为零，则动量方程变为[图 3－14(b)]

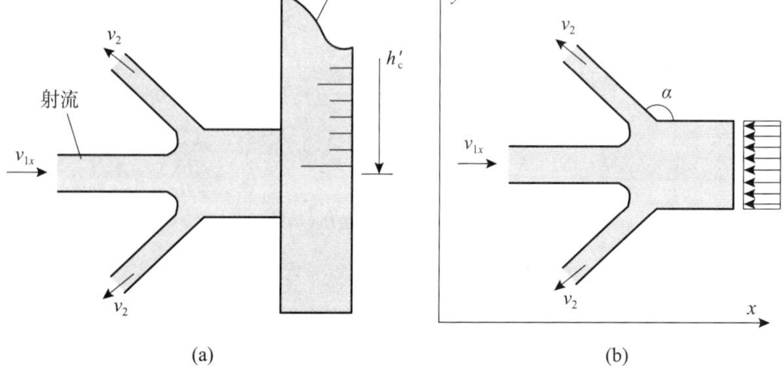

图 3－14 射流对活塞套的冲击与受力分析

$$-\rho g h_c' \frac{\pi}{4} D^2 - \rho q_V (\beta_2 v_{2x} - \beta_1 v_{1x}) = -\rho q_V [\beta_1 v_{1x} + \beta_2 v_2 \cos(180° - \alpha)] \quad (3-24)$$

即 h_c'随 v_2及 α 递增，故实验中 $h_c' > h_c$。

3.4.4.2 定量分析实验——恒定总流动量方程验证与射流动量修正因数测定实验

实验方法与步骤：参照基本操作方法，分别测量高、中、低三个恒定水位下的流量、活塞作用水头等有关实验参数，实验数据处理与分析参考本节 3.4.5 数据处理及成果要求。

3.4.5 数据处理及成果要求

(1)记录有关信息及实验常数

管嘴内径 d = ____ $\times 10^{-2}$m，活塞直径 D = ______ $\times 10^{-2}$m。

(2)实验数据记录及计算结果

实验数据记录及计算结果记录于表 3-8 中。

表 3-8 测量记录及计算表

测次	管嘴作用水头 H_0/ 10^{-2}m	活塞作用水头 h_c/ 10^{-2}m	流量q_V/ (10^{-6}m^3/s)	流速 v/ (10^{-2}m/s)	动量力 F/ 10^{-5}N	动量修正因数 β
1						
2						
3						

(3)成果要求

①回答定性分析实验中的有关问题。

②测定管嘴射流的动量修正因数 β，如表 3-8 所示。

③取某一流量，绘出控制体图，阐明分析计算的过程。

3.4.6 分析思考题

(1)实测 β 与公认值(β = 1.02 ~ 1.05)符合与否？如不符合，试分析原因。

(2)带翼片的平板在射流作用下获得力矩，这对分析射流冲击无翼片的平板沿 x 方向的动量方程有无影响？为什么？

(3)如图 3-13 所示，通过细导水管 a 的分流，其出流角度为什么需使之垂直于 v_{1x}？

3.5 雷诺实验

3.5.1 实验目的

(1)观察层流、湍流的流态及其转换过程；

(2)测定临界雷诺数，掌握圆管流态判别准则；

(3)学习应用量纲分析法进行实验研究的方法，确定非圆管流的流态判别准数。

3.5.2 实验装置

(1)实验装置简图

实验装置及各部分名称如图 3－15 所示。

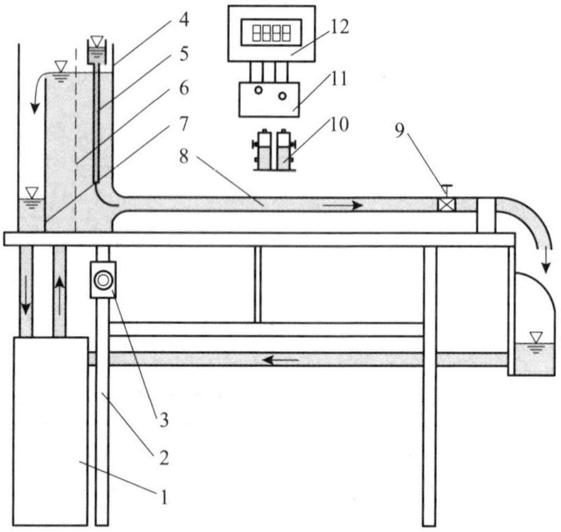

图 3－15 雷诺实验装置图

1—自循环供水器；2—实验台；3—可控硅无级调速器；4—恒压水箱；5—有色水水管；6—稳水孔板；7—溢流板；8—实验管道；9—实验流量调节阀；10—稳压筒；11—传感器；12—智能化数显流量仪

(2)装置说明与操作方法

供水流量由无级调速器调控，使恒压水箱 4 始终保持微溢流的程度，以提高进口前水体稳定度。本恒压水箱设有多道稳水隔板，可使稳水时间缩短到 3～5min。有色水经有色水水管 5 注入实验管道 8，可据有色水散开与否判别流态。为防止自循环水污染，有色指示水采用自行消色的专用有色水。实验流量由调节阀 9 调节，由智能化数显流量仪测量，使用时先排气调零，显示为 1 级精度瞬时流量值，详见伯努利方程实验。水温由数显温度计测量显示。

3.5.3 实验原理

1883 年，雷诺(Osborne Reynolds)采用类似于图 3－15 所示的实验装置，观察到液流中存在着层流和湍流两种流态：流速较小时，水流有条不紊地呈层状有序的直线运动，流层间没有质点掺混，这种流态称为层流；当流速增大时，流体质点做杂乱无章的无序的直线运动，流层间质点掺混，这种流态称为湍流。雷诺实验还发现存在着湍流转变为层流的临界流速v_c，v_c与流体的黏性 υ、圆管的直径 d 有关。若判别流态，要确定各种情况下的v_c值，需要对相关因素的不同量值作出排列组合再分别进行实验研究，工作量巨大。雷诺实验的贡献不仅在于发现了两种流态，还在于运用量纲分析的原理，得出了量纲为一的判据——雷诺数 Re，使问题得以简化。量纲分析如下：

因$v_c=f(\upsilon, d)$，根据量纲分析法有$v_c=k_c\upsilon^{\alpha_1}d^{\alpha_2}$，其中 k_c是量纲为一的数。

写成量纲关系为

$$[L\,T^{-1}]=[L^2T^{-1}]^{\alpha_1}[L]^{\alpha_2} \tag{3-25}$$

由量纲和谐原理，得 $\alpha_1=1$，$\alpha_2=-1$。即

$$v_c=k_c\frac{\upsilon}{d}\text{或}k_c=\frac{v_c d}{\upsilon} \tag{3-26}$$

雷诺实验完成了管流的流态从湍流过渡到层流时的临界值 k_c 值的测定，以及是否为常数的验证，结果表明，k_c 值为常数。于是，量纲为一的数 $v_c d/\upsilon$ 便成了适合于任何管径，任何牛顿流体的流态由湍流转变为层流的判据。由于雷诺的贡献，$v_c d/\upsilon$ 定名为雷诺数 Re。于是

$$Re=\frac{v_c d}{\upsilon}=\frac{4\,q_V}{\pi\upsilon d}=K\,q_V \tag{3-27}$$

式中，v_c 为流体流速；υ 为流体运动黏度；d 为圆管直径；q_V 为圆管内过流流量；K 为计算常数，$K=4/\pi\upsilon d$。

当流量由大逐渐变小，流态从湍流变为层流，对应一个下临界雷诺数 Re_c，当流量由零逐渐增大，流态从层流变为湍流，对应一个上临界雷诺数 Re'_c。上临界雷诺数受外界干扰，数值不稳定，而下临雷诺数 Re_c 值比较稳定，因此，以下临界雷诺数作为判别流态的标准。雷诺经反复测试，得出圆管流动的下临界雷诺数 Re_c 值为 2300。工程上，一般取 $Re_c=2000$。当 $Re<Re_c$ 时，管中液流为层流；反之为湍流。

对于非圆管流动，雷诺数可表示为

$$Re=\frac{v_c R}{\upsilon} \tag{3-28}$$

式中，$R=A/\chi$；R 为过流断面的水力半径；A 为过流断面面积；χ 为湿周（过流断面上液体与固体边界接触的长度）。

以水力半径作为特征长度表示的雷诺数也称为广义雷诺数。

3.5.4　实验内容与方法

（1）定性观察两种流态

启动水泵供水，使水箱溢流，稳定后，微开流量调节阀，打开颜色水管道的阀门，注入颜色水，可以看到圆管中颜色水随水流流动形成一直线状，这时的流态即为层流。进一步开大流量调节阀，流量增大到一定值时，可见管中颜色水发生掺混，直至消色。表明流体质点已经发生无序的杂乱运动，这时的流态即为湍流。

（2）测定下临界雷诺数

先调节管中流态呈湍流状，再逐步关小调节阀，每调节一次流量，稳定一段时间并观察其形态，当颜色水刚呈现出一直线时，表明由湍流刚好转为层流，此时管流即为下临界流动状态。测定流量，记录数显温度计所显示的水温值，即可得出下临界雷诺数。要注意的是，接近下临界流动状态时，流量应微调，调节过程中流量调节阀只可关小，不可开大。

（3）测定上临界雷诺数

先调节管中流态呈层流状，再逐步开大调节阀，每调节一次流量，稳定一段时间后观

察其形态，当颜色水开始散开混掺时，说明刚好由层流转为湍流，此时，管流即为上临界流动状态。记录智能化数显流量仪的流量值和水温，即可得出上临界雷诺数。要注意的是，流量应微调，调节过程中流量调节阀只可开大，不可关小。

(4)分析设计实验

任何截面形状的管流或明渠流、任何牛顿流体流动的流态转变临界流速 v_c 与运动黏度 v、水力半径 R 有关。通过量纲分析确定其广义雷诺数。设计测量明渠广义下临界雷诺数的实验方案，并根据上述圆管实验的结果得出广义下临界雷诺数值。

(5)注意事项

①为使实验过程中始终保持恒压水箱内水流处于微溢流状态，应在调节流量调节阀后，相应调节可控硅调速器，改变水泵的供水流量。

②实验中不要推、压实验台，以防水体受到扰动。

3.5.5 数据处理及成果要求

(1)记录有关信息及实验常数

管径 d = ________ $\times 10^{-2}$ m，水温 t = ________ ℃，

运动黏度 $v = \dfrac{0.01775\times10^{-4}}{1+0.0337t+0.000221t^2}$ = ________ $\times 10^{-4}\,\mathrm{m^2/s}$，

计算常数 K = ________ $\times 10^{6}\,\mathrm{s/m^3}$。

(2)实验数据记录及计算结果

实验数据及计算结果记录于表 3－9 中。

表 3－9 雷诺实验记录计算表

实验次序	颜色水线形状	流量q_V/($10^{-6}\,\mathrm{m^3/s}$)	雷诺数 Re	阀门开度增(↑)或减(↓)	备注
1					
2					
3					
4					
5					
6					
7					
8					
9					
实测下临界雷诺数(平均值)$\overline{Re_c}$ =					

(3)成果要求

①测定下临界雷诺数(测量 2～4 次，取平均值)；如表 3－9 所示。

②测定上临界雷诺数(测量 1～2 次，分别记录)；如表 3－9 所示。

③确定广义雷诺数表达式及其圆管流的广义下临界雷诺数实测数值。

3.5.6 分析思考题

(1)为何认为上临界雷诺数无实际意义，而采用下临界雷诺数作为层流与湍流的判断依据?

(2)试结合紊动机理实验的观察，分析由层流过渡到湍流的机理。

3.6 沿程水头损失实验

3.6.1 实验目的

(1)掌握测定管道沿程水头损失因数λ和管壁粗糙度 Δ 的方法；

(2)分析圆管恒定流动的水头损失规律、λ随雷诺数 *Re* 变化的规律，验证沿程水头损失 h_f与平均流速 v 的关系。

3.6.2 实验装置

3.6.2.1 实验装置简图

实验装置及各部分名称如图 3-16 所示。

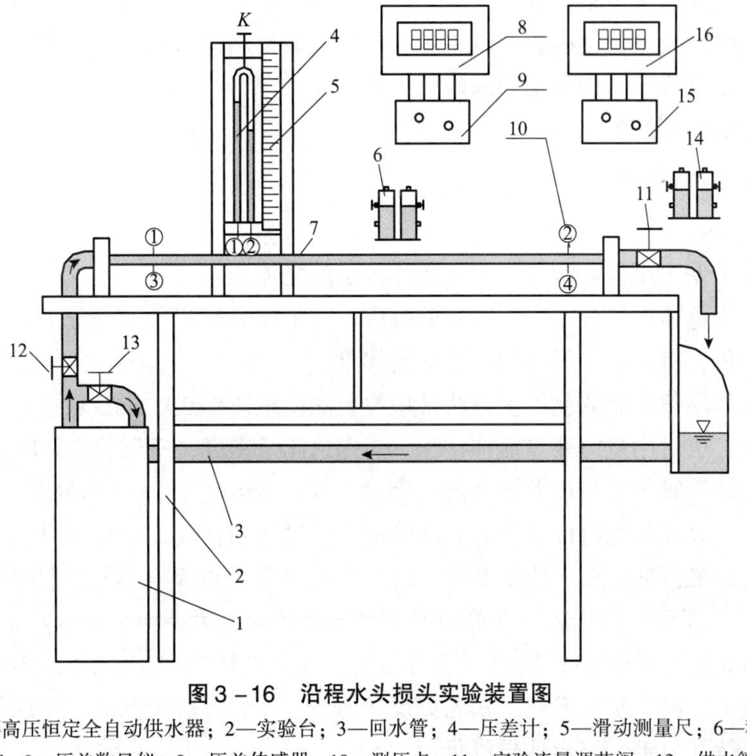

图 3-16 沿程水头损失实验装置图

1—自循环高压恒定全自动供水器；2—实验台；3—回水管；4—压差计；5—滑动测量尺；6—稳压筒 1；7—实验管道；8—压差数显仪；9—压差传感器；10—测压点；11—实验流量调节阀；12—供水管及供水阀；13—旁通管及旁通阀；14—稳压筒 2；15—流量传感器；16—智能流量数显仪

3.6.2.2 装置说明

(1)水泵与稳压器。自循环高压恒定全自动供水器 1 由水泵、压力自动限制开关、气 – 水压力罐式稳压器等组成。压力超高时能自动停机，过低时能自动开机。为避免因水泵直接向实验管道供水而造成的压力波动等影响，水泵的供水是先进入稳压器的压力罐，经稳压后再送向实验管道。

(2)旁通管与旁通阀。由于供水泵设有压力自动限制开关，在供小流量时因压力过高，水泵可能出现断续关闭的现象，为此设有旁通管与旁通阀 13，在小流量实验时，通过旁通管分流可使水泵持续稳定运行。

(3)阀 11 用于调节层流实验流量；阀 12 用于检修，实验时始终全开；阀 13 层流时用于分流(全开)，湍流时用于调节实验流量。

(4)实验管道 7 为不锈钢管，其测压断面上沿十字形方向设有 4 个测压孔，经过均压环与测点管嘴相连通。

(5)本实验仪配有压差计 4(倒 U 型气 – 水压差计)和压差仪 8，压差计测量范围为 0 ~ 0.3mH_2O；压差电测仪测量范围为 0 ~ 10mH_2O，视值单位为 10^{-2}mH_2O。压差计 4 与压差电测仪 8 所测得的压差值均可等值转换为两测点的测压管水头差，单位用 m 表示。在测压点与压差计之间的连接软管上设有管夹，除湍流实验时管夹关闭外，其他操作时管夹均处于打开状态。

(6)流量测量——智能化数显流量仪。智能化数显流量仪系统包括实验管道内配套流量计、稳压筒、高精密传感器和智能化数显流量仪(含数字面板表及 A/D 转换器)。该流量仪为管道式瞬时流量仪，测量精度 1 级。流量仪的使用方法参见伯努利方程实验，需先排气调零，流量仪所显示的数值为瞬时流量值。

(7)配有数显温度计。

3.6.2.3 基本操作方法

(1)层流实验

层流实验压差由压差计测量，流量用称重法或量体积法。

①称重法或量体积法是在某一固定的时段内，依据流量定义的测量方法，计量流过水流的重量或体积，得出单位时间内流过的流体量。

本实验及后述各实验的测流量方法常用称重法或量体积法，用秒表计时，用电子秤称重，小流量时，也可用量筒测量流体体积。为保证测量精度，一般要求计时大于 15 ~ 20s。

②压差计连接管排气与压差计补气。启动水泵，全开阀 11，间歇性开关旁通阀 13 数次，待水从压差计顶部流过即可。若测压管内水柱过高须补气，全开阀门 11、13，打开压差计 4 顶部气阀 K，自动充气使压差计中的右管液位降至底部(必要时可短暂关闭阀 12)，立即拧紧气阀 K 即可。排气后，全关阀 11，测压计压差应为零。

③实验时始终全开阀 13，用阀 11 调节流量。层流范围的压差值在 2 ~ 3cm 以内，水温越高，差值越小，由于水泵发热，水温持续升高，应先进行层流实验。用压差计测量，流量调节后须等待几分钟，稳定后再测量。

(2)湍流实验

湍流实验测量时用管夹关闭压差计连通管，压差由数显压差仪测量，流量用智能化数显流量仪测量。

①调零。启动水泵，全开阀 11，间歇性开关旁通阀 13 数次，以排除连通管中的气泡。然后，在关闭阀 11 的情况下，管道中充满水但流速为零，此时，压差仪和流量仪读值都应为零，否则，旋转电测仪面板上的调零电位器，使读值为零。

②流量调节方法：全开实验流量调节阀 11，调节旁通阀 13 调节流量。

③流量用智能化数显流量仪测量。

无论层流还是湍流实验，每次实验均须测记水温。

3.6.3 实验原理

(1)通过直径不变的圆管的恒定水流，沿程水头损失由达西公式表达为

$$h_{\mathrm{f}}=\lambda\frac{l}{d}\frac{v^2}{2g} \tag{3-29}$$

式中 λ——沿程水头损失因数；

l——上下游测量断面之间的管段长度；

d——管道直径；

v——为断面平均流速。

若在实验中测得沿程水头损失 h_{f}和断面平均流速，可直接得沿程水头损失因数

$$\lambda=\frac{2gdh_{\mathrm{f}}}{l}\cdot\frac{1}{v^2}=\frac{2gdh_{\mathrm{f}}}{l}\left(\frac{\pi}{4}d^2/q_V\right)^2=k\frac{h_{\mathrm{f}}}{q_V^2} \tag{3-30}$$

式中，$k=\pi^2gd^5/8l$。

由伯努利方程可得

$$h_{\mathrm{f}}=\left(z_1+\frac{p_1}{\rho g}\right)-\left(z_2+\frac{p_2}{\rho g}\right)=\Delta h \tag{3-31}$$

沿程水头损失 h_{f}即为两测点的测压管水头差 Δh，可用压差计或电测仪测得。

(2)圆管层流运动

$$\lambda=\frac{64}{Re} \tag{3-32}$$

(3)管壁平均当量粗糙度 Δ 在流动处于湍流过渡区或阻力平方区时测量，可由巴尔公式确定

$$\frac{1}{\sqrt{\lambda}}=-2\lg\left[\frac{\Delta}{3.7d}+4.1365\left(\frac{vd}{q_V}\right)^{0.89}\right] \tag{3-33}$$

即

$$\Delta=3.7d\times\left[10^{-\frac{1}{2\sqrt{\lambda}}}-4.1365\left(\frac{vd}{q_V}\right)^{0.89}\right] \tag{3-34}$$

3.6.4 实验内容与方法

(1)沿程水头损失因数测量与分析实验

参照实验基本操作方法，分别在层流和湍流两种流态下测量流量、水温、压差各 4 ~ 6 次。实验数据参照表 3 - 10 处理。

(2)设计性实验

试利用图3－16实验仪器设计测定实验管段平均当量粗糙度Δ的实验。

(3)注意事项

①实验装置长期静置不用后再启动时，需在切断电源后，用螺丝刀顶住电动机轴端，将电机轴转动几圈后方可通电启动。

②实验时，去掉水泵罩壳，以防泵体过热。

3.6.5 数据处理及成果要求

(1)记录有关信息及实验常数

圆管直径 d = ________ $\times 10^{-2}$m，测量段长度 l = ________ $\times 10^{-2}$m。

(2)实验数据记录及计算结果

将实验数据记录及计算结果记录于表3－10中。

表3－10 沿程水头损失实验记录计算表

测次	体积 V/ 10^{-6}m^3	时间 t/s	流量 q_V/ $(10^{-6}\text{m}^3/\text{s})$	流速 v/ (10^{-2}m/s)	水温 T/ ℃	黏度 ν/ $(10^{-4}\text{m}^2/\text{s})$	雷诺数 Re	压差计、电测仪读数/ 10^{-2}m		沿程损失 h_f/ 10^{-2}m	沿程损失因数λ	$\lambda=\frac{64}{Re}$ $(Re<2300)$
								h_1	h_2			
1												
2												
3												
4												
5												
6	—	—										—
7	—	—										—
8	—	—										—
9	—	—										—
10	—	—										—
11	—	—										—

(3)成果要求

①测定沿程水头损失因数λ值，分析沿程阻力损失因数λ随雷诺数的变化规律，并将结果与穆迪图进行比较，分析实验所在区域。

②根据实测管道内流量和相应沿程损失值，绘制 $\lg v-\lg h_f$ 关系曲线，并确定其斜率 m 值，$m=\dfrac{\lg h_{f2}-\lg h_{f1}}{\lg v_2-\lg v_1}$。将从图上求得的 m 值与已知各流区的 m 值进行比较验证。

③完成设计性实验。

3.6.6 分析思考题

(1)为什么压差计的水柱差就是沿程水头损失？实验管道倾斜安装是否影响实验成果？
(2)为什么管壁平均当量粗糙度 Δ 不能在流动处于光滑区时测量？

3.7 局部水头损失实验

3.7.1 实验目的

(1)掌握三点法、四点法测量局部阻力因数的技能，并将突扩管的实测值与理论值比较，将突缩管的实测值与经验值比较；
(2)通过阀门局部阻力因数测量的设计性实验，学习二点法测量局部阻力因数的方法。

3.7.2 实验装置

3.7.2.1 实验装置简图

实验装置及各部分名称如图 3-17 所示。

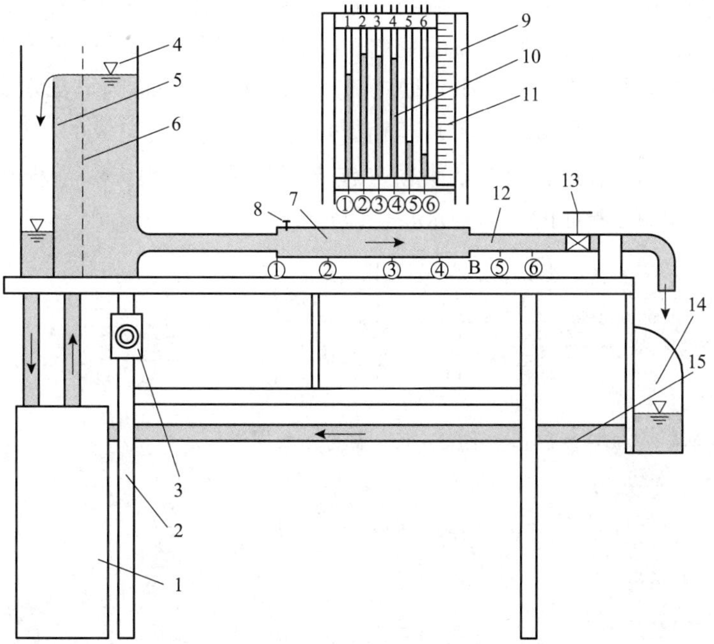

图 3-17 局部水头损失实验装置简图

1—自循环供水器；2—实验台；3—可控硅无级调速器；4—恒压水箱；5—溢流板；6—稳水孔板；
7—圆管突然扩大；8—气阀；9—测压计；10—测压管①~⑥；11—滑动测量尺；
12—圆管突然收缩；13—实验流量调节阀；14—回流接水斗；15—下回水管

3.7.2.2 装置说明

(1)实验管道由圆管突扩、突缩等管段组成，各管段直径已知。在实验管道上共设有六个测压点，测点①～③和③～⑥分别用以测量突扩和突缩的局部阻力因数。其中测点①位于突扩的起始界面处，引用公认的实验结论“在突扩的环状面积上的动水压强近似按静水压强规律分布”，该测点可用以测量小管出口端中心处压强值。

气阀 8 用于实验开始时排除管中滞留气体。

(2)流量测量——智能化数显流量仪

智能化数显流量仪系统包括实验管道内配套流量计、稳压筒、高精密传感器和智能化数显流量仪(含数字面板表及 A/D 转换器)。该流量仪为管道式瞬时流量仪，测量精度 1 级。

流量仪的使用方法参见伯努利方程实验，需先排气调零，流量仪所显示的数值为瞬时流量值。

3.7.2.3 基本操作方法

(1)排气。启动水泵待恒压水箱溢流后，关闭实验流量调节阀 13，打开阀 8 排除管中滞留气体。排气后关闭阀 8，并检查测压管各管的液面是否齐平，若不平，重复排气操作，直至齐平，将智能化数显流量仪调零。

(2)测压管水头用测压计测量，基准面可选择在滑动测量尺零点上。

(3)流量测量。实验流量用阀 13 调节，记录智能化数显流量仪的流量值。

3.7.3 实验原理

流体在流动的局部区域，如流体流经管道的突扩、突缩和闸门等处(图 3－18)，由于固体边界的急剧改变而引起速度分布的变化，甚至使主流脱离边界，形成旋涡区，从而产生的阻力称为局部阻力。由于局部阻力做功而引起的水头损失称为局部水头损失，用 h_j 表示。局部水头损失是在一段流程上，甚至相当长的一段流程上完成的，如图 3－18 所示，断面 1 至断面 2，该段流程上的总水头损失包含了局部水头损失和沿程水头损失。若用 h_i($i=1$，2…)表示第 i 断面的测压管水头，即有

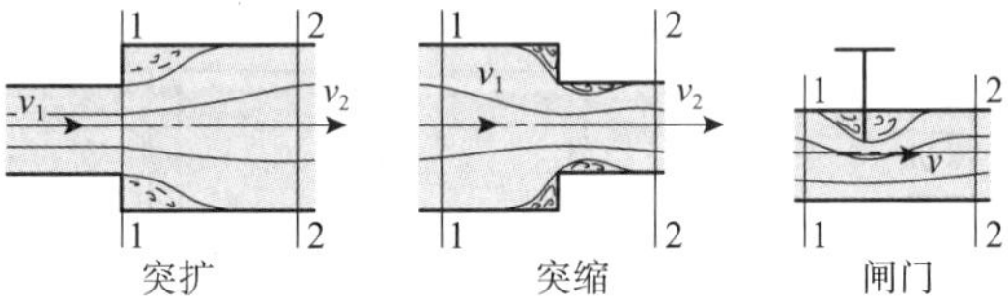

图 3－18　局部水头损失

$$h_w = h_j + h_{f1-2} = \left(h_1 + \frac{\alpha v_1^2}{2g}\right) - \left(h_2 + \frac{\alpha v_2^2}{2g}\right) \tag{3-35}$$

或

$$h_j = \left(h_1 + \frac{\alpha v_1^2}{2g}\right) - \left(h_2 + \frac{\alpha v_2^2}{2g}\right) - h_{f1-2} \tag{3-36}$$

局部阻力因数 ζ 为

$$\zeta = h_j / \frac{v^2}{2g} \tag{3-37}$$

(1)圆管突然扩大段。本实验仪采用三点法测量。三点法是在突然扩大管段上布设三个测点，如图 3－17 测点①②③所示。流段①至②为突然扩大局部水头损失发生段，②至③为

均匀流流段，本实验仪测点①②间距为测点②③的1/2，h_{f1-2}按流程长度比例换算得出。则

$$h_{f1-2}=h_{f2-3}/2=\Delta h_{2-3}/2=(h_2-h_3)/2 \quad (3-38)$$

$$h_j=\left(h_1+\frac{\alpha v_1^2}{2g}\right)-\left(h_2+\frac{\alpha v_2^2}{2g}+\frac{h_2-h_3}{2}\right)=E_1'-E_2' \quad (3-39)$$

式中，h_i为测压管水头值，当基准面选择在标尺零点时，即为第i断面测压管液位的标尺读值；E_1'、E_2'分别表示式(3-39)中的前、后括号项。

因此，只要实验测得三个测压点的测压管水头值h_1、h_2、h_3及流量等，即可得突然扩大段局部阻力水头损失。

若圆管突然扩大段的局部阻力因数ζ用上游流速v_1表示，则

$$\zeta=h_j/\frac{\alpha v_1^2}{2g} \quad (3-40)$$

对应上游流速v_1的圆管突然扩大段理论公式为

$$\zeta=\left(1-\frac{A_1}{A_2}\right)^2 \quad (3-41)$$

(2)圆管突然缩小段。本实验仪采用四点法测量。四点法是在突然缩小管段上布设四个测点，如图3-17测点③④⑤⑥所示。图中B点为突缩断面处。流段④至⑤为突然缩小局部水头损失发生段，③至④和⑤至⑥都为均匀流流段。流段④至B间的沿程水头损失按流程长度比例由测点③④测得，流段B至⑤的沿程水头损失按流程长度比例由测点⑤⑥测得。本实验仪$l_{3-4}=2\,l_{4-B}$，$l_{B-5}=l_{5-6}$，有$h_{f4-B}=h_{f3-4}/2=\Delta h_{3-4}/2$，$h_{fB-5}=h_{f5-6}=\Delta h_{5-6}$。则

$$h_{f4-5}=\Delta h_{f3-4}/2+\Delta h_{5-6}=(h_3-h_4)/2+h_5-h_6 \quad (3-42)$$

$$h_j=\left(h_4+\frac{\alpha v_4^2}{2g}-\frac{h_3-h_4}{2}\right)-\left(h_5+\frac{\alpha v_5^2}{2g}+h_5-h_6\right)=E_4'-E_5' \quad (3-43)$$

因此，实验测得四个测压点的测压管水头值h_3、h_4、h_5、h_6及流量等，即可得突然缩小段的局部阻力水头损失。

若圆管突然缩小段的局部阻力因数ζ用下游流速v_5表示，则

$$\zeta=h_j/\frac{\alpha v_5^2}{2g} \quad (3-44)$$

对应下游流速v_5的圆管突然缩小段经验公式为

$$\zeta=0.5\left(1-\frac{A_5}{A_4}\right) \quad (3-45)$$

(3)测量局部阻力因数的二点法。在局部阻碍处的前后顺直流段上分别设置一个测点，在某一流量下测定两点间的水头损失，然后用等长度的直管段更换局部阻碍段，再在同一流量下测定两点间的水头损失，两水头损失之差即为局部阻碍段的局部水头损失。

3.7.4 实验内容与方法

(1)测量突然扩大局部水头损失与突然缩小局部水头损失，并测定相应的局部水头损失因数。

参照实验基本操作方法，在恒定流条件下改变流量2~3次，其中一次为最大流量，待流量稳定后，测记各测压管液面读数，同时测记实验流量。实验数据处理与分析参考本

节 3.7.5 数据处理及成果要求。

(2)设计性实验：利用图 3－17 实验装置，设计某开度下阀门的局部阻力因数的测量实验。要求：用二点法测量，设计实验装置改造简图，制定实验方案，结合实验 CAI 软件进行计算机仿真实验。

(3)注意事项

①恒压水箱内水位要始终保持在溢流状态，确保水头恒定。

②测压管后设有平面镜，测记各测压管水头值时，视线与测压管液面及镜子中影像液面要齐平，读数精确到 0.5mm。

3.7.5 数据处理及成果要求

(1)记录有关信息及实验常数

实验管段直径：

$d_1 = D_1 =$ ______ $\times 10^{-2}$m，$d_2 = d_3 = d_4 = D_2 =$ ______ $\times 10^{-2}$m，

$d_5 = d_6 = D_3 =$ ______ $\times 10^{-2}$m。

实验管段长度：

$l_{1-2} =$ ______ $\times 10^{-2}$m，$l_{2-3} =$ ______ $\times 10^{-2}$m，$l_{3-4} =$ ______ $\times 10^{-2}$m，

$l_{4-B} =$ ______ $\times 10^{-2}$m，$l_{B-5} =$ ______ $\times 10^{-2}$m，$l_{5-6} =$ ______ $\times 10^{-2}$m。

(2)实验数据记录及计算结果

将实验数据记录及计算结果记录于表 3－11、表 3－12 中。

表 3－11　局部水头损失实验记录表

次数	流量q_V/($10^{-6}m^3/s$)	测压管读数/10^{-2}m					
		h_1	h_2	h_3	h_4	h_5	h_6
1							
2							
3							

表 3－12　局部水头损失实验计算表

次数	阻力形式	流量q_V/($10^{-6}m^3/s$)	前断面		后断面		h_j/10^{-2}m	实测值 ζ	理论值 ζ
			$\frac{\alpha v^2}{2g}$/10^{-2}m	E_1'/10^{-2}m	$\frac{\alpha v^2}{2g}$/10^{-2}m	E_2'/10^{-2}m			
1	突然扩大								
2									
3									
1	突然缩小								
2									
3									

注：ζ 对应于突扩段的 v_1 或突缩段的 v_5。

(3)成果要求

①测定突扩断面局部水头损失因数 ζ 值，并与理论值比较，如表 3－12 所示。

②测定突缩断面局部水头损失因数 ζ 值，并与经验值比较，如表 3－12 所示。

③完成设计性实验。

3.7.6　分析思考题

(1)管径粗细相同、流量相同条件下，试问 $d_1/d_2(d_1<d_2)$ 在何范围内圆管突然扩大的水头损失大于突然缩小的损失？

(2)结合流动演示仪的水力现象，分析局部阻力损失机理。产生突扩与突缩局部水头损失的主要部位在哪里？怎样减小局部水头损失？

(3)局部阻力类型较多，局部阻力因数的计算公式，只有突然扩大管段由理论推导得出，其他管段的经验公式都由实验获得。试问，获得经验公式有哪些途径？

3.8　孔口出流与管嘴出流实验

3.8.1　实验目的

(1)量测孔口与管嘴出流的流速因数、流量因数、侧收缩因数、局部阻力因数及圆柱形管嘴内的局部真空度；

(2)分析圆柱形管嘴的进口形状(圆角和直角)对出流能力的影响及孔口与管嘴过流能力不同的原因。

3.8.2　实验装置

3.8.2.1　实验装置简图

实验装置及各部分名称如图 3－19 所示，孔口管嘴结构如图 3－20 所示。

3.8.2.2　装置说明

(1)在容器壁上开孔，流体经过孔口流出的流动现象称为孔口出流，当孔口直径 $d\leq 0.1H$(H 为孔口作用水头)时称薄壁圆形小孔口出流。在孔口周界上连接一长约为孔口直径 3～4 倍的短管，这种短管称为圆柱形外管嘴。流体流经该短管，在出口断面形成满管流的流动现象叫管嘴出流。

图 3－20 中，(a)为圆角进口管嘴、(b)为直角进口管嘴、(c)为锥形管嘴、(d)为孔口。在直角进口管嘴(2)离进口 $d/2$ 的收缩断面上设有测压点，通过细软管与测压管 12 连通。

(2)智能化数显流量仪。配置最新发明的水头式瞬时智能化数显流量仪，测量精度一级。采用循环检查方式，同表分别测量四个管嘴与孔口的流量。

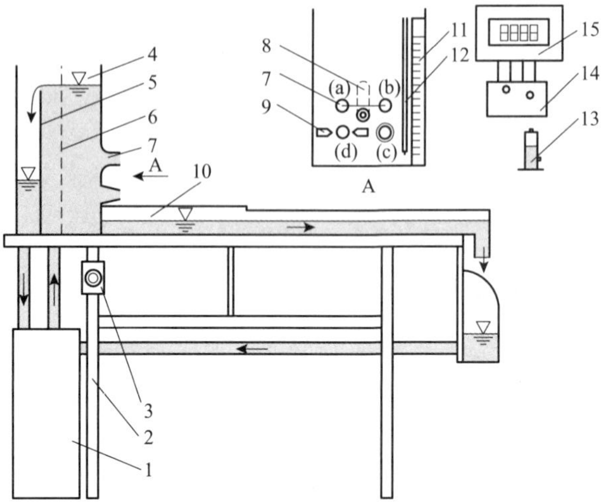

图 3－19　孔口出流与管嘴出流实验装置图

1—自循环供水器；2—实验台；3—可控硅无级调速器；4—恒压水箱；5—溢流板；6—稳水孔板；7—孔口管嘴；8—防溅旋板；9—移动触头；10—上回水槽；11—标尺；12—测压管；13—内置式稳压筒；14—传感器；15—智能化数显流量仪

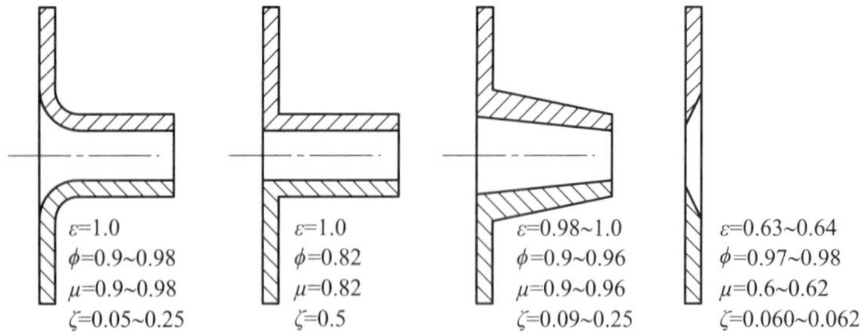

(a)圆角进口管嘴　(b)直角进口管嘴　(c)锥形管嘴　(d)薄壁圆形小孔口

图 3－20　孔口管嘴结构剖面图

使用方法：先调零，将水泵关闭，确保传感器连通大气时，将波段开关调零用仪表面板上的调零电位器调零。水泵开启后，流量随水箱水位淹没管嘴的高度而变，切换波段开关至对应的测量管嘴或孔口，此时流量仪显示的数值即为对应的瞬时流量值。

3.8.2.3　基本操作方法

(1)管嘴切换。防溅板 8 用于转换操作，当某一管嘴实验结束时，将旋板旋至进口截断水流，再用橡皮塞封口；当需开启时，先用旋板挡水，再打开橡皮塞。这样可防止水花四溅。

(2)孔口射流直径测量。移动触头 9 位于射流收缩断面上，可水平向伸缩，当两个触块分别调至射流两侧外缘时，将螺丝固定。用防溅旋板关闭孔口，再用游标卡尺测量两触块的间距，即为射流收缩直径。

(3)直角进口管嘴收缩断面真空度 h_v 测量。标尺 11 和测压管 12 可测量管嘴高程 z_1 及测压管水位 z，则 $h_v = z_1 - z$。

(4)智能化数显流量仪调零。在传感器连通大气情况下，将波段开关打到调零位置，用仪表面板上的调零电位器调零。

(5)实验流量。切换波段开关至对应实验项目，记录智能化数显流量仪的流量值。

3.8.3 实验原理

在一定水头 H_0 作用下薄壁小孔口(或管嘴)自由出流时的流量，可用下式计算：

$$q_V = \varphi\varepsilon A\sqrt{2gH_0} = \mu A\sqrt{2gH_0} \tag{3-46}$$

式中 $H_0 = \frac{\alpha v_0^2}{2g}$，因行近流速水头 αv_0^2 很小可忽略不计，所以 $H_0 = H$；

ε——收缩因数，$\varepsilon = \frac{A_c}{A} = \frac{d_c^2}{d^2}$，$A_c$、$d_c$ 分别为收缩断面的面积和直径；

φ——流速因数，$\varphi = \frac{1}{\sqrt{1+\zeta}} = \frac{\mu}{\varepsilon}$；

μ——流量因数，$\mu = \varepsilon\varphi = \frac{q_V}{A\sqrt{2gH_0}}$；

ζ——局部阻力因数，$\zeta = \frac{1}{\varphi^2} - \alpha$，可近似取动能修正因数 $\alpha \approx 1.0$。

ε、φ、μ、ζ 的经验值如图 3-20 所示。

根据理论分析，直角进口圆柱形外管嘴收缩断面处的真空度为：$h_v = \frac{p_V}{\rho g} = 0.75H$。

实验中，只要测出孔口及管嘴的位置高程和收缩断面直径，读出作用水头 H，测出流量，就可测定、验证上述各因数。

3.8.4 实验内容与方法

(1)定性分析实验

①观察孔口及各管嘴出流水柱的流股形态。

依次打开各孔口、管嘴，使其出流，观察各孔口及管嘴水流的流股形态，因各种孔口、管嘴的形状不同，过流阻力也不同，从而导致各孔口管嘴出流的流股形态也不同。(注：4 个孔口与管嘴不能同时打开，以免水流外溢。)

②观察孔口出流在 $d/H > 0.1$(大孔口)与 $d/H < 0.1$(小孔口)时的侧收缩情况。

开大流量，使上游水位升高，使 $d/H < 0.1$，测量相应状态下收缩断面直径 d_c；再关小流量，上游水头降低，使 $d/H > 0.1$，测量此时的收缩断面直径 d'_c。可发现，当 $d/H > 0.1$ 时 d'_c 增大，并接近于孔径 d，此时由实验测知，μ 也随 d/H 增大而增大($\mu = 0.64 \sim 0.9$)。

(2)定量分析实验

根据基本操作方法，测量孔口与管嘴出流的流速因数、流量因数、侧收缩因数、局部阻力因数及直角管嘴的局部真空度，实验数据处理与分析参考本节 3.8.5 数据处理及成果要求。

(3)注意事项

①实验次序先管嘴后孔口，每次塞橡皮塞前，先用旋板将进口盖好，以免水花溅开；

关闭孔口时，旋板的旋转方向为顺时针，否则水易溅出。

②实验中，将旋板置于不工作的管嘴上，避免旋板对工作孔口、管嘴的干扰；不工作的孔口、管嘴应用橡皮塞塞紧，防止渗水。

3.8.5 数据处理及成果要求

(1)记录有关信息及实验常数

孔口管嘴直径及高程：

圆角管嘴 d_1 = ______ $\times 10^{-2}$m，直角管嘴 d_2 = ______ $\times 10^{-2}$m，

出口高程 $z_1 = z_2$ = ______ $\times 10^{-2}$m，

锥形管嘴 d_3 = ______ $\times 10^{-2}$m，孔口 d_4 = ______ $\times 10^{-2}$m，

出口高程 $z_3 = z_4$ = ______ $\times 10^{-2}$m。

(基准面选在标尺的零点上。)

(2)实验数据记录及计算结果

将实验数据记录及计算结果填入表 3－13 中。

表 3－13　孔口管嘴实验记录计算表

项目＼分类	圆角管嘴	直角管嘴	圆锥管嘴	孔口
水箱液位 $z_0/10^{-2}$m				
流量 $q_V/(10^{-6}m^3/s)$				
作用水头 $H_0/10^{-2}$m				
面积 $A/10^{-4}m^2$				
流量因数 μ				
测压管液位 $z/10^{-2}$m	—		—	—
真空度 $h_v/10^{-2}$m	—		—	—
收缩直径 $d_c/10^{-2}$m	—	—	—	
收缩断面 $A_c/10^{-4}m^2$	—	—	—	
收缩因数 ε				
流速因数 φ				
阻力因数 ζ				
流股形态				

(3)成果要求

①回答定性分析实验中的有关问题，提交实验结果。

②测量计算孔口与各管嘴出流的流速因数、流量因数、侧收缩因数、局部阻力因数及直角进口管嘴的局部真空度，分别与经验值比较，并分析引起差别的原因。如表 3－13 所示。

3.8.6 分析思考题

①薄壁小孔口与大孔口有何异同？

②为什么相同作用水头和直径相等的条件下，直角进口管嘴的流量因数 μ 值比孔口的大？锥形管嘴的流量因数 μ 值比直角进口管嘴的大？

3.9　毕托管测速与修正因数标定实验

3.9.1　实验目的

(1)了解毕托管的构造和适用条件，掌握用毕托管测量点流速的方法；

(2)测定管嘴淹没出流时点流速，学习率定毕托管流速修正因数的技能；

(3)分析管嘴淹没射流的流速分布及流速系数的变化规律。

3.9.2　实验装置

3.9.2.1　实验装置简图

实验装置及各部分名称如图3－21所示。

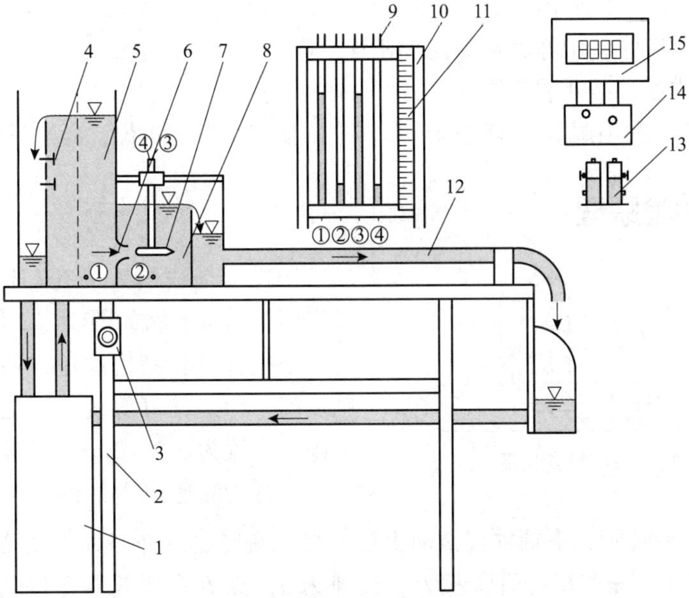

图3－21　毕托管测速实验装置图

1—自循环供水器；2—实验台；3—水泵电源开关；4—水位调节阀；5—恒压水箱与测压点①；6—管嘴；7—毕托管及其测压点③和④；8—尾水箱与测压点②；9—测压管①～④；10—测压计；11—滑动测量尺；12—上回水管；13—稳压筒；14—传感器；15—智能化数显流速仪

3.9.2.2　装置说明

(1)配有智能化毕托管数显流速仪。该系统包括稳压筒、高精密传感器和智能化数显流速仪(含数字面板表和A/D转换器)。该流速仪为流速瞬时测量仪，精度1级。

流速仪的使用方法参见伯努利方程实验，需先排气调零。

(2)测压管与测点之间可以直接连接也可通过软管连接。本书插图中所涉及的测压点与测压管(或传感器)之间的连通管通常都未绘出，而是将连通的各点用带“○”的相同编号表示。如本装置图中表示水箱测压点①②及毕托管测压点③④分别用连通管与同编号的测压管①②③④相连。

(3)恒压水箱5在实验中应始终保持溢流状态，其水箱水位始终保持恒定不变。需调节工作水位时可打开不同的水位调节阀4，以改变不同的溢流恒定水位。溢流量太大水面不易平稳，溢流量大小可由可控硅无级调速器3调节。

(4)毕托管由导轨及卡板固定，可上下、前后改变位置。水流自高位水箱经管嘴6流向低位水箱，形成淹没射流，用毕托管测量淹没射流点流速值。测压计11的测压管①②用以测量高、低水箱位置水头，测压管③④用以测量毕托管的全压水头和静压水头，水位调节阀4用以改变测点的流速大小。

3.9.2.3 基本操作方法

(1)安装毕托管。测量管嘴淹没射流核心处的点流速时，将毕托管动压孔口对准管嘴中心，距离管嘴出口处约0.02~0.03m；测量射流过流断面流速分布时，毕托管前端距离管嘴出口处宜为0.03~0.05m。毕托管与来流方向夹角不得超过10°，拧紧固定螺丝。

(2)开启水泵。顺时针打开调速器开关3，将流量调节到最大。

(3)排气。待上、下游溢流后，用吸气球(如洗耳球)放在测压管口部抽吸，排除毕托管及各连通管中的气体，用静水匣罩住毕托管，可检查测压计液面是否齐平，液面不齐平可能是因空气未排尽，必须重新排气。

(4)调节水位。利用调节阀4可调节高、中、低三个恒定水位，溢流量由调速器控制。

3.9.3 实验原理

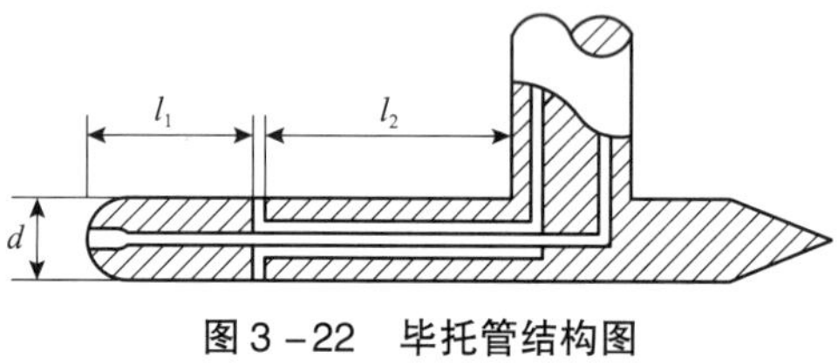

图3-22 毕托管结构图

毕托管是法国人毕托(H. Pitot)于1732年发明，结构形状如图3-22所示。

毕托管具有结构简单、使用方便、测量精度高、稳定性好等优点，应用广泛。测量范围：水流为0.2~2m/s，气流为1~60m/s。

毕托管测速原理如图3-23所示，是一根两端开口的90°弯针管，下端垂直指向上游，另一端竖直，并与大气相通。沿流线取相近两点A、B，点A在未受毕托管干扰处，流速为u，点B在毕托管管口驻点处，流速为零。流体质点自点A流到点B，其动能转化为位能，使竖管液面升高，超出静压强为Δh水柱高度。列沿流线的伯努利方程，忽略A、B两点间的能量损失，有

$$0+\frac{p_1}{\rho g}+\frac{u^2}{2g}=0+\frac{p_2}{\rho g}+0 \tag{3-47}$$

$$\frac{p_2}{\rho g}-\frac{p_1}{\rho g}=\Delta h \tag{3-48}$$

由此得

$$u=\sqrt{2g\Delta h}$$

考虑水头损失及毕托管在生产中的加工误差，由上式得出的流速须修正。毕托管测速公式为

$$u = c\sqrt{2g\Delta h} = k\sqrt{\Delta h} \tag{3-49}$$

即 $k = c\sqrt{2g}$

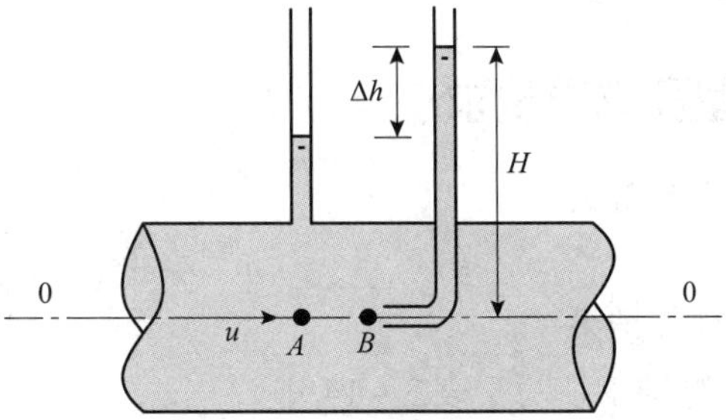

图 3-23　毕托管原理图

式中　u——毕托管测点处的点流速；

c——毕托管的修正因数，简称毕托管因数；

Δh——毕托管全压水头与静压水头之差。

另外，对于管嘴淹没出流，管嘴作用水头、流速因数与流速之间存在着如下关系：

$$u = \varphi'\sqrt{2g\Delta H} \tag{3-50}$$

式中　u——测点处的点流速；

φ'——测点处点流速因数；

ΔH——管嘴的作用水头。

联解式(3-49)、式(3-50)得

$$\varphi' = c\sqrt{\Delta h/\Delta H} \tag{3-51}$$

本实验仪只要测出 Δh 与 ΔH，便可测得点流速因数 φ'，与实际流速因数(经验值 $\varphi' = 0.995$)比较，便可得出测量精度。

若需标定毕托管因数 c，则有

$$c = \varphi'\sqrt{\Delta H/\Delta h} \tag{3-52}$$

3.9.4　实验内容与方法

(1)定性分析实验——管嘴淹没射流过流断面流速分布

将毕托管放置在离管嘴口 0.03 ~ 0.05m 处，竖向移动毕托管，改变测点位置，稳定后，分别读取3、4 测管水头值的差值 Δh。可以发现，射流边缘位置比射流中心位置的 Δh 较小。说明射流中心流速大，边缘流速小。

(2)定量分析实验

①毕托管测点流速实验。已知毕托管因数 c，按照基本操作方法，分别在高、中、低的水箱水位下，测量淹没射流中心点的流速。实验数据及结果分析参考本节 3.9.5 数据处理及成果要求。

②毕托管因数 c 标定实验。已知本实验装置管嘴淹没射流中心点的点流速因数经验值为 0.995 ±0.001，要求标定毕托管因数 c。

(3)注意事项

①恒压水箱内水位要求始终保持在溢流状态，确保水头恒定。

②测压管后设有平面镜，测记各测压管水头值时，要求视线与测压管液面及镜子中影像液面齐平，读数精确到0.5mm。

3.9.5 数据处理及成果要求

(1)记录有关信息及实验常数

毕托管校正因数 $c=$ ________，　$k=$ ______ $m^{0.5}/s$。

(2)实验数据记录及计算结果

将实验数据记录及计算结果填写于表3-14中。

表3-14 毕托管测速实验记录计算表

实验测次	上、下游水位			毕托管测压计			测点流速 $u=k\sqrt{\Delta h}$/(m/s)	流速仪测值/(m/s)	测点流速因数 $\varphi'=c\sqrt{\Delta h/\Delta H}$
	h_1/10^{-2}m	h_2/10^{-2}m	ΔH/10^{-2}m	h_3/10^{-2}m	h_4/10^{-2}m	Δh/10^{-2}m			
1									
2									
3									

(3)成果要求

①测定管嘴出流点流速，如表3-14所示。

②测定管嘴出流点流速因数，由表3-14计算取均值可得 $\varphi'=0.994$。

③自行设计标定毕托管因数 c 的实验方案，并通过实验校验 c 值。

3.9.6 分析思考题

(1)本实验所测得 φ' 值说明了什么?

(2)毕托管测量水流速度的范围为0.2~2m/s，轴向安装偏差要求不应大于10°，试分析其原因。

(3)对电测毕托管有何新的见解?

3.10 达西渗流实验

3.10.1 实验目的

(1)测量样砂的渗透系数 k 值，掌握特定介质渗透系数的测量方法;

(2)通过测量透过砂土的渗流流量和水头损失的关系，验证达西定律。

3.10.3.3 达西定律适用范围

达西定律有一定适应范围，可以用雷诺数 $Re=\frac{vd_{10}}{\nu}$来表示。式中，v 为渗流断面平均流速；d_{10}为土壤颗粒筛分时占10%重量土粒所通过的筛分直径；ν 为水的运动黏度。通常认为当 $Re<1\sim10$ 时(如绝大多数细颗粒土壤中的渗流)，适用达西定律。只有在砾石、卵石等大颗粒土层中，渗流才会出现水力坡度与渗流流速不再成一次方比例的非线性渗流($Re>1\sim10$)，不再适应达西定律。

3.10.4 实验内容与方法

(1)实验方法

按照基本操作方法，改变流量2~3次，测量渗透系数 k，实验数据处理与分析参考本节3.10.5数据处理及成果要求。

(2)注意事项

①实验中不允许气体渗入砂土中。若在实验中，下稳水室7中有气体滞留，应关闭出水阀16，打开排气嘴17，排除气体。

②新装砂后，开始实验时，从出水管16排出的少量浑浊水应当用量筒收集后予以废弃，以保持蓄水箱10中的水质纯净。

3.10.5 数据处理及成果要求

(1)记录有关信息及实验常数

砂土名称：______________，测点间距 l = __________ $\times10^{-2}$m，

砂筒直径 d = __________ $\times10^{-2}$m，d_{10} = ________ $\times10^{-2}$m。

(2)实验数据记录及计算结果

将实验数据记录及计算结果填写于表3-15中。

表3-15 渗流实验测记表

序次	测点压差/10^{-2}m			水力坡度 J	流量 q_V			砂筒面积 A/10^{-4}m^2	流速 v/(10^{-2}m/s)	渗透系数 k/(10^{-2}m/s)	水温 T/℃	黏度 ν/(10^{-4}m^2/s)	雷诺数 Re
	h_1	h_2	Δh		体积/10^{-6}m^3	时间/s	流量/(10^{-6}m^3/s)						
1													
2													

(3)成果要求

完成实验数据记录及计算。校验实验条件是否符合达西定律的适用条件。

3.10.6 分析思考题

(1)不同流量下渗流系数 k 是否相同？为什么？

(2)装砂圆筒垂直或倾斜放置时，对实验测得的 q_V、v、J 与渗透系数 k 值有何影响？

3.11 流体力学演示实验

3.11.1 流谱流线演示实验

3.11.1.1 实验目的

(1)了解电化学法流动显示方法;

(2)观察流体运动的流线、迹线和脉线，了解各种简单势流，如：汇流、平行流、圆柱绕流的流谱;

(3)培养学生应用势流理论分析机翼扰流等问题的能力。

3.11.1.2 实验装置与工作原理

(1)实验装置简图

实验装置及各部分名称如图 3－25 所示。

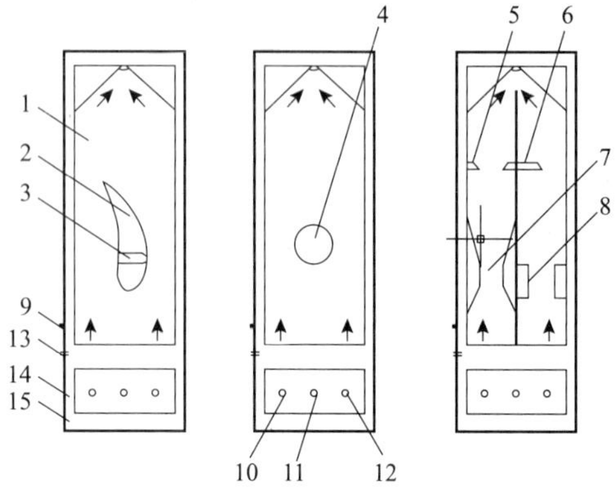

图 3－25 流谱流线显示仪

1—显示面；2—机翼绕流模型；3—孔道；4—圆柱绕流模型；5—孔板；6—闸板；7—文丘里管；8—突扩和突缩流段；9—侧板；10—泵开关；11—对比度开关；12—电源开关；13—电极电压测点；14—流速调节阀；15—放空阀(14、15 内置于侧板内)

(2)工作原理

仪器采用电化学法电极染色显示流线技术，以平板间狭缝式流道为流动显示面。工作液体在水泵驱动下，自仪器下部的蓄水箱流出，自下而上流过显示面 1，再经顶端的汇流孔回流到蓄水箱中，图中箭头表示流向。在显示面底部的起始段流道内设两排等间距的电极。

工作液体为一种橘黄色显示液，水泵开启，工作液流动，流经正电极液体被染成黄色，流经负电极被染成紫红色，形成红黄相间的流线。工作液流过显示面后，经水泵混合，中和消色，可循环使用。

(3)使用方法

①配液、充液。初始使用时，先配置显示液，然后打开侧板 9，关闭放空阀 15，用专用漏斗，向进水孔中注入工作液，至淹没不锈钢丝过滤网为宜，注完液后用橡皮塞塞紧注液孔。

②启动。完成充液后，即可将仪器投入正常使用。接通 220V 电源，打开水泵开关 10、电源开关 12 及流速调节阀 14，随着流道内工作液的流动，会逐渐显示出红色与黄色

相间的流线，并沿流延伸。

③调节。流速快慢对流线的清晰度有一定影响。为达到最佳显示效果，流速不宜太快亦不宜太慢，太快流线不清晰，太慢则会造成流线歪扭倾倒，调节流速调节阀14，通常将流道内流速调节至0.5～1.0m/s；再调节面板上对比度旋钮11，改变电极电压，从而改变流线色度，色度太低对比度差，流线显示不清晰，色度太高，电极会产生气泡，对流场造成干扰。

3.11.1.3 实验指导

实验装置有三种型号，分别演示管流、明渠流、渗流、绕流等流谱，实验指导提要如下：

(1) Ⅰ型如图3－26(a)所示，单流道，演示机翼绕流的流线分布。由图像可见，机翼向天侧(外包线曲率较大)流线较密，由连续方程和能量方程知，流线密，表明流速大，压强低；而在机翼向地侧，流线较疏，压强较高。表明整个机翼受到一个向上的合力，该力称为升力。本仪器采用下述构造能显示出升力的方向，在机翼腰部开有沟通两侧的孔道，孔道中有染色电极。在机翼两侧压力差的作用下，有分流经孔道从向地侧流至向天侧，可通过孔道中染色电极释放的色素显现出来，染色液体流动的方向，即升力方向。

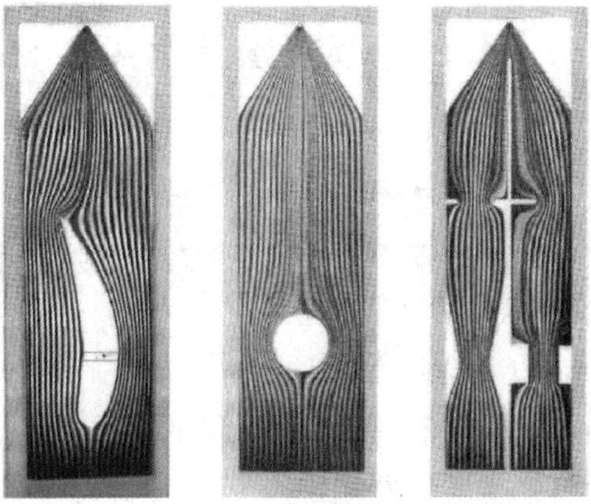

(a) (b) (c)

图3－26 流谱流线照片

此外，在流道出口端(上端)，可观察到流线汇集到一处，并无交叉，从而验证流线不会重合的特性。

(2) Ⅱ型如图3－26(b)所示，单流道，演示圆柱绕流。因流速很低(约为0.5～1.0cm/s)，能量损失极小，可忽略。故绕流流体可视为理想流体，流动可视为势流。因此，所显示的流谱上下游几乎完全对称。与圆柱绕流势流理论流谱基本一致；圆柱两侧转捩点趋于重合，零流线(沿圆柱表面的流线)在前驻点分成左右2支，经90°点($u = u_{max}$)，而后在背滞点处二者又合二为一。这是由于绕流液体是理想液体(势流必备条件之一)，由伯努利方程知，圆柱绕流在前驻点($u = 0$)势能最大，90°点($u = u_{max}$)，势能最小，而到达后滞点($u = 0$)，动能全转化为势能，势能最大。故其流线又复原到驻点前的状态。

驻滞点的流线可分可合，这与流线的性质并不矛盾。因为在驻滞点流速为零，而静止液体中同一点的任意方向都可能是流体的流动方向。

然而，当适当增大流速，*Re*数增大，流动由势流变成涡流后，流线的对称性就不复存在。此时虽圆柱上游流谱不变，但下游原合二为一的染色线被分开，尾流出现。由此可知，势流与涡流是性质完全不同的两种流动(涡流流谱参见流动演示仪)。

(3) Ⅲ型如图3－26(c)所示，双流道。演示文丘里管、孔板、渐缩和突然扩大、突然缩小、明渠闸板等流段纵剖面上的流谱。演示是在*Re*数较小情况下进行，液体在流经这些管段时，有扩有缩。由于边界本身亦是一条流线，通过在边界上特布设的电极，该流线亦能得以演示。同上，若适当提高流动的雷诺数，经过一定的流动起始时段后，会在突然扩大拐角处流线脱离边界，形成旋涡，从而显示实际液体的总体流动图谱。

利用该流线仪，还可说明均匀流、渐变流、急变流的流线特征。如直管段流线平行，为均匀流。文丘里的喉管段，流线的切线基本平行，为渐变流。突缩、突扩处，流线夹角大或曲率较大，为急变流。

3.11.1.4 分析思考题

(1)势流下的圆柱绕流是否有升力存在？为什么？

(2)在定常状态下，从仪器看到的染色线是流线还是迹线？

(3)实验观察到驻点的流线发生转折或分叉，这与流线的性质是否矛盾？

3.11.2 流动现象演示实验

3.11.2.1 实验目的

(1)了解微气泡示踪法流动可视化方法；

(2)观察管流、射流、明渠流中的多种流动现象，加深理解局部阻力、绕流阻力、柱体绕流振动的发生机理；

(3)结合工程实例，了解流体力学基本原理在工程实际中的应用。

3.11.2.2 实验装置与工作原理

(1)实验装置简图

实验装置及各部分名称如图 3－27 所示。

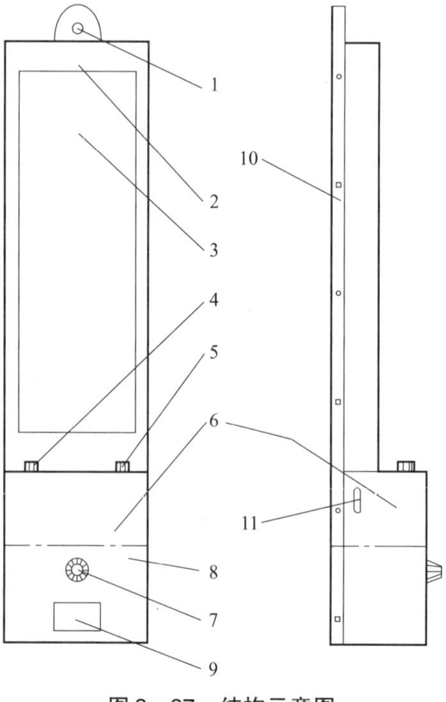

图 3－27 结构示意图

1—挂孔；2—彩色有机玻璃面罩；3—不同边界的流动显示面；4—加水孔孔盖；5—掺气量调节阀；6—蓄水箱；7—可控硅无级调速旋钮；8—电器、水泵室；9—标牌；10—铝合金框架后盖；11—水位观测窗

(2)工作原理

该仪器以气泡为示踪介质，以透明平板间狭缝流道为流动显示面。狭缝流道中设有特定边界流场，用以显示内流、外流、射流元件等多种流动图谱。半封闭状态下的工作液(水)由水泵驱动自蓄水箱6，经掺气后流经显示板，形成无数小气泡随水流流动，在仪器内日光灯照射和显示板的衬托下，小气泡发出明亮的折射光，清楚地显示出小气泡随水流流动的图像。由于气泡的粒径大小和掺气量可由阀5任意调节，故能使小气泡相对水流流动具有足够的跟随性。显示板设计成多种不同形状边界的流道，因而，该仪器能形象、鲜明地显示不同边界流场的迹线、边界层分离、尾流、旋涡等多种流动图谱及水流内部质点的运动特性。

(3)使用方法

打开旋钮，关闭掺气阀，在最大流速下使显示面两侧下水道充满水。旋动调节阀5，可改变掺气量(ZL－7型除外)。注意有滞后性，调节应缓慢，逐次进行，使之达到最佳显示效果。掺气量不宜太大，否则会阻断水流或产生振动(仪器产生剧烈噪声)。

3.11.2.3 实验指导

各实验仪演示内容及实验指导提要如下(结合实验观察)：

(1)ZL－1型(图3－28中1)

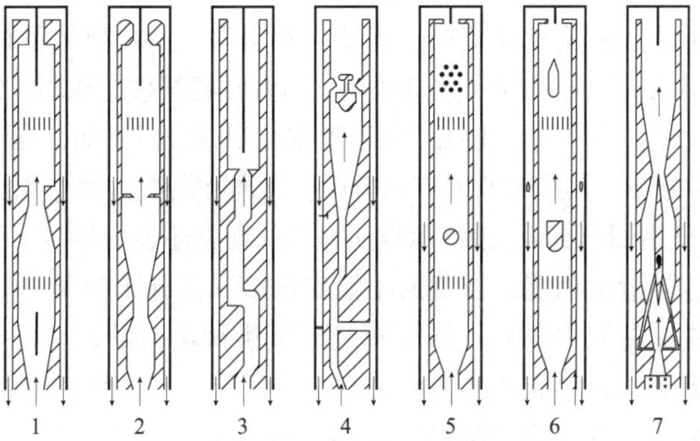

图3－28 显示面过流道示意图

用以显示逐渐扩散、逐渐收缩、突然扩大、突然收缩、壁面冲击、直角弯道等平面上的流动图像，模拟串联管道纵剖面流谱。

在逐渐扩散段可看到由边界层分离而形成的旋涡，且靠近上游喉颈处，流速越大，涡旋尺度越小，紊动强度越高；而在逐渐收缩段，无分离，流线均匀收缩，亦无旋涡，由此可知，逐渐扩散段局部水头损失大于逐渐收缩段。

在突然扩大段出现较大的旋涡区，而突然收缩只在死角处和收缩断面的进口附近出现较小的旋涡区。表明突扩段比突缩段有较大的局部水头损失(缩扩的直径比大于0.7时例外)，而且突缩段的水头损失主要发生在突缩断面后部。

由于本仪器突缩段较短，故其流谱亦可视为直角进口管嘴的流动图像。在管嘴进口附近，流线明显收缩，并有旋涡产生，致使有效过流断面减小，流速增大，从而在收缩断面出现真空。

在直角弯道和壁面冲击段，也有多处旋涡区出现。尤其在弯道流中，流线弯曲更剧烈，越靠近弯道内侧，流速越小。且近内壁处，出现明显的回流，所形成的回流范围较大，将此与 ZL－2 型中圆角转弯流动对比，直角弯道旋涡大，回流更加明显。

旋涡的大小和紊动强度与流速有关。可通过流量调节观察对比，例如流量减小，渐扩段流速较小，其紊动强度也较小，此时可看到在整个扩散段有明显的单个大尺度涡旋。反之，当流量增大时，这种单个大尺度涡旋随之破碎，并形成无数个小尺度的涡旋，且流速越高，紊动强度越大，则旋涡越小，可以看到，几乎每一个质点都在其附近激烈地旋转着。又如，在突扩段，也可看到旋涡尺度的变化。据此清楚表明：紊动强度越大，涡旋尺度越小，几乎每一个质点都在其附近激烈地旋转着，因为水质点间的内摩擦越厉害，水头损失越大。

(2)ZL－2 型(图 3－28 中 2)

用以显示文丘里流量计、孔板流量计、圆弧进口管嘴流量计及壁面冲击、圆弧形弯道等串联流道纵剖面上的流动图像。

由显示可见，文丘里流量计的过流顺畅，流线顺直，无边界层分离和旋涡产生。在孔板前，流线逐渐收缩，汇集于孔板的孔口处，只在拐角处有小旋涡出现，孔板后的水流逐渐扩散，并在主流区的周围形成较大的旋涡区。由此可见，孔板流量计的过流阻力较大；圆弧进口管嘴流量计入流顺畅，管嘴过流段上无边界层分离和旋涡产生；在圆形弯道段，边界层分离的现象及分离点明显可见，与直角弯道比较，流线较顺畅，旋涡发生区域较小。

综上所述，可了解三种流量计结构、优缺点及用途。如孔板流量计结构简单，测量精度高，但水头损失很大。流量计损失大是缺点，但有时将其移作他用，例如工程上的孔板消能(详见下述)又是优点。另外从型 1 或 2 的弯道水流观察分析可知，在急变流段测压管水头不按静水压强的规律分布，其影响原因有两方面：①离心惯性力的作用，②流速分布不均匀(外侧大、内侧小并产生回流)等。该演示仪所显示的现象还表征某些工程流程，如：

①板式有压隧道的泄洪消能，如黄河小浪底电站，在有压隧洞中设置了五道孔板式消能工。使泄洪的余能在隧洞中消耗，从而解决了泄洪洞出口缺乏消能条件时的工程问题。其消耗的机理、水流形态及水流和隧洞间的相互作用等，与孔板出流相似。

②圆弧形管嘴过流，进口流线顺畅，说明这种管嘴流量系数较大(最大可达 0.98)可将此与 ZL－1 型的直角管嘴对比观察，了解直角进口管嘴的流量系数较小(约为 0.82)的原因。

③喇叭形管道取水口，结合 ZL－1 型的演示可帮助学生了解喇叭形取水口的水头损失系数较小(约为 0.05～0.25，直角形的约为 0.5)的原因是由于喇叭形进口符合流线型的要求。

(3)ZL－3 型(图 3－28 中 3)

用以显示 30°弯头、直角圆弧弯头、直角弯头、45°弯头以及非自由射流等流段纵剖面上的流动图像。

由显示可见，在每一转弯的后面，都因边界层分离而产生旋涡。转弯角度不同，则旋涡大小、形状各异。在圆弧转弯段，流线较顺畅，该串联管道上，还显示局部水头损失叠加影响的图谱。在非自由射流段，射流离开喷口后，不断卷吸周围的流体，形成射流的紊动扩散。在此流段上还可看到射流的“附壁效应”现象(详见 ZL－7 型)。

综上所述，该仪器可演示的主要流动现象为：

①各种弯道和水头损失的关系。

②短管串联管道局部水头损失的叠加影响。是因计算短管局部水头损失时，各单个局部水头损失之和不一定等于管道总局部水损失造成的。

③非自由射流。据授课对象专业不同可分别侧重于紊动扩散、旋涡形态或射流的附壁效应等。例如对水工和河港等专业的学生，可结合河道的冲淤问题加以讲解。从该装置的一半看(以中间导流杆为界)，若把导流杆当作一侧河岸，主流沿河岸高速流动。由显示可见，该河岸受到水流的严重冲刷。而主流的外侧，产生大速度回流，使另一侧河岸也受到局部淘刷。在喷嘴附近的回流死角处，因流速小，紊动度小，则出现淤积。这些现象在天然河道里是常有的。又如，对热工和化工一类，则可侧重于紊动扩散和介质传输。对暖通专业则可侧重于通风口布置对紊流掺混均匀度的影响等。

(4)ZL－4 型(图 3－28 中 4)

用以显示分流、合流、侧式进/出水口、竖井式进出/水口、闸阀及蝶阀等流段纵剖面上的流动图谱。

由显示可见，在分流、合流等过流段上，有不同形状的流态出现。合流涡旋较为典型，明显干扰主流，使主流受阻，这在工程上称为“水塞”现象。为避免“水塞”，给排水技术规范要求合流时用45°三通连接。闸阀半开，尾部旋涡区较大，水头损失也大。蝶阀全开时，过流顺畅，阻力小，半开时，尾涡紊动激烈，表明阻力大且易引起振动。蝶阀通常作检修用，故只允许全开或全关。

侧式进/出水口和竖井式进出/水口是抽水蓄能电站上、下库进、出水流的两种流动方式。抽水蓄能电站进/出水口具有双向水流的特点，对上库而言，发电时为进水口，抽水时为出水口。目前国内外抽水蓄能电站的出水口多以侧式为主，竖井式的应用和研究相对较少。侧式进/出水口和竖井式进出/水口均是对库区进流工况下的流态最为复杂、也是技术上的关键。仪器中演示进流工况下的流态效果。

侧式进/出水口常见布置：由底板、顶板、扩散段、防涡梁等组成，工程上原型截面一般为方形。水流进流时，由于水流的附壁效应，主流一般在底板处，呈底流形态。在防涡梁区域，顶流较小，严重时甚至有回流旋涡。竖井式进/出水口一般是针对上库，主要由竖井扩散段和顶盖组成，工程上原型截面一般为圆形。水流进流时，需要注意竖井扩散段的扩散角不能太大，否则容易产生水流与边壁脱离，引起顶盖四周出流不均匀。

(5)ZL－5 型(图 3－28 中 5)

用以显示明渠逐渐扩散，单圆柱绕流、多圆柱绕流及直角弯道等流段的流动图像。圆柱绕流是该型演示仪的特征流谱。

由显示可见，单圆柱绕流时的边界层分离状况，分离点位置、卡门涡街的产生与发展过程及多圆柱绕流时的流体混合、扩散、组合旋涡等流谱，分述如下：

①滞止点：观察流经前驻滞点的小气泡，可见流速的变化由 $v_0 \to 0 \to v_{max}$，流动在滞止点上明显停滞(结合说明能量的转化及毕托管测速原理)。

②边界层分离：结合显示图谱，说明边界层、转捩点概念并观察边界层分离现象，边界层分离后的回流形态以及圆柱绕流转捩点的位置。

边界层分离将引起较大的能量损失。结合渐扩段的边界层分离现象，还可说明边界层分离后会产生局部低压，可能出现空化和空蚀破坏现象。如文氏管喉管出口处(参阅空化机理实验仪说明)。

③卡门涡街：圆柱的轴与来流方向垂直。在圆柱的两个对称点上产生边界层分离后，不断交替在两侧产生旋转方向相反的旋涡，并流向下游，形成冯·卡门(Von Karman)"涡街"。

对卡门涡街的研究，在实际工程应用中有很重要的意义。每当一个旋涡脱离开柱体时，根据汤姆逊(Thomson)环量不变定理，必须在柱体上产生一个与旋涡具有的环量大小相等方向相反的环量，由于这个环量使绕流体产生横向力，即升力。在柱体的两侧交替地产生旋转方向相反的旋涡，因此，柱体上环量的符号交替变化，横向力的方向也交替地变化，这样就使柱体产生了一定频率的横向振动。若该频率接近柱体的自振频率，可能产生共振，为此，常采取一些工程措施加以解决。

应用方面，卡门涡街流量计即是依据卡门涡街原理进行流量测量的。从圆柱绕流的图谱可见，卡门涡街的频率不仅与 *Re* 有关，也与管流的过流量有关。若在绕流柱上，过圆心打一与来流方向相垂直的通道，在通道中装设热丝等感应测量元件，则可测得由于交变升力引起的流速脉动频率，根据频率可测量管道的流量。

卡门涡街引起的振动及其实例：观察涡街现象，说明升力产生的原理。绕流体为何会产生振动以及为什么振动方向与来流方向相垂直等问题，都能通过对该图谱观测分析迎刃而解。如风吹电线，电线会发出共鸣(风振)；潜艇在行进中，潜望镜会发生振动，高层建筑(高烟囱等)在大风中会发生振动等，其根源出于卡门涡街。

④多圆柱绕流，广泛用于热工中传热系统的"冷凝器"及其他工业管道的热交换器等，流体流经圆柱时，边界层内的流体和柱体发生热交换，柱体后的旋涡则起混掺作用，然后流经下一柱体，再交换并混掺，换热效果较佳。另外，对于高层建筑群，也有类似的流动图像，即当高层建筑群承受大风袭击时，建筑物周围也会出现复杂的风向和组合气旋，即使在独立的高建筑物下游附近，也会出现分离和尾流。这些现象应引起建筑师的重视。

(6)ZL-6 型(图 3-38 中 6)

用以显示明渠渐扩、桥墩形钝体绕流、流线体绕流、直角弯道和正、反流线体绕流等流段上的流动图谱。

桥墩形柱体绕流：该绕流体为圆头方尾的钝形体，水流脱离桥墩后，形成一个旋涡区——尾流，在尾流区两侧产生旋向相反且不断交替的旋涡，即卡门涡街。与圆柱绕流不同的是，该涡街的频率具有较明显的随机性。

该图谱主要作用：

①说明了非圆柱体绕流也会产生卡门涡街；

②对比观察圆柱绕流和钝体绕流可见：前者涡街频率 f 在 *Re* 不变时它也不变，而后者，即使 *Re* 不变 f 也随机变化，由此说明了为什么圆柱绕流频率可由公式计算，而非圆柱绕流频率一般不能计算的原因。

解决绕流体的振动问题途径有：①改变流速；②改变绕流体自振频率；③改变绕流体结构形式，以破坏涡街的固定频率，避免共振。如北大力学系曾据此成功地解决了 120m 烟囱的风振问题。其措施是在烟囱的外表加了几道螺纹形突体，从而破坏了圆柱绕流时的卡门涡街的结构并改变了它的频率，最终消除了风振。

流线型柱体绕流，是绕流体的最好形式，流动顺畅，形体阻力最小。又从正、反流线体的对比流动可见，当流线体倒置时，也现出卡门涡街。因此，为使过流平稳，应采用顺流而放的圆头尖尾形柱体。

(7)ZL－7型(图3－28中7)

ZL－7型是一只“双稳放大射流阀”流动原理显示仪。经喷嘴喷射出的射流(大信号)可附于任一侧面，若先附于左壁，射流经左通道后，向右出口输出；当旋转仪器表面控制圆盘，使左气道与圆盘气孔相通时(通大气)，因射流获得左侧的控制流(小信号)，射流便切换至右壁，流体从左出口输出。这时若再转动控制圆盘，切断气流，射流稳定于原通道不变。如需使射流再切换回来，只要再转动控制圆盘，使右气道与圆盘气孔相通即可。因此，该装置既是一个射流阀，又是一个双稳射流控制元件。只要给一个小信号(气流)，便能输出一个大信号(射流)，并能把脉冲小信号保持记录下来。

这种射流附壁现象，又称作“附壁效应”。利用附壁效应可制成“或门”“非门”“或非门”等各种射流元件，并可把它们组成自动控制系统或自动检测系统。由于射流元件不受外界电磁干扰，较之电子自控元件有其独特的优点，故在军工方面也有应用。1962年在浙江嘉兴二万二千米高空被我解放军用导弹击落的入侵我国领空的美制U－2型高空侦察机，所用的自控系统由这种射流元件组成。

射流元件在其他工控中亦有广泛应用。从中可让学生进一步了解流体力学应用领域之广泛性。既可培养学习兴趣又能得到启迪。这种装置在连续流中可利用工作介质直接控制液位。

操作中还须注意，开机后需等1～2min，待流道气体排净后再实验。否则仪器不能正常工作。

3.11.2.4 分析思考题

(1)在弯道等急变流段测压管水头不按静水压强规律分布的原因是什么？

(2)计算短管局部水头损失时，各个局部水头损失之和为什么并不一定等于管道的总局部水头损失？

(3)试分析天然河流的弯道一日形成，在水流的作用下河道会越来越弯还是会逐渐变直？

(4)拦污栅为什么会产生振动，甚至发生断裂破坏？

(5)创新设计：有一个高烟囱风振严重，试设计一个加固方案，要求不能改变或破坏烟囱的主体结构。

3.11.3 静压传递自动扬水演示实验

3.11.3.1 实验目的

(1)了解流体静压传递特性、“静压奇观”的工作原理及产生条件等；

(2)培养学生的实验观察分析能力，拓展创新思维，提高学习兴趣。

3.11.3.2 实验装置与工作原理

(1)实验装置简图

该仪器由上、下密封压力水箱、扬水喷管、虹吸管和逆止阀等组成，并与水泵、可控硅无级调速器、水泵过热保护器及集水箱等固定装配在一起的自循环式静压传递实验仪器，其装置及各部分名称如图3－29所示。

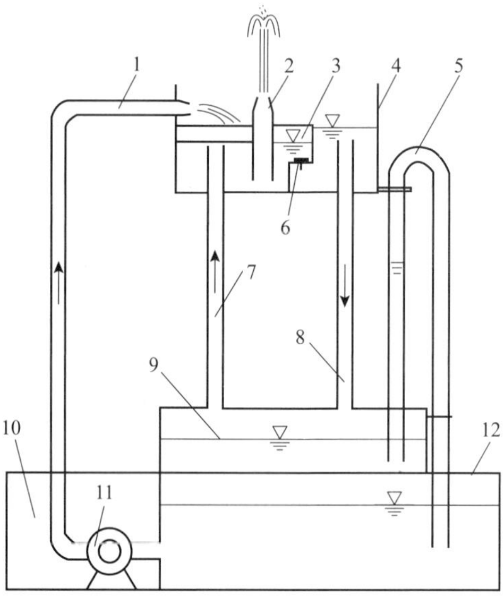

图 3-29 静压传递扬水仪装置图

1—供水管；2—扬水管与喷头；3—上密封压力水箱；4—上集水箱；5—虹吸管；6—逆止阀；7—通气管；8—下水管；9—下密封压力水箱；10—水泵、电气室；11—水泵；12—下集水箱

(2)工作原理

图 3-29 中，箭头表示水、气运动方向。具有一定位置势能的集水箱 4 中的水体经下水管 8 流入下密封压力水箱 9，使水箱 9 中表面压强增大，并经通气管 7 等压传至上密封压力水箱 3，水箱 3 中的水体在表面压强作用下经过扬水管与喷头 2 喷射到高处。本仪器的喷射高度可达 30cm 以上。当水箱 9 中的水位漫顶后，水压继续上升，直到虹吸管 5 工作，使水箱 9 中的水体排入下集水箱 12。由于水箱 9 与水箱 3 中的表面压强同时降低，逆止阀 6 被自动开启，水自水箱 4 流入水箱 3。这时水箱 4 中的水位低于管 8 的进口，当水箱 9 中的水体排完后，水箱 4 中的水体在水泵 11 的供给下，亦逐渐漫过管 8 的进口处，于是，第二次扬水循环接着开始。如此周而复始，形成了自循环式静压传递自动扬水的“静压奇观”现象。

(3)使用方法

先加入蒸馏水，加水量应使下集水箱中的水位离箱口约 3cm；然后打开开关，启动水泵，检查各部分工作是否正常，应无漏水现象，打开调速器开关，适当控制供水量，仪器即自动循环工作。

3.11.3.3 实验指导

(1)为什么称为“静压奇观”？

因为当扬水喷泉发生后，即使关闭水泵，喷泉也不会马上停止。而是在静压作用下，部分水体仍继续由扬水管喷射到高处，形成了无外界动力作用下水向高处流的奇特现象，即静压奇观。

(2)“静压奇观”不是“永动机”。

世界上没有也不可能有永动机，那么水怎么能自动流向高处呢？它做功所需的能量来自何处？这是因部分水体从上集水箱 4 落到下密封水箱 9，它的势能传递给了水箱 3 中的水体，因而使其获得了能量。经能量转换，由势能转换成动能，才能喷向高处。从总能量来看，在静压传递过程中，只有损耗，没有再生，因此"静压奇观"的现象，实际上是一个能量传递与转换的过程。

(3)喷水高度与落差关系。

水箱4与水箱9的落差越大，则水箱9与水箱3中的表面压强越大，喷水高度也越高。利用本装置原理，可以设计具有实用性的提水设施，可把半山腰的水源送到山顶，这种提水装置的优点是无传动部件、经济、实用。

(4)虹吸现象及产生条件。

本仪器虹吸管相当于一个带有自动阀门的旁通管。当水箱9没有漫顶时，由于水流自水箱4进入水箱9时，部分压能变成了动能，并被耗损，虹吸管中水位较低(未满管)，不流动。而当水箱9漫顶后，动能减小，耗损降低。当水箱4中的水位超过虹吸管顶时，必然导致虹吸管满管出流，虹吸管工作之后，水箱9中的表面压强很快降到大气压强，这时虹吸管仍能连续出水，直至水箱9中水体排光，这是因为具备了虹吸管的出口水位低于箱9中的水位这一工作条件。我国古人曾经制作了一种酒杯，叫龙头酒杯，该酒杯最多只能盛大半杯酒，若斟满，则会自动排净而滴酒不剩，其奥妙就在于杯体内设有如同上述的虹吸器。

3.11.3.4 分析思考题

(1)在扬水发生时，关闭水泵，观察扬水现象持续的条件。

(2)能否利用静压扬水原理设计出一个石油工业中的实用设施？

3.11.4 虹吸原理演示实验

3.11.4.1 实验目的

理解虹吸管、弯管流量计、虹吸阀门等装置的工作原理，提高学用结合能力。

3.11.4.2 实验装置与工作原理

(1)实验装置简图

实验装置及各部分名称如图3-30所示。

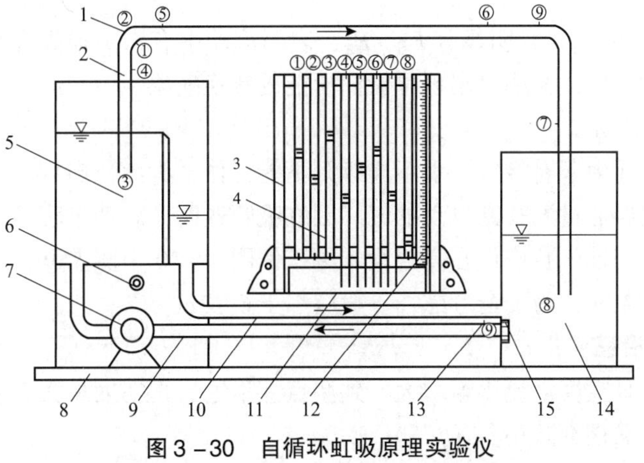

图3-30 自循环虹吸原理实验仪

1—测点；2—虹吸管；3—测压计；4—测压管；5—高位水箱；6—调速器；7—水泵；8—底座；9—吸水管；10—溢水管；11—测压计水箱；12—滑尺；13—抽气嘴；14—低位水箱；15—流量调节阀

(2)工作原理

水流自低位水箱由水泵驱动后流至高位水箱，虹吸管的进、出水口分别淹没在高低位水箱的水体中。虹吸管在过流前因管中充满空气，需先排气。本仪器对虹吸管的排气是由水泵完成的。虹吸管上的抽气孔与水泵吸水管上的抽气嘴连通，虹吸管中气体在水泵抽吸作用下经吸水管 9 自动排除。虹吸管中一旦水流连续，在高、低位水箱水位差作用下，虹吸管启动，形成过流。

(3)使用方法

①注水。向水箱 14 注入蒸馏水，以水位升到距箱顶 5cm 为宜，并检查有否漏水。为区别显示不同测管，可向测压管 1、2 注入半管绿色水，向测压计水箱内注入淡红色水。

②排气。虹吸管：启动水泵，调大流量，虹吸管中的气体会被自动抽除，代之以满流的水；若排气不畅，只要开关水泵几次即可排净。连通管：排除流量计 1、2 连通管中的气体，可用吸气球在测压管管口处，用挤压法或抽吸法排气。

③流量调节。调节虹吸管的过流量，可通过调节调速器或者改变流量调节阀来改变上、下游水位落差实现。

3.11.4.3 实验指导

本实验仪可进行虹吸原理、伯努利方程及虹吸阀原理等教学实验。实验指导提要如下：

(1)虹吸管工作原理

遵循能量的转换及其守恒定律

$$z_1+\frac{p_1}{\rho g}+\frac{\alpha_1 v_1^2}{2g}=z_2+\frac{p_2}{\rho g}+\frac{\alpha_2 v_2^2}{2g}+h_{w1-2} \tag{3-56}$$

由实验中沿流观察可知，水的位能、压能、动能三者之间的互相转换明显，这是虹吸管的特征。例如水流自测点③流到测点④，其$\frac{p_3}{\rho g}>0$，在流动中部分压能转换成动能和点④的位能，结果点④出现了真空($\frac{p_4}{\rho g}>0$)。又根据弯管流量计测读出的流量，可分别算出点③④的总能量 E_3和 E_4，且明显有 $E_3>E_4$，表明流动中有水头损失存在。同样，水自点⑥流到点⑦⑧的过程中，又明显出现位能向压能的转换现象。

(2)虹吸管的启动

虹吸管在启用前由于有空气，水不连续则不能工作，为此，启用时，必须把虹吸管中的空气抽除。本仪器通过测孔⑨自动抽气。因虹吸管透明，启动过程清晰可见。本实验有两点值得注意：一是抽气孔应设在高管段末端，例图 3－30 中测点⑨；二是虹吸管的最大吸出高度不得超过 10m，为安全考虑，一般应小于 6～7m。

(3)真空度的沿程变化

由显示可知，真空度沿流逐渐增大，到测点⑥附近，真空度最大，此后，由于位能转化为压能，真空度又逐渐减小。

(4)测管水头沿程变化

本虹吸仪所显示的测压管的水柱高度不全是测压管高度。所谓测压管水头是指 $z+\frac{p}{\rho g}$，而测压管高度是指$\frac{p}{\rho g}$。本实验中所显示的测管①②③和⑧标尺读数，若基准面选在标尺零点上，则都是测压管水头。而测管④～⑦所显示的水柱高度值是$(-\frac{p}{\rho g})$。因此测管液面高程即表示真空度的沿程变化规律。管④～⑦的液柱高差，代表相应测点的位置高度差与相应断面间的水头损失之代数和。如④⑤两点的测管液柱高度差值$\left[\left(-\frac{p_5}{\rho g}\right)-\left(-\frac{p_4}{\rho g}\right)\right]$，由能量方程可知，$\left[\left(-\frac{p_5}{\rho g}\right)-\left(-\frac{p_4}{\rho g}\right)\right]=(z_5-z_4)+h_{w4-5}$。

因总水头$z+\frac{p}{\rho g}+\frac{\alpha v^2}{2g}$沿流程恒减，而$\frac{\alpha v^2}{2g}$在虹吸管中沿程不变，故测压管水头$z+\frac{p}{\rho g}$沿流程亦逐渐减小。

(5)急变流断面的测压管水头变化

均匀流断面上动水压强按静水压强规律分布，急变流断面则不然。例在弯管急变流断面上测点①②，其相应测管有明显高差，且流量越大，高差也越大。这是由于急变流断面上，质量力除重力外，还有离心惯性力存在。因此，急变流断面不能被选作能量方程的计算断面。

(6)弯管流量计工作原理

它是利用弯管急变流断面，内外侧的压强差随流量变化极为敏感的特性。据此可选弯管作流量计使用。使用前，需先率定，绘制$Q\sim\Delta h$曲线(本仪器已提供)，实验时只要测得Δh值，由曲线便可查得流量。

(7)虹吸阀工作原理

虹吸阀是由虹吸管、真空破坏阀和真空泵三部分组成，本虹吸仪中分别用虹吸管2、抽气孔⑨和抽气嘴13代替。虹吸阀门直接利用虹吸管的原理工作，当虹吸管中气体抽除后，虹吸阀全开，当孔⑨打开(拔掉软塑管)时，即破坏了真空，虹吸管瞬间充气，虹吸阀全关。扬州江都抽水站利用了此类虹吸阀。

3.11.4.4　分析思考题

(1)虹吸管最大安装高程的压力控制点在哪里?

(2)为什么水流能沿虹吸管自低处流向管顶高处?

3.11.5　紊动机理演示实验

3.11.5.1　实验目的

观察层流、紊流状态，了解紊流发生的过程、机理，帮助对相关理论知识的学习理解。

3.11.5.2　实验装置与工作原理

(1)实验装置简图

实验装置及各部分名称如图3－31所示。

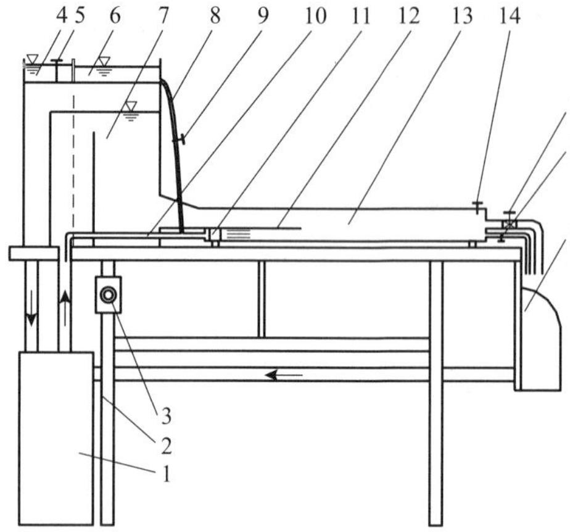

图 3－31　紊动机理实验仪结构示意图

1—自循环供水器；2—实验台；3—可控硅无级调速器；4—消色用丙种溶液容器；5—调节阀；6—染色用甲种溶液容器；7—恒压水箱；8—染色液输液管；9—调节阀；10—取水管；11—混合器；12—上、下层隔板；13—剪切流道显示面；14—排气阀；15—出水调节阀；16—分流管与调节阀；17—回水漏斗

(2)工作原理

工作流体由自循环供水器 1 分两路输出。一路经取水管 10 输入混合器 11，与输液管 8 输出的甲种溶液混合后呈紫红色液体，经整流后从隔板 12 下侧流到剪切显示面流道 13。另一路由水箱 7 稳流后，从隔板 12 的上侧流到显示面流道 13。适度调节阀门 15，使隔板上、下两股不同流速的水流形成在其交界面为间断面的汇合流。调节阀 5，滴入丙种溶液，以保持工作水体处于无色透明状态。打开阀 16，改变阀 15 的开度以调节剪切流道上下层流速，从而改变分界面流速差，以演示紊流逐渐形成的过程。

(3)使用方法

①供水排气。插上水泵电机电源、灯光电源。先关闭阀 5、9、15、16，打开调速器，水泵即启动，此时水泵流量最大。调速器旋钮顺时针旋转，则流量越小，先控制调速器在小流量供水，使水箱水位不高于恒压水箱 7 之中间隔板的顶高。此时仅由取水管 10 单独向流道 13 供水，使水体缓慢地充满下层流道，排除隔板下方滞留的气泡。如果一次操作不能排净气泡，应反复操作。排净气泡后开大供水流量，并操作阀 14 与 15，排除流道中的气泡。

②加注药水。染色药水：调节阀 9，向混合器 11 加注甲种溶液，与水混合后即呈紫红色，勿使甲种溶液过量，使混合液红色鲜明即可。消色药水：调节阀 5，滴入丙种溶液，以保持工作水体处于无色透明状态。

③观察现象。打开阀 16，改变阀 15 的开度以调节剪切流道上、下层流速，从而改变分界面流速差，以演示紊流逐渐形成的过程。

3.11.5.3　实验指导

(1)紊动发生

按供水排气，加注染色和消色溶液的要求进行开机操作，待水流稳定后开始紊动发生的实验。

①上、下层界面呈平稳直线演示

由于上、下层流速相同，界面流速为零，因此界面清晰、平稳、呈一直线。操作要求；将阀 16 全开，下层红色水流从此流出。调节阀 15，使上层无色水流流速 u_1 与下层流速 u_2 接近。目的是使上、下层流速大小相近。若界面直线不稳，可适当减小下层流速，方法是减小阀 16 开度，减小下层水流流速水头，并适当关小阀 15 使上、下层流速相近。

②波动形成与发展演示

调节阀 15，适当增大上层流速 u_1，界面处有明显的速度差，如图 3－32(a)所示，于是开始发生微小波动。继续增大阀 15 的开度，即逐渐增大上层流速，则波动演示更为明显，如图 3－32(b)所示。

③波动转变为旋涡紊动演示

将阀 15 开到足够大时，波动失稳，波峰翻转，形成旋涡，界面消失，涡体的旋转运动，使得上下层流体质点发生混掺，紊动发生，如图 3－32(e)所示。

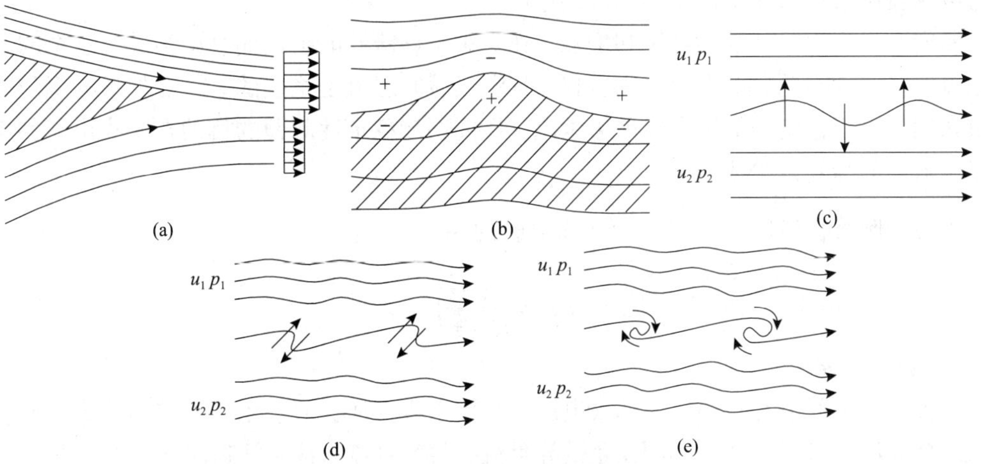

图 3－32　紊动发生示意图

(2)紊动机理分析

经隔板上、下层流道流出的两股水流在隔板末端汇合，如图 3－32(a)所示。由于两股水流原来的流速不同，在交界面处流速值有一个跳跃变化，这种交界面称为间断面。越过间断面时流速有突变，其速度梯度为无穷大。根据牛顿内摩擦定律，间断面处的切应力也为无穷大，即

$$\tau=\mu\frac{\Delta u}{\Delta y} \tag{3-57}$$

若 $\Delta y\to 0$，则 $\tau\to\infty$，这是不可能的。实际上间断面两侧水流将重新调整，交界面是不稳定的，对于偶然的波状扰动，交界面就会现出波动，如图 3－32(c)所示。在波峰处，上层流体过水断面变小，u_1 变大，根据伯努利方程，压强 p_1 减少；而下层流体则相反，由于过水断面增大而流速 u_2 变小，压强 p_2 增大。于是在波峰处产生下一个指向波峰方向的横向压力，使波峰凸得更凸。在波谷处情况相反，上层压强 p_1 增大，而下层压强 p_2 减小，产生的横向压力使波谷下凹更低。这样整个流程凸段越凸，凹段越凹，波状起伏更加显著，如图 3－32(d)所示。最后使间断面破裂，翻滚而形成一个个旋涡，如图 3－32(e)所示。以上即是紊动形成的过程。涡体的运动使得上、下层流体质点发生混掺，形成紊流。在剪切流动中，即使没有间断面，但有横向流速梯度也会产生旋涡。如雷诺实验中，当 *Re* 数

达到一定数值后，颜色水线开始抖动，质点发生混掺，也是旋涡产生的一种情况。因此可以认为，产生波动和紊动现象的原因是水流中有横向的流速梯度存在，只有在流速梯度足够大时，波动的扰动状态才演变为旋涡发生的紊流状态。

流体的黏滞性对旋涡的产生、存在和发展具有决定性作用。旋涡发生后，涡体中旋转方向与水流同向的一侧速度较大，相反的一侧速度较小。由于流速大，压强小，致使涡体两侧存在一个压差，形成了作用于涡体的升力(或沉力)，如图3－32(e) 所示。这个升力(或沉力)有使涡体脱离原来的流层而掺入邻近流层的趋势。由于流体的黏性对于涡体的横向运动有抑制作用，只有当促使涡体横向运动的惯性力超过黏滞阻力时，才会产生涡体的混掺。表征惯性力与黏滞阻力的比值是雷诺数。雷诺数小到一定程度(低于临界雷诺数)时，由于黏滞阻力起主导作用，涡体就不能发展和移动，也就不会产生紊流，这就是为什么可以用雷诺数作为流动形态判别数的原因。

研究旋涡产生后是继续发展和增强，还是由于黏滞性的阻尼而衰减消失，这个问题称为层流的稳定性问题。旋涡随时间进程而逐渐衰减时层流是稳定的。反之如果旋涡随时间而增强则层流不稳定，最后会发展为紊流。研究层流稳定性问题的目的在于找出各种不同边界中流动的临界雷诺数。

类似于圆管雷诺数 $Re=\frac{vd}{v}$，可求得方管的 Re'公式为：

$$Re'=\frac{Q}{2(b+h)v} \tag{3-58}$$

(3)异重流实验

异重流在工程中常常遇见，如火电厂冷却尾水排入河、海、水库时的温差异重流、河流入海口处河海淡水与盐水不同比重的异重流、污浊水流入清水河道时的异重流等。

利用本仪器经适当改变可用于研究异重流的稳定性。密度 $\Delta\rho$ 是异重流的重要特性参数。环境工程中涉及的异重流的 $\Delta\rho/\rho_2$ 值通常在 0.03～0.003 之间。实验时可在溶液中加入一定比例的食盐或白糖来提高下层流体的密度。

异重流界面稳定性问题是目前环境工程中研究较为活跃的一个方面。异重流界面失稳与异重流内部弗劳德数 Fr_2 有关：

$$Fr_2=\frac{v_2}{\sqrt{\left(\frac{\Delta\rho}{\rho_2}\right)h_2 g}} \tag{3-59}$$

式中 h_2——下层流体深度；

ρ_2——下层流体密度。

通过实验可以提供一些定量的研究成果。

3.11.5.4　分析思考题

(1)足球的“香蕉球”现象是大家非常熟悉的，为什么“香蕉球”会绕过人墙曲线入网？

(2)为什么可以用雷诺数作为液流形态的判别标准？

(3)结合实验现象的观察，试分析风力较大时，海面上波浪滔天、水汽掺混的原因。

3.11.6 水击综合演示实验

3.11.6.1 实验目的

(1)观察水击的产生和水击波的传播现象，观测水击压强的大小；

(2)分析水击扬水的原理；

(3)了解消除水击危害的工作原理和基本方法。

3.11.6.2 实验装置与工作原理

(1)实验装置简图

实验装置由恒压水箱、供水管、调压筒、水击室、压力室、气压表、扬水机出水管、水击发生阀、水泵、可控硅无级调速器及集水箱等组成。其装置及各部分名称如图3－33所示。

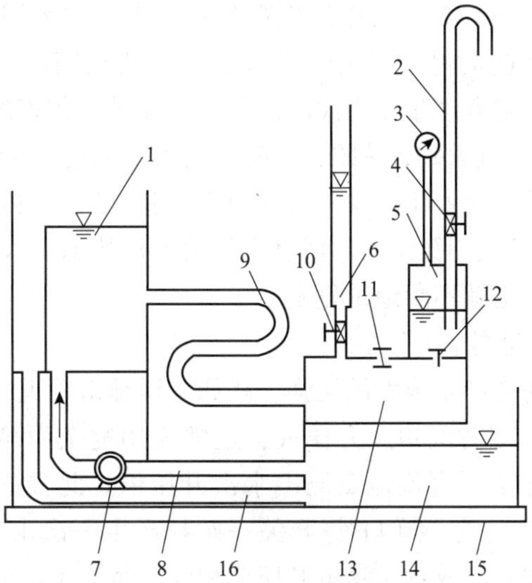

图3－33 水击综合演示装置示意图

1—恒压水箱；2—水击扬水机出水管；3—气压表；4—扬水机截止阀；5—压力室；6—调压筒；7—水泵；8—水泵吸水管；9—供水管；10—调压筒截止阀；11—水击发生阀；12—逆止阀；13—水击室；14—集水箱；15—底座；16—回水管

(2)工作原理

集水箱14中的水经水泵7输送至恒压水箱1中，水箱1内设有溢流板和回水管，能使水箱中的水位保持恒定。工作水流自水箱1经供水管9和水击室13，再通过水击发生阀11的阀孔流出，回到集水箱14。水击发生阀11上行为关闭，下行为开启，逆止阀12上行为开启，下行为关闭。气压表3用于测量压力室5中密闭气体的压强。

(3)使用方法

启动水泵，待水箱1溢流后，触发水击发生阀11，阀11会自动地往复上下运动，时开时闭而发生水击。若在水击室13中有气体滞留，必须排除，打开调压筒截止阀10即可排气。量测水击压强时，应全关阀10和4，且应关紧不漏水；演示水击扬水实验时，应全开阀4，全关阀10。

3.11.6.3 实验指导

本实验仪可用以演示水击波传播、水击扬水、调压筒消减水击工况，以及水击压强的量测。实验指导提要如下：

(1)水击的产生和传播

水泵7能把集水箱14中的水送入恒压供水箱1中，水箱1内设有溢流板和回水管，能使水箱中的水位保持恒定。工作水流自水箱1经供水管9和水击室13，再通过水击发生阀11的阀孔流出，回到集水箱14。

实验时，先全关阀10和4，触发起动阀11。当水流通过阀11时，水的冲击力使阀11上移关闭而快速截止水流，因而在供水管9的末端首先产生最大的水击升压，并使水击室13同时承受这一水击压强。水击升压以水击波的形式迅速沿着压力管道向上游传播，到达进口后，由进口反射回来一个减压波，使管9末端和水击室13内发生负的水击压强。

本实验仪能通过阀11和12的动作过程观察到水击波的来回传播变化现象。即阀11关闭，产生水击升压，使逆止阀12克服压力室5的压力而瞬时开启，水也随即注入压力室内，并可看到压力表3随着产生压力波动。然后，在进口传来的负水击作用下，水击室13压强低于压力室5，使逆止阀12关闭，同时，负水击又使阀11下移而开启。这一动作过程既能观察到水击波的传播变化现象，又能使本实验仪保持往复的自动工作状态，即当阀11再次开启后，水流又经阀孔流出，回复到初始工作状态。这样周而复始，阀11不断地开启、关闭，水击现象也就不断地重复发生。

(2)水击压强的定量观测

水击可在极短的时间内产生很大的压强，犹如重锤锤击管道一般，甚至可能造成对管道的破坏。由于水击的作用时间短、升压大，通常需用复杂而昂贵的电测系统作瞬态测量，而本仪器用简便的方法可直接地量测出水击升压值。此方法的测压系统是由逆止阀12、压力室5和气压表3组成。阀11每开关一次都产生一次水击升压，由于作用水头、管道特性和阀的开度均相同，故每次水击升压值相同。每当水击波往返一次，都将向压力室5内注入一定水量，因而压力室内的压力随着水量的增加而不断累加，一直到其值达到与最大水击压强相等时，逆止阀12不再开启，水流也不再注入压力室5，压力室内的压力也不再升高。这时，可从连接于压力空腔的压力表3测量压力室5中的压强，此压强即为阀11关闭时产生的最大水击压强，这一测量原理可用一个日常生活例子来加深理解：如一个用气筒每次以$3kg/cm^2$的压强向轮胎内打气，显然，只有反复多次地打，轮胎内的压强方可达到且只能达到$3kg/cm^2$。

本实验仪工作水头为25cm水柱左右，气压表显示的水击压强值最大可达300mm汞柱(408cm水柱)以上，即达到16倍以上的工作水头。表明水击有可能造成工程破坏。

(3)水击的利用——水击扬水原理

水击扬水机由图3-33中的1、9、11、12、13、5、4、2等部件组成。水击发生阀11每关闭一次，在水击室13内就产生一次水击升压，逆止阀12随之被瞬时开启，部分高压水被注入压力室5，当阀4开启时，压力室的水便经出水管2流向高处。由于阀11的不断运作，水击连续多次发生，水流亦反复地不断注入压力室，因而便源源不断地把水提升到高处。这是水击扬水机工作原理，本仪器扬水高度为37cm，即超过恒压供水箱的液面达1.5倍的作用水头。

水击扬水虽然能使水流从低处流向高处，但它仍然遵循能量守恒规律。扬水提升的水量仅仅是流过供水管的一部分，另一部分水量通过阀 11 的阀孔流出了水击室。正是这后一部分水量把自身具有势能(其值等于供水箱液面到阀 11 出口处的高差)，以动量传输的方式，提供了扬水机扬水的条件。由于水击的升压可达几十倍的作用水头，因而，若提高扬水机出水管 2 的高度，水击扬水机的扬程也可相应提高，但出水量会随着高度的增加而减小。

(4)水击危害的消除——调压筒(井)工作原理

如上所述，水击有可利用的一面，但更多的是它对工程具有危害性。例如，水击有可能使输水管爆裂。为了消除水击的危害，常在阀门附近设置减压阀或调压筒(井)及气压室等设施。本仪器设有由阀 10 和调压筒 6 组成水击消减装置。

实验时全关阀 4、全开阀 10。然后手动控制阀 11 的开与闭。由气压表 3 可见，此时，水击升压最大值约为 120mm 汞柱，其值仅为阀 10 关闭时峰值的 1/3。同时，该装置还能演示调压系统中水位的波动现象。当阀 11 开启时，调压筒中水位低于供水箱水位(以下称库水位)，而当阀 11 突然关闭时，调压筒中的水位很快涌高且超过库水位，并出现和竖立 U 形水管中水体摆动现象性质相同的振荡，上下波动的幅度逐次衰减，直至静止。

调压系统中的非恒定流和水击的消减作用，在实验中可作如下说明：设置了调压筒，在阀 11 全开下的恒定流时，调压筒中维持于库水位固定自由水面。当阀 11 突然关闭时，供水管 9 中的水流因惯性作用继续向下流动，流入调压筒，使其水位上升，一直上升到高出库水位的某一最大高度后才停止。这时管内流速为零，流动处于暂时停止状态，由于调压筒水位高于库水位，故水体做反向流动，从调压筒流向水库。由于惯性作用，调压筒中水位逐渐下降，至低于库水位，直到反向流速等于零为止。此后供水管中的水流又开始流向调压筒，调压筒中水位再次回升。这样，伴随着供水管中水流的往返运动，调压筒中水位也不断上下波动，这种波动由于供水管和调压筒的阻尼作用而逐渐衰减，最后调压筒水位稳定在正常水位。

设置调压筒之后，在过流量急剧改变时仍有水击发生，但调压筒的设置建立了一个边界条件，在相当大程度上限制或完全制止了水击向上游传播。同时水击波的传播距离因设置调压筒而大为缩短，这样既能避免直接水击的发生，又加快了减压波返回，因而使水击压强峰值大为降低，这就是利用调压筒消减水击危害的原理。

3.11.6.4 分析思考题

(1)根据逆止阀 12 的受力分析，气压表 3 的视值比实际水击压强大还是小?

(2)明渠中突然启闭闸门能否产生水击?

3.11.7 空化机理演示实验

3.11.7.1 实验目的

(1)观察空化现象和空化的形成过程，了解空化发生原理；

(2)了解流道体型对空化的影响及防空化闸门槽的体型结构；

(3)了解空化管节流工作原理。

3.11.7.2　实验装置与工作原理

(1)实验装置简图

实验装置及各部分名称如图 3－34 所示。

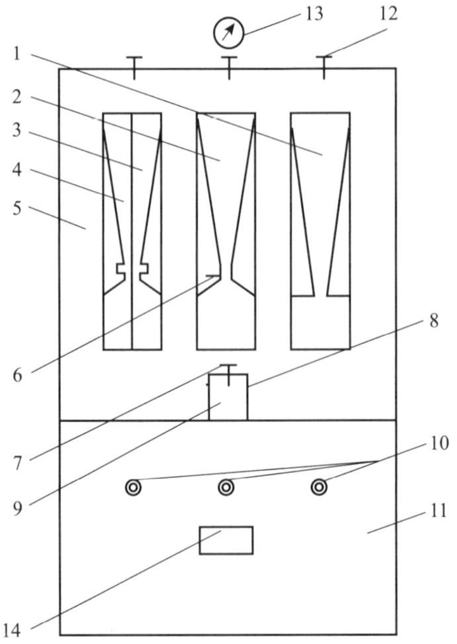

图 3－34　空化机量实验仪示意图

1—流道①文氏型空化显示面；2—流道②渐缩空化显示面；3—流道③矩形闸门槽空化显示面；4—流道④流线型闸门槽空化流动显示面；5—流道显示柜；6—测压点；7—连接短管；8—管嘴；9—空化杯；10—阀门①②③；11—自循环供水箱；12—气塞；13—真空表；14—标牌

(2)工作原理

本装置以两块透明有机玻璃平板贴合而成的平板间狭缝式流道为流动显示面，水流在水泵驱动下自供水箱 11 分三路流经显示空化现象的流道 1、2、3、4 后流回供水箱。过流量分别由阀门①②③控制，其中流道 3、4 的过流量由阀③同步控制。由于供水泵是一高扬程泵，在流经流道显示面的缩窄断面时，由于断面前后存在高压差，会产生局部高速，压强减低，缩窄处的最低负压可接近 $-10mH_2O$，因而可出现明显的空化，并在仪器背面的灯光映射下能清晰显示白色烟雾状的空化云。

本装置流动显示面有文氏管型、突缩型、矩形和防空化型闸门槽等流道。在流道 2 喉颈处设有测压点①，通过空化杯 9 与真空表 13 连通。汽化杯用于演示常温低压下水的沸腾现象。真空表 13 为机械式测压表，当测量液体的真空度时，真空表应直接安装在测点位置。若通过测压连接管提高或降低表的安装高度，会引起视值误差，应根据安装高度差进行修正。

(3)使用方法

全开 3 个阀门，接通电源，即可进行实验。将从测压连通管管嘴 8 引出的连通管经连接短管 7 与真空表 13 连接，由真空表可测读出流道 2 喉颈处的真空值。实验结束，打开气塞 12，将流道内的水放空，防止流道内结垢。

(4)注意事项

①空化杯9中的温水不能用冷开水或蒸馏水等，而应当用新鲜自来水，并在每次实验前更换新水，以保证空化沸腾时的显示效果。

②由于泵的供水压力较大，不允许在三阀全关(或接近全关)，而另一阀全开(或接近全开)的情况下运行，以防止水压过高，损坏流道。

3.11.7.3 实验指导

在液体流动的局部区间，或由于流速过高，或边界层分离，均会导致压强降低，甚至降低到液流内部出现气体(或蒸气)空泡或空穴，这种现象称为空化(也叫气穴)。空化现象发生以后，由于其空穴里不是液体而是气体，破坏了液流的连续性，空化区的压强变化不再服从一般的能量定律。空化可造成很多危害性后果，如引起空化区附近的固体边界的剥蚀破坏(称作空蚀或气蚀)，噪声污染、结构振动、机械效率降低等，早已引起工程界的高度重视。反之，空化现象也有它可利用的一面，如根据空化特性可设计节流装置等。因而空化领域已扩展到造船、水机、水工建筑、原子能、水下武器、航空、采掘、润滑、生物及医学等部门。

本仪器可用以演示空化发生原理、典型工程空化现象、流道体型对空化的影响以及初生空穴数的定量量测等。实验指导提要如下：

(1)空化现象的演示

在流道①②③④的三个阀门全开的条件下启动水泵，可看到在流道①②的喉部和流道③的闸门槽处出现乳白色雾状空化云，这就是空化现象，同时还可听到由空化区发生的空化噪声。空化区的负压(或真空)相当大，其真空度可由真空表(与流道2的喉颈处测压点相连)读出。最大真空可达10mH_2O(98kPa)以上。

空化按其形态可分游移型、边界分离型和旋涡型等三种。在流道①②喉颈中部所形成的带游移状空化云，为游移型空化；在喉道出口处两边形成的附着于转角两边较稳定的空化云，为附体空化；而发生于流道③中闸门槽(凹口内)旋涡区的空化云，则为旋涡型空化。根据仪器显示的空化区域分析可知，容易发生空化的部位是：高速液流边界突变的流动分离处，如水利工程中的深孔进口、溢流坝面、闸门槽、分叉管、施工不平整处，及动力机械中的水轮机、涡轮机、水泵和螺旋桨叶片的背面以及鱼雷的尾部等。

(2)空化机理

流动液体(以水为例)在标准大气压下，当温度升到100℃，沸腾时水体内所产生大小不一的气泡，就是空化。相应此时温度(100℃)，水的蒸汽压强(标准大气压)被称为汽化压强(p_v)，这种现象亦可在常温低压时发生。

本仪器可清晰演示此现象的发生。先向空化杯9中注入半杯温水(水温40℃左右)，压紧橡皮塞盖，然后与管嘴8(杯两侧各1只)接通。在喉管负压作用下，空化杯内的空气被吸出，真空表读数随之增大。当真空度接近 -10m水柱时，杯中水就开始沸腾。这是常温水在低压下发生空化的现象。改变杯中水温，汽化压强(p_v)也各不相同。不同水温的p_v值如表3-16所示。

表 3－16　水的汽化压强

水温/℃	100	90	80	70	60	50
汽化压强 p_v/kPa	101.33	70.10	47.34	31.16	19.92	12.16
p_v/γ /mH_2O	10.33	7.15	4.83	3.18	2.03	1.24
水温/℃	40	30	20	10	5	0
汽化压强 p_v/kPa	7.38	4.24	2.34	1.18	0.88	0.59
p_v/γ/mH_2O	0.75	0.43	0.24	0.12	0.09	0.06

空化形成的原因，可用“气核理论”说明。该理论认为，常压下的普通水里含有气体，以肉眼察觉不到的微核状态存在于水体，这种微核称作气核，直径大约 $10^{-5} \sim 10^{-6}$cm。当压强降到一定程度时，气核就膨胀、积聚组成空泡。可用实验验证气核的存在。启动实验仪，使之出现空化云，注意观测流经空化区的水体。在空化区前看不见水中气核，而流经空化区后，则可见水中出现许多小气泡。这些气泡就是水体流经空化区时，由其所挟带的气核积聚而成。

综上所述，气核的存在是形成空化的基础，负压的出现是产生空化的条件。故而，空化杯 9 中的温水不能用冷开水或蒸馏水等，而应当用新鲜自来水，并在每次实验前更换新水，以保证空化沸腾时的显示效果。

(3)空穴数的量测

工程上，常以下列无量纲参数 σ，作为衡量实际水流是否发生空化的指标：

$$\sigma = \frac{p_0 - p_v}{\rho u_0^2/2} = \frac{(p_0 - p_v)/\gamma}{u_0^2/2g} \tag{3-60}$$

式中　p_0、u_0——测点上游未受扰动的压强(绝对)和流速；

p_v——液体的汽化压强。

当流道某处 σ 低至某值 σ_0时开始发生空化(σ_0称为初生空穴数或临界空穴数)。σ_0随边界条件而异。

本仪器可测定 σ_0，其量测方法以流道②为例说明如下：

首先在停机时，接长流道②软管，使之可将出水口移至箱外，以便测量流量用。然后，阀 1、2、3 全关，启动水泵，渐开流道②阀门(切记不要全开或接近全开)，真空表读数随之增大，同时表针摆动加剧(表明脉压增强)，当真空增至一定值时，喉道开始出现时隐时现的空泡，这就是初生空化。初生空化亦可借助空化发出的噪声加以判别，空化初生时可听到气泡爆裂发出的细小噪声。

量得初生空化时的有关物理量可计算获得 σ_0，包括流道②的下泄流量 Q_0，及喉道真空表读数 p_0(相对压强)。

例，本仪器流道②喉部过水断面面积 $A' = 0.6\text{cm} \times 0.4\text{cm}$，侧收缩系数 $\varepsilon = 0.95$，实际过流面积 $A = 0.228\text{cm}^2$，实测 $Q_0 = 335\text{cm}^3/\text{s}$，$p_0/\gamma = -6.73\text{m}$，水温为 29℃ ($p_v/\gamma = 0.408mH_2O$)，则：

$$\sigma_0 = \frac{(p_0 + p_a - p_v)/\gamma}{(Q/A)^2/2g} = \frac{3.192 \times 100}{1101} \approx 0.3$$

即实测临界空穴数为 0.3。本仪器流道②实际最大真空度可达 $10mH_2O$，流速高达

18.8m/s。在3个阀门全开时，测得最小空穴数$\sigma_{min}=-0.004$。因$\sigma_{min}<<\sigma_0$，故产生强烈空化。

初生空穴数测量结束后，立即关机，然后将3个阀全开。

(4)流道体型对空化的影响

这种影响可从流道①与②的空化对比看出。在阀门开关相同的条件下，流道①的空化比流道②严重，表明前者初生空化数大于后者。

也可从两种体型闸槽的空化看出，流道③④分别设有矩形槽和下游具有斜坡的流线型槽。实验表明，在同等流量条件下，前者空化程度大于后者。正如国内一些单位对门槽所做空蚀实验研究表明的那样，矩形槽的初生空穴数$\sigma_{c1}=2.0$，而下游1∶2边坡的流线化门槽，其初生空穴数$\sigma_{c2}=0.6$。流线化门槽前流速即使高达25m/s，断面压强水头30m时，仍能防止空蚀破坏。

由此可知，流道体型对空化影响极大，是引发空化的重要条件之一。在高速流条件下，有时溢流坝面残留的钢筋头，就可造成坝面大面积的空蚀破坏。因此，为防止空化发生，应使坝面尽量光滑平整，流道体型尽量流线型化。

(5)空化管节流装置原理的演示

应指出的是，空化也不是仅仅有害，亦具有可利用的一面。空化管节流装置就是一个比较好的例子。液体火箭发动机的液体燃料供应，要求不受大气压波动的影响。换言之，火箭即使在太空中，其背压比地面低于一个大气压的情况下，仍要求燃料供应量保持不变。为此，在火箭发动机输液管中，设有一种文氏空化管的节流装置，用以满足恒定量供给燃料的要求。本仪器可演示其工作原理。方法是在3个阀门全开时，测出两种尾水位下流道②的出流量：一是抬高尾水位(尾压增高)，以空化云不消退为限(例实测得流速为426cm^3/s)；二是降低尾水位(尾压降低)落差1m，再测出流量(例实测得为流速430cm^3/s)。两者几乎相等。表明尾压变化不影响空化管过流能力。其原因在于：文氏管喉部产生了高度空化，压强接近绝对真空。空化破坏了液流的连续性，能量方程在此已不适用。这时，即使尾部背压再降低，喉部压强也无法再降(因已接近绝对真空)。因而，此时喉道过流量完全取决于喉道前压强(供压)。若供压恒定，即使尾压有变，流量仍恒定。

空化管在其他领域亦有广泛的应用。例如，制冷液体在压缩机驱动下高速流过文氏管时，因压力骤降而发生空化，由液态变为气态。液体汽化时需从周围吸取大量热能，从而达到制冷效果。之后，压缩机再把气体压缩成液体，并释放出大量热，通过散热片排至大气，从而完成了热量交换。

3.11.7.4 分析思考题

(1)为什么在高山上用普通饭锅煮不熟饭？为什么水泵吸水管高度不能超过6~7m？

(2)在空化发生断面上能否设作伯努利方程计算断面？

(3)在易空化部位采用人工掺气能否降低空蚀危害？

3.12 自主设计创新实验

自主设计创新实验是指学生在教师指导下，自主选题、自主进行研究性学习、自主设计实验方法、开展实验研究、进行数据统计分析处理、撰写研究性论文及总结报告等工作，注重实验的创新性和研究过程，培养学生提出问题、分析问题和解决问题的能力，是学生早期参加科学研究，教学与科研相结合的一种重要方式。

完成自主设计创新实验项目，包括以下几个环节：

(1)选题：学生可自己立题或按项目指南报名选题，按项目分组，每组不超过三人并设一项目负责人。

(2)资料检索：检索相关资料、特殊实验材料和实验仪器的市场调研。

(3)方案设计：提交立题报告，报告内容为，实验名称、实验目的、装置简图、实验原理、实验方案、所需资源及要求实验室配合的工作等。经教师核定后，即可实施。

(4)装置制作：根据设计图纸，在工人配合下完成制作，并在实验中改进。

(5)测量分析：包括整个实验过程测量与实验成果分析。

(6)报告或论文编写：编写完成实验项目的研究报告或论文。

(7)答辩与点评：各实验小组负责人向全体参加同学介绍该组实验的设计思路、实验过程、创新点等主要内容，并回答同学和教师的提问；其他同学对汇报小组进行打分，指导教师进行实验点评，综合评奖。

近几年编写组教师根据学生不同的情况(主要是研究生)，开设了一些自主设计创新实验项目，例如，高分子减阻剂减阻效果评价实验、液体种类对管道摩阻系数影响的实验、管材种类对管道摩阻系数影响的实验、测压点连接管对脉冲压强实时测量影响的实验、水力旋流器设计实验、海底管线冲刷实验、新型可调式水嘴设计评价实验等多个设计创新实验项目(篇幅有限，在此不做一一介绍)，取得了一定的教学效果。以期在今后的教学工作中，开发更多的设计创新性实验，使学生通过体验科研模式，激发创新潜能。

第4章　泵与压缩机实验

本章主要介绍泵与压缩机实验，主要内容有离心泵特性曲线测定、双泵串并联实验、离心泵构造与拆装实验、活塞压缩机的拆装实验四部分，各专业教师可根据课程的教学基本要求及学时情况挑选实验项目。

通过该部分的实验教学，使学生熟练掌握管道常用泵体和压缩机的基本构造、基本性能、工作原理，理解离心泵的操作和调节方法，并加深对泵的特性的理解，掌握离心泵特性曲线的测定方法；学生通过实验观察离心泵和压缩机在实验中的动态运行情况，熟悉泵体和压缩机正确拆卸和组装方法、步骤，验证所学的基本理论，培养学生正确的思维方式和分析问题、解决实际问题的能力，为今后学习专业课和从事油气管道设计、运行和管理工作奠定坚实的基础。

4.1　离心泵特性曲线测定实验

4.1.1　实验目的

(1)掌握水泵的基本测试技术，了解实验设备及仪器仪表的性能和操作方法；

(2)测定P－100自吸泵单泵的工作特性，绘制出特性曲线。

4.1.2　实验装置

(1)仪器装置简图如图4－1所示。

(2)实验条件设置：单泵特性曲线测定实验，选定$1^{\#}$泵作为实验泵，需关闭$2^{\#}$、$3^{\#}$、$5^{\#}$阀门。

4.1.3　实验原理

对应某一额定转速n，将泵的实际扬程H，轴功率N，总效率η与泵的出水流量Q之间的关系以曲线表示，称为泵的特性曲线。该曲线能反映泵的工作性能，可作为选择泵的依据。

泵的特性曲线可用下列三个函数关系表示：

$$H = f_1(Q);\ N = f_2(Q);\quad \eta = f_3(Q)$$

这些函数关系均可由实验测得，其测定方法如下：

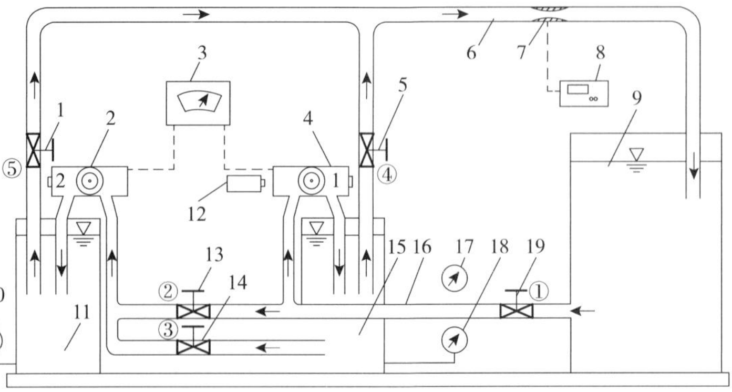

图4-1 泵特性综合实验仪装置图

1—5#流量调节阀；2—2#实验泵；3—功率表；4—1#实验泵；5—4#流量调节阀；
6—输水管道；7—文丘里流量计；8—压差电测仪；9—蓄水箱；10—2#泵压力表；
11—2#泵稳压罐；12—光电转速仪；13—2#进水阀；14—3#进水阀；15—1#泵稳压罐；
16—进水管道；17—压力真空表；18—1#泵压力表；19—1#进水阀

(1)流量 $Q(10^{-6}m^3/s)$

用文丘里流量计7、压差电测仪8测量，并据下式确定 Q 值

$$Q = A\ (\Delta h)^B \tag{4-1}$$

式中 A、B——预先经标定得出的系数，随仪器提供；

Δh——文丘里流量计的测压管水头差，由压差电测仪8读出，cmH_2O；

Q——流量$(10^{-6}m^3/s)$。

(2)实际扬程 $H(mH_2O)$

泵的实际扬程指水泵出口断面与进口断面之间的总能头差，是通过测得泵进、出口压强及流速和测压表表位差后，经计算求得。由于本装置内各点流速较小，流速水头可忽略不计，故有

$$H = 102(h_d - h_s) \tag{4-2}$$

式中 H——扬程，mH_2O；

h_d——水泵出口压强，MPa；

h_s——水泵进口压强，MPa，真空值用“-”表示。

(3)轴功率(泵的输入功率)$N(W)$

$$N = P_0 \cdot \eta_{电} \tag{4-3}$$

$$P_0 = K \cdot P \tag{4-4}$$

$$\eta_{电} = \frac{a\left(\frac{P_0}{100}\right)^3 + b\left(\frac{P_0}{100}\right)^2 + c\left(\frac{P_0}{100}\right) + d}{100} \tag{4-5}$$

式中 K——功率表表头值转换成实际功率瓦特数的转换系数；

P——功率表读数值，W；

$\eta_{电}$——电动机效率；

a、b、c、d——电机效率拟合公式系数，预先标定提供。

(4)总效率 η

$$\eta = \frac{\rho g H Q}{N} \times 100\% \tag{4-6}$$

式中　ρ——水的密度，$1000\mathrm{kg/m^3}$；

g——重力加速度，$g = 9.8\mathrm{m/s^2}$。

(5)实验结果按额定转速的换算

如果泵实验转速 n 与额定转速 n_{sp} 不同，且转速满足 $|(n-n_{sp})/n_{sp} \times 100\%| < 20\%$，则应将实验结果按下面各式进行换算：

$$Q_0 = Q\left(\frac{n_{sp}}{n}\right) \tag{4-7}$$

$$H_0 = H\left(\frac{n_{sp}}{n}\right)^2 \tag{4-8}$$

$$N_0 = N\left(\frac{n_{sp}}{n}\right)^3 \tag{4-9}$$

$$\eta_0 = \eta \tag{4-10}$$

式(4-7)~式(4-10)中带下标"0"的各参数都指额定转速下的值。

4.1.4　实验内容与方法

(1)实验前，必须先对照图4-1，熟悉实验装置各部分名称与作用，检查水系统和电系统的连接是否正确，蓄水箱的水量是否达到规定要求。记录有关常数。

(2)泵启动与系统排气：全开1#、4#阀，启动1#实验泵，再打开功率表开关(泵启动前，功率表开关3一定要置于"关"的位置)。待输水管道6中气体排尽后，关闭4#阀，排除电测仪8中压差传感器两连接管内的气泡。

(3)压差电测仪8调零：在4#阀全关(即流量为零)的状态下，电测仪应显示为零，否则应调节其调零旋钮使其显示为零。

(4)在1#阀全开情况下，调节4#阀，控制1#实验泵的出水流量。

(5)测记功率表3的表值，同时测记电测仪8、压力表18与真空压力表17的表值。

(6)测记转速：将光电测速仪射出的光束对准贴在电机转轴端黑纸上的反光纸，即可读出轴的转速。转速须对应每一工况分别测记。

(7)按上述步骤4~6，调节不同流量，测量7~13次。

(8)在4#阀半开情况下(压力表18读数值在0.05MPa左右)，调节1#进水阀控制泵的出水流量，在不同开度下，按上述第4、5、6步骤测量2~3次，其中一次应使压力真空表17的表值达到-0.07MPa左右。

(9)实验结束后，先关闭功率表电源，再关闭水泵电源，检查电测仪8是否为零(如不为零应进行修正)，最后关闭电测仪电源。

4.1.5　数据处理及成果要求

(1)有关常数

流量换算公式系数：A = ________，B = ________；

电动机效率换算公式系数：a =______，b =________，c =________，d =______；

功率表转换系数：K =__________；

泵额定转速：n_{sp} =__________(r/min)。

(2)记录及计算表格

将实验数据记录于表4－1、表4－2中。

表4－1　实验记录表

项目 序号	转速 n/(r/min)	功率表读值 P/W	流量计读值 Δh/(cmH_2O)	真空表读值 h_s/($MPa\times10^{-2}$)	压力表读值 h_d/($MPa\times10^{-2}$)
1					
2					
3					
4					
5					
6					
7					
8					
9					
10					

表4－2　泵特性曲线测定实验结果

序号	实验换算值				n_{sp} =　　　(r/min)时的值			
	转速 n/(r/min)	流量 Q/($m^3/s\times10^{-6}$)	总扬程 H/m	泵输入功率 N/W	流量 Q_0/($m^3/s\times10^{-6}$)	总扬程 H_0/m	泵输入功率 N_0/W	泵效率 η/%
1								
2								
3								
4								
5								
6								
7								
8								
9								
10								

(3)根据实验值在同一图上绘制 H_0-Q_0、N_0-Q_0、η_0-Q_0曲线。

本实验曲线需自备毫米方格纸绘制。图中的公用变量 Q_0为横坐标，纵坐标则分别对应 H_0、N_0、η_0，用相应的分度值表示。坐标轴应注明分度值的有效数字、名称和单位；不同曲线分别用函数关系予以标注。

4.1.6 分析思考题

(1)对本实验装置而言，泵的实际扬程(总扬程)即为进出口压强差，如式(4－2)所示，为什么？

(2)本实验P－100自吸泵与离心泵的特性曲线相比较有何异同？它们在启动操作和运行过程中应分别注意什么？

(3)当水泵入口处真空度达到7～8mH_2O左右时，泵的性能明显恶化，试分析原因。

(4)由实验可知，泵的出水流量越大，泵进口处的真空度也越大。为什么？

(5)本实验泵装机高程能否高于吸水井水面8m？为什么？

(6)本实验中，压力表前设置稳压筒有何作用？压力表的安装高度有何要求？

(7)1#进水阀在本实验装置中有何作用？若去掉该阀，本实验装置应如何布置？

4.2 双泵串并联实验

4.2.1 实验目的

(1)掌握串联、并联泵的测试技术；

(2)测定P－100自吸泵在双泵串并联工况下扬程H－流量Q特性曲线，掌握双串联/并联泵特性曲线与单泵特性曲线之间的关系。

4.2.2 实验装置

(1)仪器装置简图如图4－1所示。

(2)双泵串联实验条件设置：关闭功率表。在关闭2#、4#阀，开启1#、#3#、5#阀的状态下，开启1#实验泵与2#实验泵，两台实验泵形成串联工作回路。

(3)双泵并联实验条件设置：关闭功率表。在关闭3#阀，开启1#、2#、4#、5#阀的状态下，开启1#实验泵与2#实验泵，两台实验泵形成并联工作回路。

4.2.3 实验原理

(1)双泵串联

前一台水泵的出口向后一台水泵的入口输送流体的工作方式，称为水泵的串联工作。水泵的串联意味着水流再一次得到新的能量，前一台水泵把扬程提到H_1后，后一台水泵再把扬程提高H_2。即已知水泵串联工作的两台或两台以上水泵的性能曲线函数分别为$H_1=f_1(Q_1)$、$H_2=f_1(Q_2)$、……则水泵串联工作后的性能曲线函数为在流量相同情况下各串联水泵的扬程叠加：

$$H=f(Q)=f_1(Q_1)+f_2(Q_2)+\cdots=H_1+H_2+\cdots \tag{4-11}$$

这些函数关系均可由实验测得，其测定方法同4.1节。

(2)双泵并联

两台或两台以上的水泵同时向同一压力管道输送流体的工作方式，称为水泵的并联工作。水泵在并联工作下的性能曲线，就是把对应同一扬程 H 值的各个水泵的流量 Q 值叠加。若两台或两台以上水泵的性能曲线函数关系已知，分别为 $H_1=f_1(Q_1)$、$H_2=f_1(Q_2)$、……即可得到两台或两台以上水泵并联工作的性能曲线函数关系：

$$H=f_1'(Q_1+Q_2) \tag{4-12}$$

这些函数关系均可由实验测得，其测定方法同4.1节。

4.2.4 实验内容与方法

(1)实验前，必须先对照图4-1，熟悉实验装置各部分名称与作用，检查水系统和电系统的连接是否正确，蓄水箱的水量是否达到规定要求。记录有关常数。

(2)压差电测仪8调零：在流速为零状态下，压差电测仪8显示数值应为零，否则应调节其调零旋钮使其显示为零。

(3)双泵串联实验：

①测定1#实验泵流量~扬程：关闭2#、3#、5#阀，全开1#阀，关闭2实验泵，开启1#实验泵，开启4#阀，待流量稳定后，测记流量(即压差电测仪8表值)及扬程(即压力表18表值与压力真空表17表值之差)。调节4#阀开度，改变流量，在不同流量下重复测量7~10次，分别记录相应流量、扬程。

②测定2#实验泵流量~扬程：先关闭1#实验泵，再关闭3#、4#阀，全开1#、2#阀，开启2#实验泵，调节5#阀，改变流量多次，每次分别使流量达到上述第3步各次设定的流量值(即压差电测仪8表值对应相等)，测记各流量下扬程(即压力表10表值与压力真空表17表值之差)。

③测定1#、2#实验泵串联工作流量~扬程：先关闭2#实验泵电源，再关闭2#、4#阀，全开1#、3#阀，同时开启1#、2#实验泵，调节5#阀，改变流量多次，每次分别使流量达到上述第①步设定的流量(即压差电测仪8表值对应相等)，测记各流量下的扬程(即压力表10表值与压力真空表17表值之差)。

(4)双泵并联实验：

①测定1#实验泵扬程~流量：关闭2#、3#、5#阀，全开1#阀，关闭2#实验泵，开动1#实验泵，调节4#阀，使扬程达到某一设定扬程(即压力表18表值与压力真空表17表值之差)，测记电测仪8表值。改变扬程7~10次，测记电测仪8在相应扬程下的读值，并换算出相应流量。

②测定2#实验泵扬程~流量：先关闭1#实验泵电源，再关闭3#、4#阀，全开1#阀，开启2#实验泵，调节5#阀，改变扬程多次，使每次扬程分别达到上述第①步设定的各次扬程值，分别测记压差电测仪8表值，并换算出相应流量。

③测定1#、2#实验泵并联工作扬程~流量：先关闭2#实验泵，再关闭3#阀，全开1#、2#阀，同时开启1#、2#实验泵，分别调节4#、5#阀，改变扬程多次，使每次两实验泵扬程均达到上述第①步设定的各次对应扬程值，分别记录压差电测仪8表值，并换算出相应流量。

(5)实验结束后，先打开所有阀门，再关闭水泵电源，检查电测仪8是否为零(如不为零应进行修正)，最后关闭电测仪电源。

(6)根据实验数据分别绘制单泵与双泵流量 Q – 扬程 H 特性曲线。

4.2.5　数据处理及成果要求

(1)有关常数

流量换算公式系数：A = ________，B = ________。

(2)记录及计算表格

实验数据记录于表 4 – 3 中。

表 4 – 3　串并联实验数据表

	序号	压力表 h_d/ (MPa × 10^{-2})	真空表 h_s/ (MPa × 10^{-2})	电测仪 Δh/ (cmH_2O)	流量 Q/ (mL/s)	扬程 H/ m
1#实验泵	1					
	2					
	3					
	4					
	5					
2#实验泵	1					
	2					
	3					
	4					
	5					
双泵串联	1					
	2					
	3					
	4					
	5					
双泵并联	1					
	2					
	3					
	4					
	5					

4.2.6　分析思考题

(1)结合实验成果，分析讨论两台同性能泵在串联工作时，其扬程能否增加一倍？两台同性能泵在并联工作时，其流量能否增加一倍？试分析原因。

(2)试分别分析泵串联系统和泵并联系统中连接两泵之间的管道损失对实验数据的

影响。

(3)试分析并联管道上两管道交叉管的局部损失对流动的影响。

(4)当两台泵的特性曲线存在差异时，两泵串联系统的特性曲线与单泵的特性曲线之间存在怎样的关系？并联系统呢？

4.3 离心泵构造与拆装实验

4.3.1 实验目的

(1)了解单级离心泵的结构，熟悉各零件的名称、形状、用途及各零部件之间的装配关系；

(2)通过对离心泵总体结构的认识，掌握离心泵的工作原理；

(3)培养学生对离心泵主要零件尺寸及外观质量的检查和测量能力。

4.3.2 实验装置

离心泵、钳工工具、测量工具、多功能工具箱等。

4.3.3 实验原理

通过对离心泵的结构和设计特点了解和分析其工作原理、性能特点和适用场合；通过对离心泵的了解和观察，正确使用各种工具对离心泵进行拆装操作；通过泵的拆装了解泵的具体结构和安装特点以及各部件的形状和结构特点，并在此基础上完成主要零件的测量和绘制工作。

4.3.4 实验步骤与方法

4.3.4.1 拆卸顺序

(1)机座螺栓的拆卸

(2)泵壳的拆卸

①拆卸泵壳，首先将泵盖与泵壳的连接螺栓松开拆除，然后将泵盖拆下。

②用专用扳手卡住叶轮前端的轴头螺母，沿离心泵叶轮的旋转方向拆除螺母，并用双手将叶轮从轴上拉出。

③拆除泵壳与泵体的连接螺栓，将泵壳沿轴向与泵体分离。泵壳在拆除过程中，应将其后端的填料压盖松开，拆出填料，以免拆下泵壳时增加滑动阻力。

(3)泵轴的拆卸

①拆下泵轴后端的大螺帽，用拉力器将离心泵的半联轴节拉下来，并用通芯螺丝刀或錾子将平键冲下来。

②使用拉力器卸联轴节，具体方法是：将轴固定好，先拆下固定联轴节的锁紧帽，再用拉力器的拉钩钩住联轴节，其丝杆顶正泵轴中心，慢慢转动手柄，即可将联轴节在钩拉

过程中，可用铜锤或铜棒轻击联轴节，如果拆卸失败，可用棉纱蘸上煤油，沿着拆卸联轴器四周燃烧，使其均匀受热膨胀，这样更容易拆下。为了防止轴与联轴器一起受热膨胀，应用湿布把泵轴包好。

③拆卸轴承压盖螺栓，并把轴承压盖拆除。

④用手将叶轮端的轴头螺母拧紧在轴上，并用手锤敲击螺母，使轴组沿轴向向后端退出泵体。

⑤拆除防松垫片的锁紧装置，用锁紧扳手拆卸滚动轴承的圆形螺母，并取下防松垫片。

⑥用拉力器或压力机将滚动轴承从泵轴上拆卸下来。

离心泵拆卸完毕后，应用轻柴油或煤油将拆卸的零部件清洗干净，按顺序放好，以备检查和主要零件的测量。

4.3.4.2 离心泵的检查

(1)叶轮的检查

叶轮有下列缺陷之一时，应予记录：

①表面出现较深的裂纹或开式叶轮的叶瓣断裂；

②表面因腐蚀而出现较多的砂眼或穿孔；

③轮壁因腐蚀而明显变薄，影响了机械强度；

④叶轮进口处有较严重的磨损而又难以修复；

⑤叶轮已经变形。

(2)泵壳的检查

泵壳在工作中，往往会因机械应力或热应力的作用出现裂纹。检查时可用手锤轻轻敲泵壳，如出现破哑声，则表明泵壳已有裂纹，必要时可用放大镜查找。裂纹找到后，可先在裂纹处浇以煤油，擦干表面，并涂上一层白粉，然后用手锤轻敲泵壳，使裂纹内的煤油因受震动而渗出，浸湿白粉，从而显示出一条清晰的黑线，借此可判明裂纹的走向和长度。如果泵壳有缺陷，应予以记录。

(3)轮子的检查

泵轴拆洗后外观检查，并对下列情况予以记录：

①泵轴已产生裂纹；

②表面严重磨损或因腐蚀出现较大的沟痕，以至影响轴的机械强度；

③键槽扭裂扩张严重。

泵轴要求笔直，不得弯曲变形，拆洗后可在平板上检查泵轴弯曲量。检查时，在平板上放置好两块V形铁，泵轴两端置于其上，将百分表架放在平板上，装好百分表，将百分表顶针顶在泵轴中间的外圆柱面上，用手慢慢转动泵轴，观察百分表指针的变化，记录下最大值和最小值及轴面上的位置，百分表读数的最大值和最小值之差的一半即为轴的弯曲量。

上述测量实际上是测量轴的径向跳动量，一般轴的径向跳动量，中间不超过0.05mm，两端不超过0.02mm，否则需校直。转子的测量与泵轴的测量方法相同，一般叶轮密封环处的径向跳动不超过0.03mm，轴套不超过0.04mm，两轴颈不超过0.02mm。

(4)轴承的检查

对于滚动轴承，检查时发现松动、转动不灵活等缺陷应予以记录。

滚动轴承常见故障有：滚子和滚道严重磨损，表面腐蚀等。一般来说轴承磨损严重，其运转时噪声较大，主要是因磨损后其径向和轴向间隙变大所致。一般轴承的内径为30～50mm，径向间隙不大于0.035～0.045mm。

滚动轴承径向间隙的测量方法为：将轴承平放于板上，磁性百分表架置于平板上，装好百分表，然后将百分表顶针顶在轴承外圆柱面上(径向)，一只手固定轴承内圈，另一只手推动轴承的外圈，观察百分表指针的变化量，其最大值与最小值之差即为轴承的径向间隙。

滚动轴承轴向间隙的测量方法为：在平板上放好两块高度相同的垫块，将轴承外圈放在垫板上，使内圈悬空，然后将磁性表座置于平板上，装好百分表。将百分表顶于内圈上平面，一只手压住外圈，另一只手托起内圈。观察百分表指针的变化量，其最大值与最小值之差即为轴承的轴向间隙。

(5)检查叶轮密封环间隙是否合适

叶轮密封环间隙的测量方法为：通过测量叶轮吸入口外圆和密封环内圆上下、左右两个位置的直径，分别取平均值，其差值的一半为其间隙，记录这个间隙值。

4.3.4.3 离心泵的安装

离心泵零部件检查完毕后即可进行装配。

整个转子除叶轮外，其余全部组装完毕，包括轴套、滚动轴承、定位套、联轴器侧轴承端盖、小套、联轴器及螺母等的安装。

转子从联轴器侧穿入泵内(注意填料压盖不要忘记装)，轴承端盖上紧后，必须保证：

①轴承端盖压住滚动轴承外圈；

②轴承端盖对外圈的压紧力不宜过大，轴承的轴向间隙不能消失，用手盘动转子，应灵活轻便；

③把叶轮及其键、螺母等装在轴上，装上泵盖，盘动转子，看叶轮与密封环是否出现相应摩擦的现象；

④轴封的装配，该泵采用填料密封，打开填料压盖，依泵原旧填料的根数，将旧填料一根一根地压入，压入时每根接口应180°错开，最后装上压盖，但不拧紧螺丝，等到泵工作时，再慢慢拧紧螺丝，直到不漏为止；

⑤将泵放到泵座上并固定。

4.3.4.4 注意事项

①对一些重要部件拆卸前应做好记号，以备装复时定位。

②拆卸的零部件应妥善放置，以防丢失。

③对各接合面和易于碰伤的地方，应采取必要的保护措施。

4.3.5 实验结果及处理

绘制泵的结构装配草图，并标出主要零部件的名称及尺寸。

4.3.6 分析思考题

(1)离心泵的工作原理是什么？

(2)离心泵运转过程中，泵壳发热的原因是什么？应如何处理？
(3)离心泵防内漏靠什么起作用？

4.4 活塞压缩机拆装实验

4.4.1 实验目的

(1)了解压缩机的结构和工作原理，为进一步学习压缩机理论打好基础；
(2)了解压缩机主要零部件的结构及作用。

4.4.2 实验装置

活塞压缩机、测量工具、多功能工具箱等。

4.4.3 实验原理

通过活塞压缩机的结构和设计特点了解和分析其工作原理、性能特点和适用场合；通过对活塞压缩机的了解和观察，正确使用各种工具对活塞压缩机进行拆装操作；通过活塞压缩机的拆装了解活塞压缩机的具体结构和安装特点。

4.4.4 实验步骤与方法

4.4.4.1 实验步骤

(1)打开气阀阀盖，拆气阀并将气阀、阀盖与相应的安装位置做上标记。

(2)旋下气缸螺母，取下气缸盖。

(3)拆卸活塞杆与十字头连接装置，卸下活塞、活塞杆，在拆卸过程中应避免碰伤十字头滑道与气缸内界面。

(4)拆下制油器、填料函，拆卸过程中应注意其排列的顺序并做好记号。

(5)打开活塞杆大头连接螺栓及十字头销，取出连杆，分别对应做好标记，以免装配时装错。

(6)拆下十字头，拆卸时应避免敲击。

(7)拆曲轴。

(8)气缸的组装：气缸的组装包括气缸水压实验、测量气缸的水平度及同轴度。气缸中心线应与十字头滑道中心线重合，同轴度满足标准要求。

(9)曲轴、轴承的安装：曲轴、轴承的安装包括曲轴水平度测量、曲轴中心线与机体十字头滑道中心线的垂直度测量、轴瓦瓦背与轴承座孔或斜垫的贴合度测量、轴瓦与轴或轴销的贴合度测量。

(10)连杆、十字头组装包括连杆组装及十字头装配。

(11)填料和刮油环的组装包括填料盒端面研磨及各填料环的装配顺序。

4.4.4.2 注意事项

(1)拆卸的零部件应妥善放置，以防丢失；

(2)对各接合面和易于碰伤的地方，应采取必要的保护措施，损坏的部件应及时更换；

(3)工具的选取使用正确得当。

4.4.5 实验结果及处理

绘制活塞压缩机的结构装配草图，并标出主要零部件的名称及尺寸。

4.4.6 分析思考题

(1)试述活塞压缩机的主要构件和工作原理。

(2)活塞压缩机的防泄漏部件有哪些?

(3)活塞压缩机冷却方式有哪些?

第5章　原油及石油产品物性测试实验

原油及石油产品的物理化学性质主要包括密度、馏程、凝固点、倾点、冷滤点、冰点、浊点、结晶点、黏度、比热容、硫含量、盐含量、水含量、蜡、胶质、沥青质含量等，他们与油品自身的化学组成和结构特点密切相关。油品的基本物性是分析油品性能、评价油品质量、衡量油库管理水平、控制油品输送过程的重要指标，也是设计原油及石油产品输送管道、储油库以及原油加工装置的基本依据。通过对油品基本物性的测定，使学生获得相应的基本理论，掌握其测定原理及仪器的使用方法；学生通过实验观察和测定，熟悉并掌握油品基本物性测定的意义，验证所学理论，为从事相关工作提供实践基础。

原油及石油产品属于复杂混合物，组成不易确定，且诸多性质不具备累加性，它们某一物性的实质是组成它们的各种烃类和非烃类化合物的性质在某一方面的综合表现。因此，为了便于表征、比较和对照，油品的物性常采用一些条件性实验方法来确定，即在规定的实验条件、方法和步骤下进行测试分析。根据通用性，油品物性测试一般规定有国际标准(ISO)、国家标准(GB)、行业标准(SY、SH)及企业标准(QB)等统一的实验方法标准，各级标准在不同范围内均具有法规性，并相互建立有对应换算关系，以便使用。本章节内容是以各级标准为依据，结合油气储运工程专业特点和行业技能需求，以遵循实验条件、简化实验过程、突出实用性为原则，详尽介绍油品物性测试实验的相关内容。

5.1　油品密度测定实验

5.1.1　实验目的

(1)了解密度测定常用的三种方法与原理；

(2)掌握密度计法测定油品密度的操作。

5.1.2　实验方法与原理

密度是指规定温度下，单位体积内所含物质的质量数，其单位符号为 kg/m^3，或 g/cm^3。在20℃和101.324kPa条件下的液体密度称为标准密度，以 ρ_{20} 表示，其他温度下测得的密度称为视密度，以 ρ_t 表示。一般来说，温度升高，油品体积膨胀，因而密度减小，温度每变化(升高或降低)1℃时液体密度的变化值称为密度温度系数。由于液体几乎是不可压缩的，在温度不变的情况下，压力对液体密度的影响可以忽略不计，只有在极高的压力下才会考虑外压的影响。

油品密度的实验室测定方法主要有密度计法、比重瓶法和U形振动管法。

5.1.2.1 密度计法

密度计法适用于测定易流动的透明液体的密度，对于不易流动的黏稠液体，可以使用恒温浴，在高于室温的情况下测定密度。密度计法也可以用于不透明液体的密度测量，但读数方法不同于透明液体。该方法是以阿基米德定律为基础的：当玻璃密度计沉入液体时，排开一部分液体，并受到自下而上的等于所排开液体重量的浮力。当排开液体重量等于密度计本身的重量时，密度计处于平衡状态；液体石油产品密度越大，密度计处于平衡状态时直立得越高；反之，则沉入越深。当密度计量筒中的试样处于规定温度并达到平衡后，读取密度计刻度读数和试样温度，并按照《石油计量表》(GB/T 1885—1998)把观察到的密度计读数换算成标准密度。密度计法测定油品密度所用仪器有以下几种。

(1)玻璃密度计。玻璃制的密度计，应符合《石油密度计技术条件》(SH/T 0316—1998)的技术要求，如表5-1所示。

表5-1 密度计技术要求(SH/T 0316—1998)

型号	单位	密度范围	每支单位	刻度间隔	最大刻度误差	弯月面修正值
SY-02	kg/m^3 (20℃)	600~1100	20	0.2	±0.2	+0.3
SY-05		600~1100	50	0.5	±0.3	+0.7
SY-10		600~1100	50	1.0	±0.6	+1.4
SY-02	g/cm^3 (20℃)	0.600~1.100	0.02	0.0002	±0.0002	+0.0003
SY-05		0.600~1.100	0.05	0.0005	±0.0003	+0.0007
SY-10		0.600~1.100	0.05	0.0010	±0.0006	+0.0014

(2)密度计量筒。用于盛装密度实验试样的容器，由透明玻璃制成，形状为圆筒形。为了倾倒方便，密度计量筒上边缘应有一斜嘴。量筒内径至少比所用的密度计外径大25mm，量筒高度应能使密度计在试样中漂浮时，密度计底部与量筒底部的间距至少有25mm。

(3)温度计。一般有两种，一种是-20~102℃，最小分度值为0.2℃；一种是-1~38℃，最小分度值为0.1℃。应符合GB/T 514中编号GB-48，GB-68的技术要求。合适范围的其他全浸式，具有相等或更高精度的温度计也可使用。

(4)恒温浴。其尺寸大小应能容纳密度计量筒，使试样完全浸没在恒温浴液体表面以下，实验期间能使实验温度保持在±0.25℃以内。

(5)玻璃搅拌棒或其他搅拌棒。

5.1.2.2 U形振动管法

U形振动管法适用于在实验温度和实验压力下可处理为单相液体的石油化工产品，适用于任何蒸气压的液体，但要采取适当措施，确保样品在处理和测定期间始终为单相，同时没有轻组分的损失以及组成和密度的变化。U形振动管法测定油品密度所用仪器有以下几种：

(1)振动管密度计。经过校准，密度分辨率为±0.1kg/m^3或更高。

(2)循环恒温浴。能使循环液体的温度保持在要求温度的±0.05℃内。

(3)温度传感器。经过校准，能测量试样管的温度，精确到至少±0.10℃。

(4)均化器。适用于样品及样品容器，能使样品均匀，可用高速剪切器、静态混合器以及其他合适的形式。

5.1.2.3　比重瓶法

比重瓶法适用于在实验温度和实验压力下可处理为液体的石油化工产品的密度测量。其中，毛细管塞比重瓶不适用于初馏点低于40℃的液体；带刻度双毛细管比重瓶适用于除较黏稠产品以外的所有液体石油化工产品密度的精确测量，而且特别适用于只有少量样品的液体，但仅限实验温度下运动黏度不超过50mm/s的液体。比重瓶法测定油品密度所用仪器有以下几种：

(1)比重瓶。比重瓶是测量液体比重的玻璃器具，也包括可用于测定固体粉末的比重瓶。测定油品密度通常用毛细管塞比重瓶，该瓶有两种型号，如图5－1所示。

防护帽型比重瓶适用于除黏稠和固体产品外的所有样品，通常用于较易挥发的样品。防护帽可减少膨胀与挥发损失，这种形式的比重瓶可在低于室温的条件下用于测定液体样品的密度。

盖吕－萨克比重瓶适用于除较黏稠液体外的不易挥发的液体。

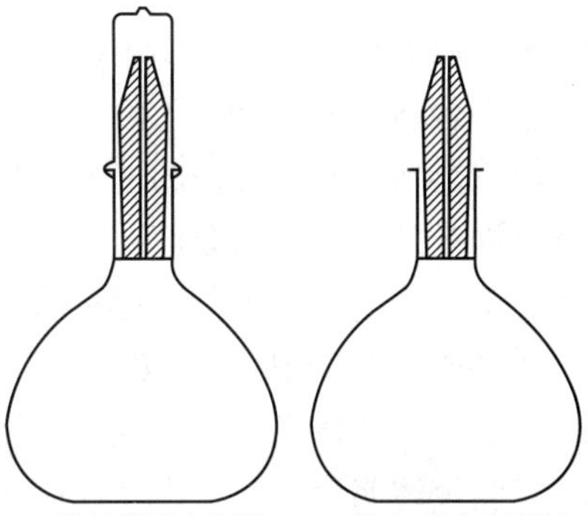

(a)防护帽型比重瓶　(b)盖吕－萨克比重瓶

图5－1　毛细管塞比重瓶

(2)恒温浴。水深在150mm以上，温度可控制在±0.05℃。

(3)浴用温度计。一般用0～50℃或50～100℃，最小分度值为0.1℃。应符合GB/T 514的技术要求，合适范围的其他全浸式，具有相等或更高精度的温度计也可使用。

(4)比重瓶支架。能垂直的支持比重瓶，使之位于恒温浴中合适的位置，用耐腐蚀的金属或其他材料制成。

(5)分析天平。感量不低于0.0001g。

以上所介绍的三种密度测量方法中，U形振动管法可以达到很高的准确度和精密度，但设备成本高；比重瓶法可以达到较高的准确度和精密度(低于U形振动管法)，适用性强，但测量速度慢；密度计法的准确度和精密度低于前两种方法，但可以满足于多数密度测量的需要，而且简单快速。测量油品密度时，可以根据精度要求、产品特性、实验条件或测量效率，选择一种合适的测量方法。

5.1.3　实验步骤

5.1.3.1　密度计法

方法概要：使试样处于规定温度，将其倒入温度大致相同的密度计量筒中，将合适的密度计放入已调好温度的试样中并静置。当温度达到平衡后，读取密度计的读数和试样温度，根据需要换算密度或标准密度。如果需要，可以将装有试样的密度计量筒放在恒温浴中，以避免测定期间温度的过大波动。

(1)试样准备

充分混合试样，使试样的轻组分损失最小，并保持样品的完整性。饱和蒸气压大于

50kPa 的轻质石油产品要在原来的容器和密闭系统中混合；含蜡原油在混合前，要把样品加热到能充分地流动，保证既无蜡析出，又不会引起轻组分损失。

(2)操作步骤

①在实验温度下把试样转移到温度稳定、清洁的密度计量筒中，避免试样飞溅和生成空气泡，并减少轻组分的挥发。用一片清洁的滤纸除去试样表面上形成的所有气泡。

②把装有试样的量筒垂直地放在没有空气流动的地方。在整个实验期间，环境温度变化应不大于2℃。当环境温度变化大于2℃时，应使用恒温浴，以免温度变化太大。用合适的温度计或搅拌棒作垂直旋转运动搅拌试样，使整个量筒中试样的密度和温度达到均匀。记录温度接近到0.1℃时从密度计量筒中取出温度计或搅拌棒。

③把合适的密度计放入液体中，达到平衡位置时放开。放开时要轻轻地转动一下密度计，使它能在离开量筒壁的地方静止下来自然漂浮。要有充分的时间让密度计静止，并让所有气泡升到表面，读数前要除去所有气泡。由于干管上多余的液体会影响读数，因此密度计干管液面以上的部分应尽量减少残留液，避免弄湿液面以上的干管。

④把密度计安到平衡点以下 1mm 或 2mm，并让它回到平衡位置，观察弯月面形状，如果弯月面形状改变，应清洗密度计干管，重复此项操作直到弯月面形状保持不变。

⑤测定透明液体，将密度计压入液体中约两个刻度，再放开。视线从稍低于液面的位置慢慢地升到表面，先看到一个不正的椭圆，然后变成一条与密度计刻度相切的直线，如图 5－2 所示，密度计读数为液体主液面与密度计刻度相切的那一点。

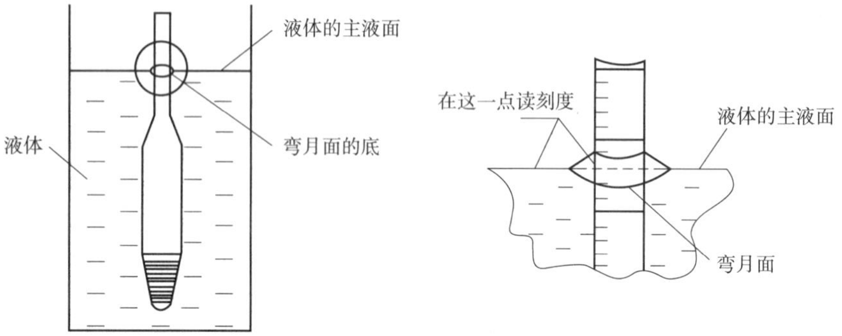

图 5－2　透明液体的密度计刻度读数

⑥测定不透明液体，要等待密度计慢慢地沉入液体中，使眼睛稍高于液面的位置观察，如图 5－3 所示。密度计读数为弯月面上缘与密度计刻度线的切点。

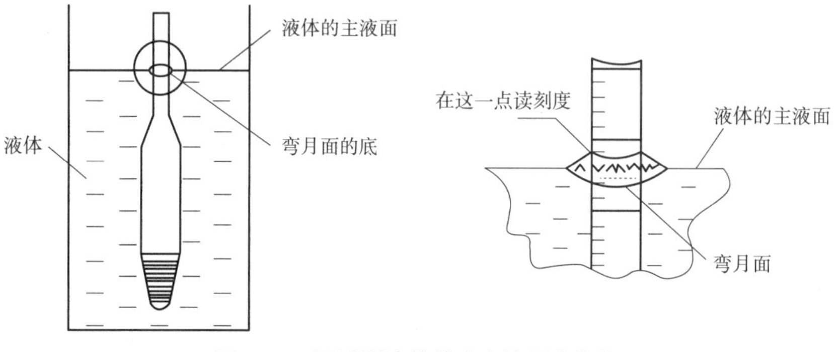

图 5－3　不透明液体的密度计刻度读数

⑦记录密度计读数后，立即小心地取出密度计，并用温度计垂直地搅拌试样使记录温度接近到0.1℃，如这个温度与开始实验温度相差大于0.5℃，应重新读取密度计和温度计读数，直到温度变化稳定在±0.5℃以内。如果不能得到稳定的温度，则把密度计量筒及其内容物放在恒温浴内，再从第②步重新操作。

⑧记录连续两次测定温度和对应视密度的结果。

(3)注意事项

①密度计量筒规格必须符合规范要求，否则会影响测定结果的准确度。

②密度计在使用前必须全部擦拭干净，擦拭后不要用手握最高分度线以下各部位，以免影响读数。在取(放)密度计时，切忌悬臂拿取密度计细端，以免折断密度计。

③测定前应事先消除试样内或其表面存在的气泡，否则会使结果偏小。

④将密度计浸入试样时，需轻轻放入，达到平衡位置时放开，在整个测定过程中不得与量筒擦壁。读数时视线必须与液体主液面或弯月面上边缘保持水平，并立即记录当时的温度。

5.1.3.2 U形振动管法

方法概要：把少量样品(一般少于1mL)注入可控制温度的试样管中，记录振动频率或周期，用事先得到的试样管常数计算试样的密度。试样管常数是用试样管充满已知密度标定液时的振动频率确定的。

(1)试样准备

样品制备应使轻组分损失最小。样品为无水或无沉淀物并具有充分流动性的石油化工产品时，应轻微晃动混合；样品为含水或沉淀物的石油化工产品时，应在原始容器中混合样品，采取必要措施使轻组分损失最小，样品为残渣石油化工产品时，应在混合前加热到充分流动状态。

(2)操作步骤

①清洗试样管。用洗涤溶剂清洁并干燥试样管，如果用水，则用与水互溶的洗涤溶剂冲洗后，再用清洁的干燥空气吹干。如果试样管出现有机沉淀物，可将过硫酸铵溶液注入试样管清洗，排除过硫酸铵溶液后，用水清洗，再用与水互溶的洗涤溶剂清洗，接着用清洁干燥的空气吹干。

②设定温度。将清洗后的试样管连接恒温浴，设定温度。样品密度应尽可能在标准温度下测定。如果密度计的试样管本身带有恒温器，则按制造厂说明书设置试样管温度到所要求的实验温度。否则，要另外连接恒温浴，使温度保持平衡。密度计试样管的温度和压力不要超过制造厂规定的工作范围。当使用恒温浴时，要保持循环液的清洁。

③添加样品。用合适的注射器或自动进样器把试样注入试样管中，按说明书中的要求充满试样管。

④当密度计显示的密度读数稳定在0.1kg/m^{3}或振动周期达到五位有效数字时，记录显示的数字和精确至0.1℃的试样管的温度。

⑤测试完成后，按步骤①清洁和干燥试样管。

(3)注意事项

①当试样管用环境空气充满时，检查密度计读数并与标定时达到的标准值比较。密度计读数应在标准值最小有效数字±1范围内。如果达不到，应重新清洗和干燥试样管，并

再次检查。如果读数仍然超差，应重新标定密度计。

②使用自动进样器时，要加倍进样或采用检查样品办法，以便检查由气泡产生的误差并监测系统性能。在任何阶段都不能使用虹吸样品的方法，以免造成轻组分的损失。样品应倒入注射器，然后注入试样管，或用自动进样器通过压力把样品压入仪器中。手工注射样品时，注射前打开试样管的照明灯，按仪器说明书中的要求边进样边检查试样管内是否有气泡，如果发现有气泡，则退空试样管，再次进样并重新检查气泡。检查完试样管以后应立即关闭照明灯，因为灯产生的热量会影响试样管的温度。

③测定黏稠液体的密度时，即使有空气或气泡存在，有时也会得到一个稳定读数。对于这些液体，应对试样管稍加压力，并重测密度。如果液体呈单相，由于加压而造成密度的漂移是很小的。另一方面，由于气体或空气泡的存在，当它们被压缩时会观察到密度值有很大的漂移，此时要重新进样。如果试样中含有很细的悬浮水滴，达到热平衡后，立即观察密度。

5.1.3.3 比重瓶法

毛细管塞比重瓶法概要：将试样装入比重瓶，恒温至测定温度，称出试样的质量。用这一质量除以在相同温度下预先测得的比重瓶中水的质量(水值)与其密度的比值，即可计算出试样的密度。

(1)比重瓶的准备

先清除比重瓶和塞子上的污染物，用铬酸洗液彻底清洗后再用水洗净，然后分别用蒸馏水、无水乙醇冲洗，最后用干燥的空气吹干。

(2)比重瓶的校准——比重瓶水值的测定(20℃)

①将比重瓶干燥后，冷却至室温，消除比重瓶上可能产生的静电。并称量(精确至0.0001g)，此质量即为空比重瓶质量(m_0)。

②用新煮沸并冷却至18℃左右的蒸馏水注满比重瓶，塞上毛细管塞，然后置于20℃±0.05℃的恒温水浴中，浸没至比重瓶颈中部，至少恒温1h。用滤纸片迅速擦去毛细管塞顶部多余的水分。如果用防护帽型比重瓶，则将防护帽牢牢地戴在毛细管塞上。

③将比重瓶从恒温水浴中取出，使比重瓶及内盛物冷却至稍低于恒温水浴的温度。用清洁、干燥的无毛布擦干比重瓶外壁并称量(精确至0.0001g)，得到装有水的比重瓶的质量(m_c)，其与空比重瓶的质量(m_0)之差即为比重瓶的水值。

④比重瓶水值应至少测定五次，其极差不应大于0.0005g，取算术平均值作为比重瓶的水值。

⑤如果需要测定其他温度(t_c)下的密度，则必须在所需温度下测定比重瓶的水值。

⑥比重瓶两年校正一次。

(3)操作步骤

①根据试样选择合适类型和大小的比重瓶，通常25mL和50mL最合适。称量干燥、清洁并测过水值的比重瓶。25mL或更大容量的比重瓶精确至0.0005g；较小容量的比重瓶精确至0.0001g。

②将试样注满比重瓶，放入恒温水浴中，浸没至比重瓶颈中部。比重瓶在恒温水浴中恒温20min，使其达到测定温度(t_t)，并使气泡升到液面。待液面不再变动时，塞上预先处于测定温度的毛细管塞，用滤纸擦去毛细管顶部多余的试样，使毛细管中的试样在塞顶

成弯月面。如用防护帽型比重瓶，则戴上防护帽。若液面仍有变动，则在恒温水浴中保持到液面稳定为止。

③将比重瓶从恒温水浴中取出，如果不是防护帽型比重瓶，则冷却到稍低于测定温度。如果测定温度高于室温，则冷却至室温。用清洁、干燥的无毛布擦去比重瓶外壁的水和试样后称量(精确至步骤①规定的精度)，得到装有试样的比重瓶质量(m_t)。

④对固体或半固体的试样，最好采用广口型比重瓶，加入半瓶试样，勿使瓶壁污浊。如试样为脆性固体(如沥青)，则将其粉碎或熔融后装入，然后用加热、抽空等方法除去气泡并冷却至20℃。然后将上述比重瓶称量至0.0002g，得到装有半瓶试样的比重瓶质量(m_1)。再用蒸馏水充满比重瓶，并放在20℃恒温水浴中，恒温时间不少于20min，待温度达到平衡，没有气泡，液面不再变动时，用滤纸吸去毛细管顶部过剩的水，取出比重瓶，仔细擦干其外部并称量至0.0002g，得到装有半瓶试样和水的比重瓶质量(m_2)。

(4)注意事项

①如果天平箱内没有静电消除器，可以对比重瓶呼气以消除静电，但要确保称量前比重瓶已恢复到恒定质量。以后的称量均需考虑消除静电。

②所有称量需在不超过5℃范围内进行，以限制空气密度的变化，从而获得最大的准确性。

5.1.4 实验结果及处理

5.1.4.1 密度计法

(1)计算

观察到的温度计读数做有关修正后，记录到接近0.1℃；对观察到的密度计读数作有关修正后，记录到0.1kg/m³(0.0001g/cm³)。由于密度计读数是按液体弯月面下缘检定的，对不透明液体，应按表5-1中给出的弯月面修正值对观察到的密度计读数作弯月面修正。

温度t下试样的密度ρ_t使用式(5-1)计算：

$$\rho_t = \rho_t' \times [1 - 0.000023(t-20) - 0.00000002\ (t-20)^2] \quad (5-1)$$

式中 t——试样的温度，单位为℃；

ρ_t——温度t下试样的视密度，kg/m³；

ρ_t'——温度t下试样的密度，kg/m³。

使用式(5-2)将测定温度下的密度换算到20℃下标准密度。

$$\rho_{20} = \rho_t + \gamma(t-20) \quad (5-2)$$

式中 γ——密度温度系数，可根据查表或由不同液体化工产品实测求得。

(2)精度

重复性：同一操作者用同一台仪器对同一种试样进行测定，所得连续测定结果之差不应超过0.0006g/cm³或0.6kg/m³(不透明液体)、0.0005g/cm³或0.5kg/m³(透明低黏度液体)。

再现性：不同操作者，在不同实验室对同一试样进行测定，所得两个独立的结果之差不应超过0.0015g/cm³或1.5kg/m³(不透明液体)、0.0012g/cm³或1.2kg/m³(透明低黏度液体)。应取2~3次重复性测定结果的算术平均值作为测定结果。

5.1.4.2 U形振动管法

(1)计算

如果密度计显示的是振动周期，根据观察到的试样管的振动周期，按仪器说明书计算样品的密度。标准温度下的密度可用式(5-2)计算。密度最终结果报告到0.1kg/m³或0.0001g/cm³，t℃。

(2)精度

重复性操作所得的连续测定结果之差不应超过0.0004g/cm³或0.4kg/m³(不透明液体)、0.0002g/cm³或0.2kg/m³(透明液体)；再现性操作所得连续测定结果之差不应超过0.0015g/cm³或1.5kg/m³(不透明液体)、0.0005g/cm³或0.5kg/m³(透明液体)。应取2~3次重复性测定结果的算术平均值作为测定结果。

5.1.4.3 比重瓶法

(1)计算

任一温度t_t下试样的密度：

当$t_t = t_c$时，按式(5-3)计算试样的密度ρ_t(kg/m³)：

$$\rho_t = \frac{(m_t - m_0)\rho_c}{(m_c - m_0)} + C \tag{5-3}$$

式中 t_c——比重瓶用水校准时的温度(参比温度20℃),℃；

m_0——空比重瓶在空气中的表观质量，g；

m_c——在校准温度t_c时，盛水比重瓶在空气中的表观质量，g；

m_t——在测定温度t_t时，盛液体试样比重瓶在空气中的表观质量，g；

C——空气浮力修正值(表5-2)，kg/m³；

ρ_c——校准温度t_c时水的密度，kg/m³；

ρ_t——测定温度下试样的密度，kg/m³。

当$t_t \neq t_c$时，按式(5-4)计算试样的密度ρ_t(kg/m³)：

$$\rho_t = \left[\frac{(m_t - m_0)\rho_c}{(m_c - m_0)} + C\right]\left[\frac{1}{1-\alpha(t_c - t_t)}\right] \tag{5-4}$$

式中 t_t——测定试样的温度,℃；

α——玻璃的体积膨胀系数(硼硅玻璃为10×10^{-6}℃$^{-1}$；钠钙玻璃为25×10^{-6}℃$^{-1}$，视比重瓶材质而定)。

采用广口型比重瓶的固体或半固体的试样，其20℃时的密度ρ_t(kg/m³)可按式(5-5)计算：

$$\rho_t = \frac{(m_1 - m_0)\rho_{20}}{m_{20} - (m_2 - m_1)} + C \tag{5-5}$$

式中 m_1——在20℃时，装有半瓶试样的比重瓶质量，g；

m_2——在20℃时，装有半瓶试样和水的比重瓶质量，g；

m_{20}——在20℃时，比重瓶的水值，g；

ρ_{20}——20℃时水的密度，kg/m³。

表 5－2　空气浮力修正值

$\frac{(m_t-m_0)\rho_c}{(m_c-m_0)}$	修正值 C/(kg/m³)	$\frac{(m_t-m_0)\rho_c}{(m_c-m_0)}$	修正值 C/(kg/m³)	$\frac{(m_t-m_0)\rho_c}{(m_c-m_0)}$	修正值 C/(kg/m³)	$\frac{(m_t-m_0)\rho_c}{(m_c-m_0)}$	修正值 C/(kg/m³)
0.60	0.48	0.70	0.36	0.80	0.24	0.90	0.12
0.61	0.47	0.71	0.35	0.81	0.23	0.91	0.11
0.62	0.46	0.72	0.34	0.82	0.22	0.92	0.10
0.63	0.44	0.73	0.32	0.83	0.20	0.93	0.08
0.64	0.43	0.74	0.31	0.84	0.19	0.94	0.07
0.65	0.42	0.75	0.30	0.85	0.18	0.95	0.06
0.66	0.41	0.76	0.29	0.86	0.17	0.96	0.05
0.67	0.40	0.77	0.28	0.87	0.16	0.97	0.04
0.68	0.38	0.78	0.26	0.88	0.14	0.98	0.02
0.69	0.37	0.79	0.25	0.89	0.13	0.99	0.01

(2)结果的修约

数值小于 1.00000g/cm³或 1000.00kg/m³时，一律修约到 5 位有效数字。数值等于或大于 1.00000g/cm³或 1000.00kg/m³时，修约到六位有效数字。

(3)精度

20℃下，液体石油产品的两次平行测定结果之差不应超过 0.0004g/cm³或 0.4kg/m³；固体或半固体石油产品的两次平行测定结果之差不应超过 0.0008g/cm³或 0.8kg/m³。应取两次测定结果的算术平均值作为测定结果。

5.1.5　分析思考题

(1)油品密度的测定有什么意义？

(2)为什么记下密度计读数后，应立即测定试样温度？

(3)为什么试样内或表面上不应存在气泡？

5.2　油品常压馏程测定实验

5.2.1　实验目的

(1)明确石油产品馏程、初馏点和干点的定义；

(2)学会使用石油产品馏程测定器，或采用电加热套、蒸馏烧瓶、冷凝管等组装实验仪器进行馏程的测定；

(3)了解测定石油产品馏程的不同方法，明确本实验采用恩氏蒸馏法测定直馏汽油的相关规定和具体操作；

(4)通过实验操作，学会大致判断油品中轻重组分的相对含量的方法。

5.2.2　实验原理

纯物质在一定外压下加热到某一温度时，其饱和蒸汽压等于外界压力，此温度称为沸点。当外压一定时，沸点是一个定值。石油及其产品是复杂的混合物，它的蒸汽压不仅受温度、压力影响，还随气化率变化而变化。在一定外压下，油品的沸点随气化率增大而不断升高，所以油品的沸点不是一个温度点，而是一个温度范围，这个温度范围称为馏程（或沸程）。石油和油品的馏程因测定仪器不同，其数值也有差别，因而测定馏程时必须严格按照国家标准/行业标准进行。

在油品质量标准和储运过程的质量控制指标中，通常采用简单的馏程测定法即恩氏蒸馏法。恩氏蒸馏法适用于测定馏分燃料，如天然汽油（稳定轻烃）轻质和中间馏分、发动机燃料、航空汽油、喷气燃料、柴油、煤油、石脑油以及石油溶剂油产品，但不适用于含有较多残留物的产品。恩氏蒸馏本质上是渐次汽化的结果，因而不能表征油品中各组分的实际沸点，但它能反映油品在给定条件下的汽化性能，而且简便易得，故广泛用于计算油品的部分性质参数，也是油品最基本的物性数据之一。由于恩氏蒸馏基本上没有精馏作用，油品中最轻组分的沸点低于初馏点，最重烃分子的沸点高于干点，所以馏程不代表油品的真实沸点范围，但因其简便且具有严格的条件性，所以被普遍用于油品馏程的相对比较或大致判断油品中轻重组分的相对含量。

石油产品馏程测定的原理是将100mL试样在规定仪器中按照规定馏出速度加热蒸馏，系统地观察并记录温度读数和冷凝物体积，根据测定数据算出测定结果。最先气化蒸馏出来的是一些沸点低的烃类分子，流出第一滴冷凝液时对应的气相温度称为初馏点。烃类分子按其沸点由低到高的顺序逐渐蒸出，气相温度也必然逐渐升高，馏出物的体积依次达到10%，20%，…，90%的相应气相温度，分别称为10%点，20%点，…，90%点，蒸馏到最后所能达到的最高温度点称为干点（汽油）或终馏点（煤、柴油）。初馏点到干点（终馏点）之间的温度范围称为馏程或沸程。停止蒸馏后，存于烧瓶内的残余油体积分数称为残留量。蒸馏过程中，因漏气、冷却等问题造成油品损失的量称为损失量，通常用100mL试样量减去馏出液和残留量的总体积。石油中的高沸点组分，在高温时容易分解，因此在蒸馏原油或较重油品时，一般不把全部油样蒸干，而是在气相温度达到300℃时即停止蒸馏，记下相应馏出油的数量。

5.2.3 实验装置

实验装置及各部分名称如图5－4所示。该装置的基本元件是蒸馏烧瓶、冷凝器和相连的冷凝浴、加热器及防护罩、温度计、接收量筒等。

5.2.4 实验步骤与方法

5.2.4.1 实验准备

（1）检查蒸馏烧瓶、温度测量装置和蒸馏烧瓶支板等仪器及材料是否齐全。

（2）用缠在细绳或细铁丝上的无绒软布或棉花擦拭冷凝管的内壁，将冷凝管内上次蒸馏的残留液体或空气中冷凝下来的水分除去。方法是将细铁丝未缠棉花的一端由冷凝管上端插入，当其从冷凝管下端穿出时，将细铁丝连同另一端缠的棉花一起拉出来。注意所缠的棉花要适量，太多会堵住管口拉不过来，太少则不能将内壁完全擦拭干净。

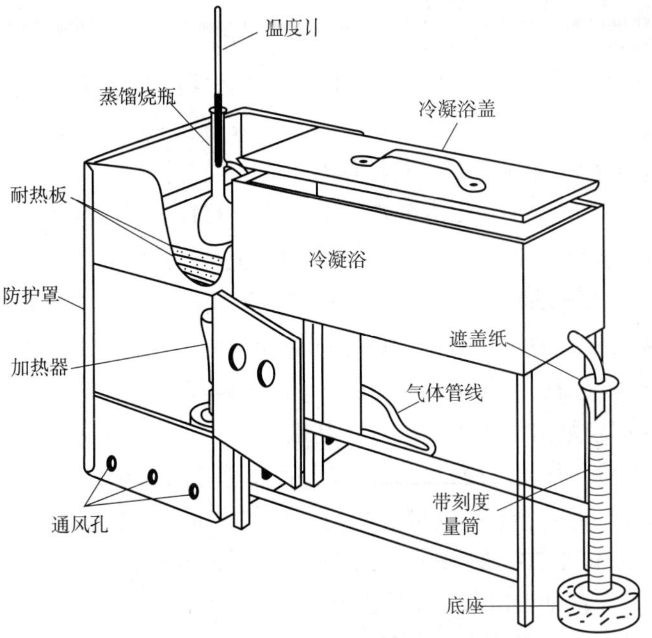

图5-4 石油产品馏程测定器示意图

(3)为保证油品蒸汽全部冷凝，需采取必要的措施，使冷凝浴和接收量筒的温度保持在规定的温度下。冷凝浴水槽中应装满冷水或加入冰块，蒸馏时水温须保持在0~5℃。接收量筒应浸没在一个冷却浴中，并使浸入液面至少达到量筒的100mL刻线，也可将整个接收量筒用空气循环室包围起来。

(4)在装样品前，蒸馏烧瓶必须洗净、干燥，如烧瓶底部有少量积炭，对蒸馏没有影响，并能防止爆沸，可不必清除积炭；积炭量较多时，可采取适当方法除去并干燥。接收量筒必须洗净、干燥，不能有任何残留物质。

(5)如果待测样品含水，首先应进行脱水处理。通常将含水样品与无水硫酸钠或其他适合的干燥剂一起振荡，用倾析法将样品从干燥剂中分离出来，以除去悬浮的水。

5.2.4.2 操作步骤

(1)将水箱下部进水支管的开关关上，然后在水槽中装满冰块，再加入冷水至排水支管的高度，使其温度保持在0~5℃。

注：测试其他油品时，水槽中的温度要求随油品的不同而有所不同。

(2)用100mL量筒量取20℃±3℃的试样100mL，体积按凹液面的下边缘计算。将试样注入蒸馏烧瓶中，此时应注意使蒸馏烧瓶的支管向上，以免试样从支管中流失。向蒸馏烧瓶中放入数粒无釉碎瓷片或封口的玻璃毛细管，以免蒸馏时产生突沸。

(3)在蒸馏烧瓶口塞上插有蒸馏用温度计的软木塞，使温度计与蒸馏烧瓶的轴心线重合，并使温度计水银球的上边缘与蒸馏烧瓶支管焊接处的下边缘在同一水平面上，注意温度计刻度朝向操作者。

(4)将装有试样的蒸馏烧瓶安放在一定孔径的垫板上。蒸馏烧瓶支管用胶塞或软木塞与冷凝管上端相接。调节蒸馏烧瓶使其处于直立的位置，并将蒸馏烧瓶支管伸到冷凝管内25~50mm。升高并调节蒸馏烧瓶支板使其紧紧地接触蒸馏烧瓶的底部。注意不要与冷凝管内壁相接触。安装时注意切勿折断支管。

注：测试不同油品时，所用垫板的孔径大小和形状有所不同。

(5)将先前量取过试样、未经干燥的接收量筒放入冷凝管末端下方已控温的冷却浴中。冷凝管的末端应位于接收量筒的中心位置，且伸入量筒中至少25mm，但不能低于量筒的100mL刻线，同时注意冷凝管下端不要接触量筒内壁，以便观察初馏的第一滴液体下落。量筒口部用棉花塞好，以减少轻组分的挥发并防止冷凝管上凝结的水珠落入量筒中。

(6)检查仪器安装合乎要求后，先记录大气压力，然后接上加热控制仪的电源，调节电流，开始加热，同时开动秒表记录时间。调节电流大小使加热能满足以下要求：从开始加热到落下第一滴馏出液的时间为5～10min。记录第一滴馏出液滴入量筒时蒸馏烧瓶上温度计指示的温度作为初馏点，并记录此时的时间。(假如第一次未能掌握好这一时间，应继续进行蒸馏，并记录数据，为第二次打好基础)。

(7)得到初馏点后，移动量筒，使其内壁与冷凝管下端接触，让冷凝液沿量筒壁流下，以便读取馏出液体积。此后，蒸馏速度要均匀，控制在每分钟馏出4～5mL(即每馏出10mL用2～2.5min，每10s馏出20～25滴)。如开始时馏出速度过快，可将电流适当调小，随着馏出物沸点不断升高逐渐加大电流。每馏出10%体积(即10mL)时记录一次温度和时间。

注：测试重柴油时，蒸馏速度要求有所不同。一般馏程测定都是测试馏出某体积分数时的温度，但也有要求测试在某温度时馏出的体积分数，根据所测试样的技术标准的要求确定即可。

(8)当馏出液达到80～90mL时，立即最后一次加大电流，要求在3～5min内达到干点，记录达到干点的时间和干点。干点定义为温度计的水银柱在继续加热的情况下停止上升而开始下降时的最高温度。到达干点后，立即停止加热，让冷凝管中液体流出5min后，记录量筒中的馏出液体积。记录以上各数据时，分别精确到0.5mL、1℃和1s。

注：实际工作中根据油品技术标准的要求，有的馏程测定不要求测得干点，而只要求测得终点即可(如馏出95%、96%、98%等)。此时对最后的加热速度要求和干点时有所不同，且因油品不同而有所差异。

(9)停止加热后，让蒸馏烧瓶冷却5min，然后将加热电炉降下离开蒸馏烧瓶、从冷凝管上卸下蒸馏烧瓶，取下瓶塞和温度计。将蒸馏烧瓶中的残留物倒入10mL的量筒中，待冷却到20℃±3℃时，记录残留物体积(精确至0.1mL)，蒸馏烧瓶支管中的液体也倒入这个量筒中。100mL试样减去馏出液和残留物的体积，所得差值就是蒸馏的损失量。

(10)将残留物倒入回收容器中。用馏出液涮洗蒸馏烧瓶和10mL量筒2～3次，并将涮洗液和剩余的馏出液分别倒入相应的回收容器中。将100mL和10mL量筒吹干待用。

(11)待加热电炉温度降至室温时，用另一个蒸馏烧瓶再重复做一次实验。

注：测定汽油试样时，当蒸气温度达到160℃时，有时会发现冷凝物突然形成不可溶的液体相，并且在温度测量装置上和蒸馏烧瓶的颈部堆积(起泡)。这种现象一般伴随蒸气温度的快速下降(大约3℃)和回收速率下降的现象出现，这可能是由于试样中有痕量水所致，一般会持续约10～30s，之后温度再次回升且冷凝物再次开始平稳地流动。这点通常俗称为“暂停点”。

5.2.5 实验结果及处理

(1)数据记录及处理

将温度读数修正到101.3kPa(760mmHg柱)的标准大气压下，每个温度读数的修正值可按式(5－6)计算修正值 C：

$$C = 0.0009(101.3 - p)(273 + t) \quad (5-6)$$

式中 p——实验时的大气压力，kPa；

t——温度计读数，℃。

将所得修正值对观测温度读数进行修正，并根据所使用的仪器，将结果修约至0.5℃或0.1℃，后续的计算和报告都应使用经过大气压修正的校正温度读数。

注：当产品的定义、规格或当事方协议中明确规定不需要进行大气压修正或修正值是基于其他基础气压时，温度读数不必修正到101.3kPa。

将实验数据及计算出的修正值记录至表5-3中。

表5-3 油品馏程测定结果记录表

	体积分数/%	初馏点	5	10	20	30	40	50	60	70	80	90	干点	回收体积
第一次	温度/℃													
	修正值/℃													
第二次	温度/℃													
	修正值/℃													

(2)绘制曲线

绘制馏出量体积—温度曲线。

5.2.6 分析思考题

(1)馏程的测定在生产和应用中有什么重要意义？

(2)影响馏程测定的主要因素有哪些？这些因素是如何影响测定结果的？

5.3 油品凝固点及倾点的测定

5.3.1 实验目的

(1)了解油品凝固点、倾点在油品生产、使用和储运中的意义；

(2)掌握油品凝固点、倾点的测定原理和方法。

5.3.2 实验原理

油品试样经预热后，按规定的速度冷却并每间隔3℃观察一次其流动特性，将观察到试样能够流动的最低温度记录为倾点。将油品试样装在规定的试管中，并冷却至预期温度，将试管倾斜至与水平成45°角静置1min(原油样品是将试管水平放置5s)，观察液面是否移动，以液面不移动时的最高温度作为试样的凝固点。倾点是用来衡量润滑油等低温流动性的常规指标，同一油品的倾点比凝固点略高几度，过去常用凝固点，国际通用倾点。

倾点或凝固点偏高，油品的低温流动性就差。一般可以根据油品倾点的高低，考虑在低温条件下运输、储存、收发时应该采取的措施，也可以用来评估某些油品的低温使用性能。石油产品是多种烃类的复杂混合物，每一种烃类都有它的凝固点，因此当温度降低时，油品并不会立即凝固，而是要经过一个稠化阶段，在相当宽的温度范围内逐渐凝固，所以同一个试样的倾点比凝固点约高 3 ~5℃左右。

反映低温流动性的凝固点及倾点主要和油品中馏分的轻重，尤其是化学组成有关。一般来说，馏分轻则凝固点低，馏分重则凝固点高，同时含蜡量的多少也起到决定性作用。对于含蜡量较高的油品，之所以在低温下会失去流动性，是因为高熔点的石蜡烃(除正构烃外，尚包含少量异构和环状烃)以针状或片状结晶析出，并互相黏结，形成三维网状结构，将低熔点油吸附并包于其中，致使整个油品丧失流动性。降低含蜡油品倾点的途径一般有两条：一是对基础油进行深度脱蜡，可以得到低倾点润滑油，这样油品的收率低，成本高，同时脱掉大量的正构烃，也有损油品的质量；二是进行适度的脱蜡后，再加降凝剂使之达到所要求的倾点。降凝剂不能阻止石蜡烃在低温下析出结晶，而是通过吸附或共晶作用，防止石蜡烃形成三维网状结晶而失去流动性。不同的润滑油对降凝剂有不同的感受性，加入量不足或过量都不能达到理想的降凝效果。

5.3.3 实验装置

5.3.3.1 凝固点测定装置

凝固点测定装置主要由以下几部分组成：

(1)试管：圆底、透明玻璃试管，高 160mm ±10mm，内径 20mm ±1mm，在距试管底部 30mm 处外壁上有一环形标线，作为装油量的界线，且有能够插温度计的塞子。

(2)套管：圆底玻璃套管，高 130mm ±10mm，内径 40mm ±2mm，能够将试管垂直固定于套管的中间位置。

(3)单个或多个冷却浴：冷却浴的温度应能控制在规定温度的 ±1℃之内，盛装冷却剂用的容器或其他合适的装置高度不低于 160mm，容积能满足使用需要。

(4)温度计或温度测量装置：水银温度计温度范围 -30 ~60℃，分度值 1℃，普通温度计温度范围 -30 ~100℃，分度值 1℃；

(5)支架：用于固定试管、套管和温度计。

5.3.3.2 倾点测定装置

倾点测定装置主要由以下几部分组成，如图 5 -5所示。

(1)试管：透明玻璃制，平底、圆筒状，内径 30.0 ~ 32.4mm，外径 33.2 ~ 34.8mm，高 115 ~125mm，壁厚不大于 1.6mm。距试管内底部 54mm ±3mm 处标有一条长刻线，表示内容物液面的高度。

(2)套管：玻璃或金属制，平底、圆筒状，内径 44.2 ~45.8mm，壁厚约 1mm，高 115mm ±3mm。套管在冷浴中应能维持直立位置，高出冷却介质不能超过 25mm。

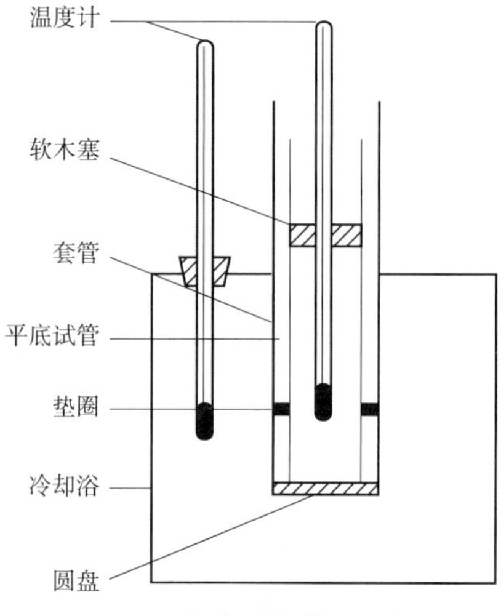

图 5 -5　倾点测定装置示意图

(3)温度计：局浸式，一般有 -38~50℃、-80~20℃、30~100℃三种。

(4)软木塞：与试管配套，中心带有插温度计的圆孔。

(5)单个或多个冷却浴：其类型应适合于达到本标准所规定的温度。冷浴的尺寸和形状是任意的，只要能把套管紧紧地固定在垂直的位置即可。温度应能控制在规定温度的 ±1.5℃之内。

(6)其他装置：圆盘、垫圈、计时器/秒表等。

5.3.4　实验步骤与方法

因原油与其他轻质石油产品的凝固点、倾点测定步骤与方法稍有不同，下面分别介绍其实验步骤与方法。

5.3.4.1　原油凝固点测定

(1)实验准备

①油样均匀化处理。首先将油样脱水处理(一般含水质量分数不超过0.5%)；然后将盛油样的容器放入水浴中进行适当加热，以使油样处于较好的流动状态，对油样进行搅拌，以保证油样充分均匀受热；最后分装到多个磨口瓶内。

②预热油样。将盛有油样的磨口瓶置于恒温水浴中，并把油样预热至50℃ ±1℃，或按测试要求预热油样。当要求的预热温度高于50℃时，应在恒温水浴中将油样加热至预热温度后，接通冷却水或打开制冷仪，静置冷却油样至50℃ ±1℃。在特定条件下，油样可不预热。

③调节凝固点温度计位置。将中央插有凝固点温度计的软木塞塞入试管口部，适当调节温度计的位置，使其垂直立于试管中央，并保持水银球离试管底部20mm ±2mm，然后从试管中取出带温度计的塞子备用。

④预热试管。把干燥、清洁的2~4支试管预热到50℃ ±1℃，若油样的预热温度低于50℃，则试管的预热温度应与油样的预热温度相同；若在现场或室内取样后立即测试，则应将试管预热至取样温度。

⑤配制冷却液。视预期凝固点的高低，可准备一个或多个冷却浴，第一级冷却浴的冷却液温度为25℃ ±2℃，以下各级冷却浴的温度逐级降低15℃，以使试样的冷却速度控制在0.5~1℃/min。

⑥套管安装。将套管垂直安装在预备好的冷却浴中，套管浸入冷却液的深度不应少于100mm。

(2)操作步骤

①将油样注入2~4支试管内至50mm ±3mm环形标线处，迅速将带凝固点温度计的塞子插入试管中，并使温度计垂直立于试管的中央。

②平稳、迅速地将盛有油样的试管放入冷却浴中的套管内，使其静置冷却。此时试样与冷却液的温差应在10~25℃之间。若试样与冷却液温差小于10℃，而试样仍未凝结，则应转移试管至下一级冷却浴中。转移试管时应连同套管整体转移，且避免晃动。若使用制冷仪冷却试样，应把试样的冷却速度控制在0.5~1℃/min的范围内。

③观测方法：当试样的温度已降至比预期凝固点高8℃时，即开始从套管中取出试管

使之微微倾斜，并观察液面是否有移动的迹象。若液面移动，则平稳、迅速地将试管放回到套管内继续冷却，取出和放回套管内的时间不应超过3s。以后油温每下降2℃观察一次，直到液面无移动的迹象时，立即将试管水平放置5s。如液面不发生移动，记录该温度为试样的凝固点。如果在5s内液面仍有移动迹象，则应平稳、迅速地将试管放回套管内，待再降温1℃或2℃后取出试管并水平放置5s。若液面已不移动，则该温度为凝固点。否则，应换试样重做实验，此时应将预期凝固点降低4℃。

5.3.4.2 石油产品凝固点测定

(1)实验准备

参考原油凝固点测定的步骤。

(2)操作步骤

①当试样温度达到50℃ ±1℃时，从水浴中取出装有试样和温度计的试管，擦干试管外壁将试管牢固地装入套管中，并保证试管外壁与套管内壁各点距离相等。

②将套管和试管组件垂直固定在支架上，并放在室温下静置，直至试样冷却至35℃ ±5℃，然后将此组件浸入准备好的冷却浴中。冷却浴的温度应比试样的预期凝固点低7～8℃。套管和试管组件浸入冷却剂的深度应不少于70mm。

③当试样温度冷却到预期的凝固点时，将浸在冷却浴中的套管和试管组件倾斜，倾斜至与水平成45°夹角，并保持1min，此时要求其中的试样仍要浸没在冷却剂内。从冷却浴中小心取出套管和试管组件，迅速用无水乙醇擦拭套管外壁并垂直放置，透过套管观察试管内液面是否有移动的迹象。

注：当测定凝固点低于0℃的试样时，为了便于观察，实验前可在套管底部注入1～2mL无水乙醇。

④若试样液面位置有移动，从套管中取出试管，并将试管重新预热至试样达到50℃ ±1℃，然后用比上次实验温度低4℃或其他更低的温度重新进行测定，直至某实验温度能使试样液面停止移动为止。

注：实验温度低于 –20℃时，重新测定前将装有试样和温度计的试管放在室温中，待试样温度升到 –20℃，再将试管浸在水浴中加热。

若试样液面的位置没有移动，从套管中取出试管，并将试管重新预热至试样达到50℃ ±1℃，然后用比上次实验温度高4℃或其他更高的温度重新进行测定，直至某实验温度能使试样液面有移动为止。

⑤找出凝固点的温度范围(即液面位置从移动到不移动或从不移动到移动的温度范围)之后，选择比试样能够移动的温度低2℃，或比试样不能移动的温度高2℃，重新进行实验。如此重复实验，直至确定某实验温度能使试样液面停止移动而升高2℃试样液面又能够移动时，取试样液面不移动的温度，作为试样的凝固点。

⑥如果需要检查试样的凝固点是否符合规格值，应在比规格值高1℃的条件下进行实验，此时若试样液面能够移动，则认为试样的凝固点符合规格值。

5.3.4.3 原油倾点测定

(1)样品准备。应保证样品中微量高熔点蜡全部熔化。易挥发样品不能通过加热使高熔点蜡完全熔化时，需先进行处理，保证高熔点蜡均匀悬浮在样品中。检查样品储存容器内壁，确保未粘存高熔点物质。

(2)将试样倒入试管中至刻线处。如有必要，试样可先在水浴中加热到至少高于预期倾点 20℃，但不高于 60℃，再倒入试管内。

(3)立即用插有倾点温度计的软木塞塞住试管。如果试样的预期倾点高于 36℃，需使用熔点用温度计。调整软木塞和温度计的位置，使软木塞紧紧塞住试管，且温度计和试管在同一轴线上。让试样浸没温度计水银球，使温度计的毛细管起点浸在试样液面下 3mm 的位置。

(4)将装有试样的试管在室温下放置至少 24h。

(5)将试管中的试样进行预处理：如果预计倾点高于 36℃，保持水浴温度高于预计倾点 12℃，将试样加热到高于预计倾点 9℃；如果预计倾点低于 36℃，保持水浴温度为 48℃ ±1℃，将试样加热到 45℃ ±1℃。

(6)当试样加热到(5)要求的温度时，立即将带有温度计的软木塞打开，用搅拌棒轻轻搅拌试样，然后按(3)的要求将软木塞放回原来的位置并塞紧。

(7)将圆盘置于套管的底部。圆盘和套管在冷却介质中至少放置 10min，空套管冷却过程中可使用套管盖。将试管从水浴中取出并用布擦干。垫圈套在距试管中试样液面下 25mm 处。将试管放入温度保持在 21℃的第一个冷浴中的套管内并开始观察。不可将试管直接放在冷却介质中。不应扰动试样整体，温度计不得在试样中移动。

(8)当试样温度达到预计倾点以上 9℃(估算为 3℃的倍数)时开始检查试样。从套管中取出试管，倾斜试管直至看出试管中的试样是否发生流动。当观察到试样发生流动时，立即将试管放回套管。取出及放回的操作应在 3s 内完成。以后每间隔 3℃检查一次。如试管外壁有潮气影响观察时，可用沾有酒精的干净布擦拭试管表面后观察。取出擦拭及放回的操作应在 3s 内完成。

(9)如果试样温度达到 30℃时仍发生流动，则将试管转移至下一级更低温度的冷浴中，按以下条件选择冷浴：

①试样温度达到 30℃，移到 0℃冷浴中；

②试样温度达到 9℃，移到 -18℃冷浴中；

③试样温度达到 -9℃，移到 -33℃冷浴中；.

④试样温度达到 -24℃，移到 -51℃冷浴中。

(10)当倾斜试管而试样不发生流动时，立即将试管保持水平状态 5s(用秒表计时)，并仔细观察试样液面。如果在这 5s 期间试样发生任何流动，立即更换新试样，并从步骤(1)开始重新操作，并在下一观察温度(降低 3℃时)重复进行实验。

(11)连续实验后，若试管保持水平 5s 而试样不发生流动时，记录此时的温度数据。如果试样达到 -36℃时仍发生流动，应停止实验，并记录温度值为倾点≤ -36℃。

(12)按照步骤操作完成后，将记录的温度值再加上 3℃，作为试样的倾点数据。

5.3.4.4 石油产品倾点测定

(1)将清洁试样倒入试管中至刻线处。如有必要，试样可先在水浴中加热至流动，再倒入试管内。在实验前 24h 内曾被加热超过 45℃的样品，或不知其受热经历的样品，均需在室温下放置 24h 后，方可进行实验。

(2)用插有温度计的软木塞塞住试管，如果试样的预期倾点高于 36℃，使用熔点用温度计。调整软木塞和温度计的位置，使软木塞紧紧塞住试管，且温度计和试管在同一轴线上。让试样浸没温度计水银球，使温度计的毛细管起点浸在试样液面下 3mm 的位置。

(3)将试管中的试样进行预处理：

①倾点高于 -33℃的试样应按下述方法处理：

a. 将试样在不搅拌的情况下，放入已保持在高于预期倾点 12℃，但至少是 48℃的浴中，将试样加热到 45℃ ±1℃或高于预期倾点 9℃(选择较高者)。将试管转移到已维持在 24℃ ±1.5℃的浴中。

b. 当试样达到高于预期倾点 9℃(估算为 3℃的倍数)时，应按步骤(5)规定开始检查试样的流动性。

c. 如果当试样温度已达到 27℃时仍能流动，则小心地从浴中取出试管，用一块清洁且沾有擦拭液的布擦试管外表面，然后将试管按步骤(4)规定放在 0℃的浴中。按步骤(5)观察试样的流动性，并按步骤(6)进行冷却。

②倾点为 -33℃和低于 -33℃的试样应按下述方法处理：

a. 试样在不搅动的情况下在 48℃浴中加热至 45℃，然后将其放在 6℃ ±1.5℃浴中冷却至 15℃。

b. 当试样温度达到 15℃时，小心地从水浴中取出试管，用一块清洁的、沾有擦拭液的布擦拭试管外表面，然后取下高浊点和高倾点用温度计，换上低浊点和低倾点用温度计。按步骤(4)规定将试管放在 0℃浴中，再按步骤(6)规定的步骤依次将试管转移到各低温浴中。

c. 当试样温度达到高于预期倾点 9℃时，按步骤(5)观察试样的流动性。

(4)要保证圆盘、垫圈和套管的内壁是清洁和干燥的，并将圆盘放在套管的底部。在插入试管前，圆盘和套管应放入冷却介质中至少 10min。将垫圈放在试管的外壁，离底部约 25mm，并将试管插入套管。除 24℃和 6℃浴之外，其余情况都不能将试管直接放入冷却介质中。

(5)观察试样的流动性：

①从第一次观察温度开始，每降低 3℃都应将试管从浴或套管中取出(根据实际使用情况)，将试管充分地倾斜以确定试样是否流动。取出试管、观察试样流动性和试管返回到浴中的全部操作要求不超过 3s。

②从第一次观察试样的流动性开始，温度每降低 3℃，都应观察试样的流动性。要特别注意不能搅动试样中的块状物，也不能在试样冷却至足以形成石蜡结晶后移动温度计，因为搅动石蜡中的多孔网状结晶物会导致偏低或错误的结果。

注：在低温时，冷凝的水雾会妨碍观察，可以用一块清洁的布蘸与冷浴温度接近的擦拭液擦拭试管以除去外表面的水雾。

③当试管倾斜而试样不流动时，应立即将试管放置于水平位置 5s(用计时器测量)，并仔细观察试样表面。如果试样出现任何移动，应立即将试管放回浴或套管中(根据实际使用情况)，待再降低 3℃时，重新观察试样的流动性。.

④按此方式继续操作，直至将试管置于水平位置 5s，试管中的试样不移动，记录此时观察到的温度计读数。

(6)如果温度达到 9℃时试样仍在流动，则将试管转移到下一个更低温度的浴中，并按下述程序在 -6℃、-24℃和 -42℃时进行同样的转移。

①试样温度达到 9℃，移到 -18℃冷浴中；

②试样温度达到 -6℃，移到 -33℃冷浴中；

③试样温度达到 -24℃，移到 -51℃冷浴中；

④试样温度达到 -42℃，移到 -69℃冷浴中。

(7)对于测定那些倾点规格值不是3℃的倍数的油品，可按下述规定进行测定。从试样温度高于倾点规格值9℃时开始检查试样的流动性，然后按(5)和(6)所述步骤以3℃的间隔观察试样，直到试样的规格值。报告试样通过或不通过规格值。

(8)按照步骤操作完成后，将记录的温度值再加上3℃，作为试样的倾点数据。

5.3.5　实验结果及处理

将两次重复实验测定取的平均值作为所测油品的凝固点或倾点结果，如表5-4所示进行报告。

表5-4　油品凝固点、倾点测定结果数据记录表

油品类别或名称	凝固点/℃			倾点/℃		
	第一次	第二次	平均值	第一次	第二次	平均值

测定结果要求：

(1)原油凝固点：重复性测试结果不大于2℃，再现性测试结果不大于3℃；

(2)石油产品凝固点：重复性测试结果不大于2℃，再现性测试结果不大于4℃；

(3)原油倾点：重复性测试结果不大于3℃(6℃)，再现性测试结果不大于18℃(22℃)；

(4)石油产品倾点：重复性测试结果不大于3℃，再现性测试结果不大于6℃。

注：①重复性，在同一实验室，同一操作者，使用同一设备，对同一个油样进行重复测定；

②再现性，在不同的实验室，使用不同设备，由不同操作者对同一个油样进行重复测定。

5.3.6　分析思考题

(1)为什么试样必须先脱水？

(2)凝固点、倾点的测定有什么实际意义？

(3)凝固点测定时如果冷却速度过快，会影响测试结果吗？为什么？

(4)为什么在凝固点测定时要规定预热温度？

(5)简述油品在低温下失去流动性的原因及与油品化学组成的关系。

5.4　油品冷滤点、冰点、浊点、结晶点的测定

5.4.1　实验目的

(1)了解并掌握油冷滤点、冰点、浊点、结晶点的概念；

(2)了解油品组成对冷滤点、冰点、浊点、结晶点的影响；

(3)掌握油品冷滤点、冰点、浊点、结晶点的测定原理和方法。

5.4.2 实验原理

冷滤点、冰点、浊点、结晶点都是表征轻质石油产品低温性能的重要质量指标。冷滤点和浊点主要用于柴油、灯用煤油、民用取暖油等，冰点和结晶点主要用于喷气燃料和航空燃料。

石油产品试样在规定条件下冷却，当试样不能流过过滤器，或20mL试样流过过滤器的时间大于60s，或试样不能完全流回试杯时的最高温度，即为冷滤点。当清澈的液体石油产品由于蜡晶体出现而首次呈雾状或浑浊时的最高温度，即为浊点。当能用肉眼看出试样有蜡结晶出现时的最高温度，即为结晶点。当试样经过冷却形成固态烃类结晶后，再继续升温使烃类结晶消失时的最低温度，即为冰点。

由于石油产品是混合物而不是单一分子的化合物，因而冷滤点、冰点、浊点、结晶点并不固定，大都是基于条件性实验进行测定、对比。利用这些指标可以表征油品低温性能在于：一方面油品中存在有易结晶的固态烃类(石蜡)，这些蜡在温度降低时，依靠分子引力联结起来形成结晶网，把液态烃(油)包在里面，阻止油品流动，如石蜡基原油生产的喷气燃料，往往浊点、结晶点和冰点较高，这是由于固体石蜡在低温下易析出结晶的缘故；另一方面，油品中存在微量的溶解水，油品中溶解水分的数量取决于油品的化学组成和温度，芳香烃吸水性强，烷烃、烯烃和环烷烃的吸水性小，温度越高，吸水性也越强，油品相对分子质量增大，其吸水性就降低，若油品中溶解水分越多，其浊点、结晶点和冰点也就越高。

5.4.3 实验装置

5.4.3.1 冷滤点测定装置

冷滤点测定所用装置示意图如图5-6所示，主要包括以下几部分：

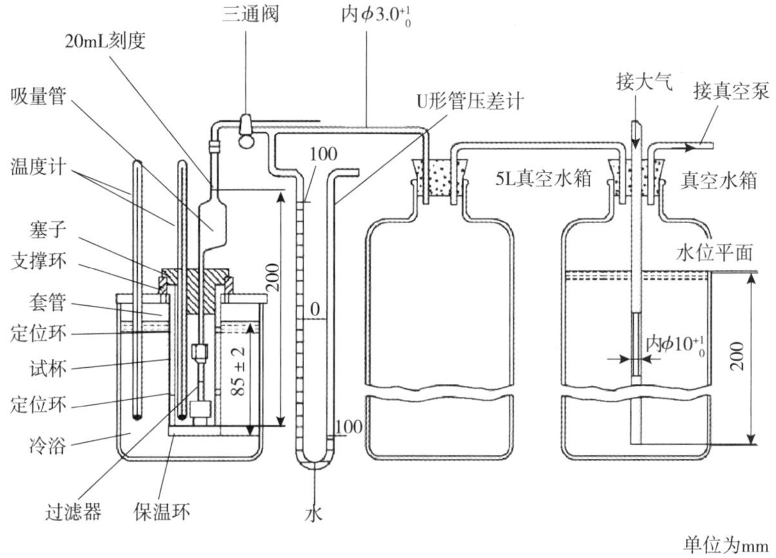

图5-6 冷滤点测定装置示意图

(1)试杯：透明玻璃制，平底筒形，内径31.5mm±0.5mm，壁厚1.25mm±0.25mm，高120mm±5mm，在试杯的45mL处有水平刻线。

(2)套管：黄铜制，平底筒形、防水，可用作空气浴。内径45mm±0.25mm，外径48mm±0.25mm，高115mm±3mm。

(3)保温环：由耐油塑料或其他合适材料制成，放在套管的底部，起保温作用。保温环的外径应与套管内径吻合，厚度为603mm。

(4)定位环(两个)：由耐油塑料或其他合适材料制成，厚约5mm，按图5－6所示放置，环绕在试杯周围。定位环应紧卡住试杯，而又正好放进套管。为便于套在试杯上，定位环是不闭合的，应有2mm环形空隙，以适应试杯直径的变化。

(5)支撑环：由耐油塑料或其他合适的、无吸附性、耐油非金属材料制成。支撑环置于冷浴中合适位置垂直、稳定地悬挂在套管之外，且塞子应放在中心位置。其他满足冷浴要求的支撑环也可使用。

(6)塞子：由耐油塑料或其他合适的、无吸附性、耐油非金属材料制成。塞子上有三个孔，其中两个孔分别插入吸量管和温度计，另一个孔用于保持系统的压力平衡。当使用高范围温度计(玻璃温度计)时，如需要可在塞子的上部做一凹槽，以便读取－30℃时的温度读数。在安插温度计的塞孔上装入一个金属弹簧夹，以固定温度计。

(7)吸量管与过滤器组成：透明玻璃制吸量管，在距吸量管底部149mm±0.5mm处应有标记刻线(能容纳20mL±0.2mL体积的试样)，吸量管应与过滤器相连。过滤器：各部件均为黄铜制，有带有滤网的黄铜螺纹壳体，壳体中心管内径为4mm±0.1mm；滤网为平纹编织的不锈钢金属丝编织网，直径15mm，网孔尺寸为45μm，金属丝的直径为32μm；过滤器有上部分与吸量管连接，下部分与滤网连接的黄铜螺帽。

(8)玻璃三通阀：带直径3mm的双向倾斜孔，分别与吸量管上部、抽空系统及大气连通。

(9)冷浴：任何类型的冷浴均可使用，但应有适宜的形状和尺寸以保证套管能在要求的位置垂直固定，并配有一个带单孔或多孔的盖子，以放置支撑环，套管可永久地固定在盖子上。

(10)抽真空系统：由U形管压差计、真空水箱、真空泵组成的抽真空系统。

(11)温度计：－38～50℃的温度计，用于测定冷滤点不低于－30℃的样品；－80～20℃的温度计，用于测定冷滤点低于－30℃的样品。

5.4.3.2 冰点测定装置

冰点测定所用装置示意图如图5－7所示，主要包括以下几部分：

(1)双壁玻璃试管：一个双壁没有镀银的容器，类似于杜瓦瓶，在内外管之间的空间充满干燥的常压氮气或空气。管口用装有温度计和防潮管(或压帽)的塞子塞住，搅拌器通过此防潮管，如图5－7所示。

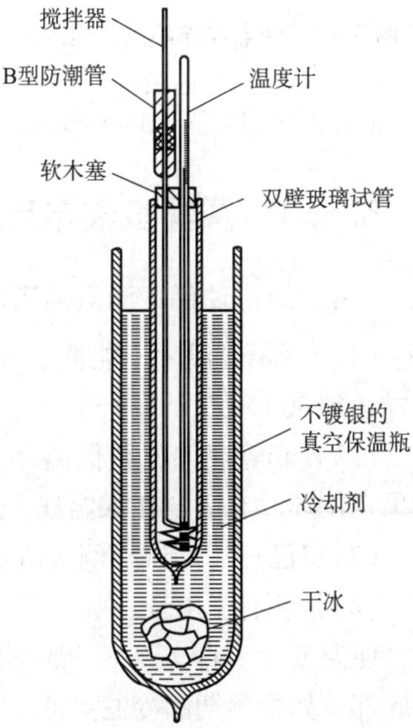

图5－7　冰点测定装置示意图

(2)搅拌器：直径为1.6mm的黄铜棒，下端弯成平滑的三圈螺旋状。

(3)真空保温瓶：不镀银的真空保温瓶，能盛放足够量的冷却剂，以使双壁玻璃试管浸入到规定的深度。

(4)温度计：全浸式温度范围 -80 ~20℃，最小分度0.5℃。

(5)防潮管：主要是防止湿气凝结，或用压帽。压帽紧密地插入软木塞内，用脱脂棉填充黄铜管和搅拌器之间的空隙。

5.4.3.3 浊点和结晶点测定装置

浊点和结晶点测定所用装置示意图如图5-8所示，主要包括以下几部分：

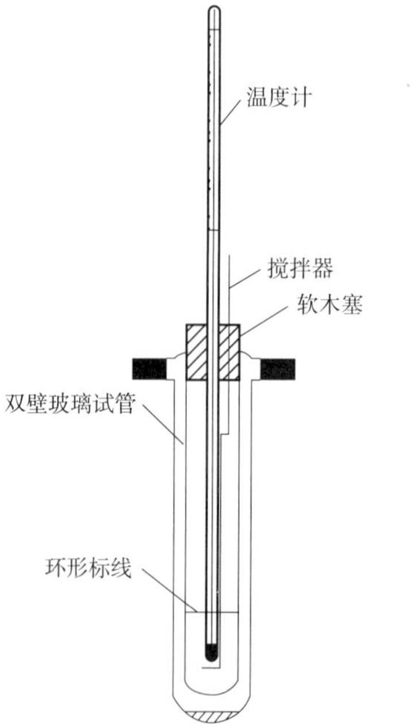

图5-8 浊点和结晶点测定装置示意图

(1)试管：内径为25 ~33mm、外径为35 ~43mm的双壁玻璃试管，且试管内壁距底部40mm处刻有环形标线。试管的上端带两条支管，支管可以是封闭的，也可以是敞开的。使用支管敞开的试管时，为防止试管夹层内凝结水滴，可向试管夹层内注入0.5 ~1.0mL的无水乙醇。

(2)搅拌器：如图5-8所示，不锈钢、铝或玻璃制的手动或机械搅拌器，也可以使用电磁搅拌器。手动或机械搅拌器应带有一个突出的弯角，防止上下搅动时搅拌器下部升到试样液面之上。

(3)冷却容器：高度不低于200mm、直径不小于120mm、带保温层的圆柱形容器。容器盖子(木制或泡沫塑料制)上有几个开孔，可分别用于放置试管、温度计和投入干冰。建议使用合适的保温容器(如广口保温瓶或圆桶形容器)作为盛装冷却剂的容器，放在垫有棉花的瓷杯或专用木制托架上，也可以使用半导体制冷器。

(4)温度计：-80 ~60℃或 -60 ~60℃的低温温度计，分度值为1℃。

5.4.4 实验步骤与方法

5.4.4.1 油品冷滤点的测定

(1)室温下(温度不能低于15℃)将约50mL的试样在干燥的滤纸上过滤。实验前，使试样达到30℃ ±5℃。

(2)在套管底部放置保温环，在保温环放入套管前，检查并确保套管中没有水或冰。如果定位环没有固定在保温环上，则应在距试杯底部15 ~75mm处放置定位环。

(3)将已过滤的试样倒入清洁、干燥的试杯中至刻线处。

(4)将装有温度计、吸量管(已预先与过滤器连接)的塞子塞入盛有45mL试样的试杯中，使温度计垂直，温度计底部应距离试杯底部1.5mm ±0.2mm，过滤器也应垂直放于试杯底部。如果预期的冷滤点低于 -30℃，使用玻璃温度计时，应使用低范围温度计，实验期间不能更换温度计。小心操作确保温度计不与试杯壁或过滤器相接触。

(5)当试样温度达到30℃ ±5℃时，打开套管口的塞子，将准备好的试杯垂直置于已冷却到 -34℃ ±0.5℃冷浴中的套管内，如果套管不能全部放入冷浴中，则套管应垂直置于冷浴中85mm ±2mm 处。

(6)将真空系统与吸量管上的三通阀用软管连接好。进行测定前，不要将吸量管与抽真空系统连接。接通抽真空系统，调节空气流速为15L/h，U形管水位压差计应稳定指示压差为2kPa ±0.05kPa(200mmH_2O ±1mmH_2O)。

(7)试杯放入套管后，当实验温度达到整数值时，可开始实验，但如果已知试样的浊点，则最好将试样直接冷却到浊点以上5℃，当试样温度达到合适的整数度时，转动三通阀，开始进行实验。试样通过过滤器进入吸量管进行抽吸，同时开始计时。当试样达到吸量管刻度标记时，停止计时并旋转三通阀到初始的位置，使吸量管与大气相通，试样自然流回试杯。

(8)如果第一次过滤达到吸量管刻度标记的时间超过60s，则放弃本次实验，在一个稍高温度下，重复前面的实验。

(9)试样温度每降低1℃，重复操作，直到60s内吸量管不能吸入20mL试样为止。将最后一次过滤开始时的温度记为试样的冷滤点。少数样品可能会出现不规律的吸入现象，即实验记录的吸入时间(20mL试样吸入吸量管的时间)意外地缩短了，而继续实验又会出现吸入时间继续递增，直至达到60s极限的情况。

(10)当试样温度降到 -20℃时，若还未达到其冷滤点，则应将试杯迅速转移到 -51℃ ±1℃的冷浴中继续实验，或将制冷装置调整到 -51℃ ±1℃。试样温度每降低1℃，重复步骤(7)操作。

(11)当试样温度降到 -35℃时，若还未达到其冷滤点，则应将试杯迅速转移到 -67℃ ±2℃的冷浴中继续实验，或将制冷装置调整到 -67℃ ±2℃。试样温度每降低1℃，重复步骤(7)操作。若试样温度降到 -51℃时还未达到其冷滤点，则应停止实验并报告结果为“ -51℃时未堵塞”。

(12)按照步骤(9)(10)(11)冷却后，如果20mL试样充满吸量管刻度标记处所用时间小于60s，但在旋转三通阀到初始位置时，吸量管中的试样不能全部自然流回试杯中，将本次过滤开始时的温度记为试样的冷滤点。

5.4.4.2 油品冰点的测定

(1)量取25mL ±1mL试样倒入清洁、干燥的双壁玻璃试管中。用带有搅拌器、温度计和防潮管(或压帽)的软木塞塞紧双壁玻璃试管，调节温度计位置，感温泡不要触壁，并位于双壁玻璃试管的中心，温度计的感温泡距离双壁玻璃试管底部10~15mm。

注：在实验过程中，会出现双壁玻璃试管中的试样浸在冷却剂中形成的气泡干扰观测以及试样的结晶会以各种各样的形式出现而难以辨认的情况。本实验要求实验室里光线明亮，以免有些结晶很模糊，光线不充足时很难观察到。

(2)夹紧双壁玻璃试管，使其尽可能深的浸入盛有冷却剂的真空保温瓶内(警告：易内爆)。试样液面应在冷却剂液面下约15~20mm处。除非采用机械制冷来冷却，否则，在整个实验期间都需要不断添加干冰，以保持真空保温瓶中冷却剂的液面高度。

注：冷却剂可以采用丙酮、乙醇或异丙醇，但所有试剂都要小心处理。对燃料冰点低于 -65℃的试样，液氮也可以替代干冰用作冷却剂，也可以使用机械制冷。

(3)除观察时，整个实验期间要连续不断地搅拌试样，以1~1.5次/s的速度上下移动搅拌器，并要注意搅拌器的铜圈向下时不要触及双壁玻璃试管底部，向上时要保持在试样液面之下。在进行某些步骤的操作时，允许瞬间停止搅拌，不断观察试样，以便发现烃类结晶。由于有水存在的缘故，当温度降至接近-10℃时，会出现云状物，若继续降温时云状物不增加，可以不考虑此类云状物。当试样中开始出现肉眼能看见的晶体时，记录烃类结晶出现的温度。从冷却剂中移走双壁玻璃试管，允许试样在室温下继续升温，同时仍以1~1.5次/s的速度进行搅拌，继续观察试样，直到烃类结晶消失，记录烃类晶体完全消失时的温度。

注：①因为冷却剂释放的气体可能有碍视线，可将双壁玻璃试管从冷却剂中移出以便观察。双壁玻璃试管移出的时间不超过10s，如果结晶已经形成，记录这个温度。允许试样在室温下搅拌升温，温度应升至比晶体消失温度高至少5℃，然后将此试样重新浸入冷却剂中冷却。在略高于此温度时移出试样，观察结晶点。

②建议将结晶出现温度与结晶消失温度相比较。结晶出现的温度应低于结晶消失的温度。否则，说明结晶没有被正确观察识别，这两个温度之差一般不大于6℃。

5.4.4.3 油品浊点、结晶点的测定

(1)未脱水试样浊点、结晶点的测定

①振荡、混匀保存在密封容器中的试样，准备两支清洁、干燥的双壁试管。

②将准备好的试样装入两支试管至标记线处，其中一支试管用带有温度计和搅拌器的橡胶塞塞上试管口，并调整温度计，使其位于试管中心，温度计底部与内管底部距离在15mm左右；另一支作为标准参照物。

③开始降低冷却容器中冷却剂的温度至低于试样预期浊点15℃±2℃，将装有试样的第一支试管通过盖上的孔口插入冷剂保温瓶或容器中。容器中所加制冷剂的液面必须比试管中的试样液面高30~40mm。

④冷却过程中应用搅拌器以60~200次/min的速度来搅拌试样(搅拌器从下降到试管底部到提起至试样液面为一次搅拌)。手动搅拌时，连续搅拌时间应不少于20s，搅拌中断时间不应超过15s。

⑤浊点的测定。当试样温度达到试样预期浊点前5℃时，把试管从冷却容器中取出，迅速放入装有工业乙醇的烧杯中浸一下，然后直接与用作参照物的试管并排放在试管架上进行对比，观察试样的状态。每次观察操作的时间，即从冷却容器中取出试管的瞬间起至把试管放回冷却容器时的一瞬间止，不应超过12s。与用作参照物的试管对比，如果试样未发生变化或有轻微变化，但继续降低温度时，此变化不再加重，则认为未达到试样的浊点，应重新将试管放回冷却容器中继续降温。温度每降低1℃观察一次试样的状态，并与用作参照物的试管进行对比，直至试样开始呈现浑浊为止。试样开始出现浑浊时，将此温度记作试样的浊点。

⑥结晶点的测定：在测定浊点之后，继续降低冷却剂的温度直至低于试样预期结晶点15℃±2℃，冷却过程中应按照步骤④的规定搅拌试样。当试样温度达到试样预期结晶点前5℃时，把试管从冷却容器中取出，迅速放入装有工业乙醇的烧杯中浸一下，然后直接与用作参照物的试管并排放在试管架上，进行对比，观察试样的状态。如果试样中未呈现晶体，应重新将试管放回冷却容器中。温度每降低1℃观察一次试样的状态，每次观

察操作的时间不应超过 12s。试样中开始出现肉眼可见的晶体时，将此温度记作试样的结晶点。

⑦未脱水试样浊点和结晶点的测定要求进行重复实验。即要从同一容器中抽取第二次实验用的新试样(两次测定期间试样应保存在相同温度下)，要求使用清洁、干燥的试管来进行第二次实验。

(2)脱水试样浊点、结晶点的测定

①将待测试样用干燥的滤纸过滤，若试样中含有水，首先需进行脱水。可在试管中加入新煅烧过的粉状硫酸钠或粒状氯化钙，振荡 10～15min，待试样澄清后再用干燥的滤纸过滤。

②将试管从水浴中取出，放在试管架上静置，直至试样温度达到 30～40℃。再将其中一支试管放入冷却容器。

③开始降低冷却容器中冷却剂的温度至低于试样预期浊点 10℃ ±2℃，将装有试样的第一支试管通过盖上的孔口插入冷剂保温瓶或容器中。容器中所加制冷剂的液面必须比试管中的试样液面高 30～40mm。冷却过程中应用搅拌器以 60～200 次/min 的速度搅拌试样(搅拌器从下降到试管底部到提起至试样液面为一次搅拌)。手动搅拌时，连续搅拌时间应不少于 20s，搅拌中断时间不应超过 15s。

④当试样温度达到试样预期浊点前 5℃时，从冷却容器中取出试管，迅速放入装有工业乙醇的烧杯中浸一下，按照未脱水试样浊点、结晶点的测定步骤⑥观察所测试样的浑浊状态，读数浊点的温度值。

⑤脱水试样浊点的测定要求进行重复实验，即要从同一容器中抽取第二次实验用的新试样(两次测定期间试样应被保存在相同温度下)，要求使用清洁、干燥的试管进行第二次实验。

5.4.5 实验结果及处理

将两次重复实验测定得到的平均值作为所测油品的冷滤点或冰点、浊点、结晶点测定结果，按表 5－5 所示进行报告。

表 5－5 油品冷滤点、冰点、浊点、结晶点测定结果数据记录表

	测定项目名称	测定结果/℃			
		第一次	第二次	第三次	平均值
油品类别或名称	冷滤点				
	冰点				
	浊点				
	结晶点				

测定结果要求：

(1)冷滤点：重复性测试结果不超过 r 值，$r=1.2-0.027\times$(两次结果的平均值)，再现性测试结果不大于 R 值，$R=3.0-0.060\times$(两次单一、独立实验结果的平均值)；

(2)冰点：重复性测试结果不大于 1.5℃，再现性测试结果不大于 2.5℃；

(3)浊点、结晶点：重复性测试结果不大于 1℃；再现性测试结果不大于 3℃。

注：①重复性，在同一实验室，同一操作者，使用同一设备，对同一个油样进行重复测定；

②再现性，在不同的实验室，使用不同设备，由不同操作者对同一个油样进行重复测定。

5.4.6 分析思考题

(1)冷滤点和凝固点有什么不同?
(2)油品的化学组成对其冷滤点、冰点、浊点、结晶点的测定有什么影响?
(3)测定油品的低温性能指标有什么意义?

5.5 油品黏度测定实验

5.5.1 实验目的

(1)了解油品运动黏度、动力黏度的概念;掌握油品黏度测定的原理和方法;
(2)掌握毛细管黏度计、旋转黏度计的结构和使用方法。

5.5.2 实验原理

流体的黏性实质上是流体分子微观作用的宏观表现,可以用分子运动论解释。流体具有黏性是由于动量传递所致。气体分子间的距离大,当气体流动时,其分子除了向所受力的方向运动外,分子的无规则运动也比较剧烈。当处于快层的分子(它们具有较大的动能)由于热运动而迁移到慢层时,就把较大的动量传给具有较小动量的慢层分子从而将其加速;当慢层的分子迁移到快层时,则使快层分子动量减小而减速。液体具有黏性是由于分子引力所致。液体分子间的距离比气体小得多,分子的热运动不如气体剧烈,几乎没有动量传递,但分子间的引力却远比气体大。当液体流动时,由于分子间具有引力,快层的分子力图拉着慢层的分子前进,而慢层的分子则尽量将快层的分子往后拽。流体分子间的这些相互作用使得其运动得以逐层传递,并保持着层间的速度差,即呈现流体的黏性。

黏度是评价原油和石油产品流动性能的重要指标,是储存和管输原油工艺设计及经营管理中不可缺少的基础物性参数,其测量的精确度对工艺设计和经营管理十分重要。黏度的表示方法一般分为两大类:一类为绝对黏度,包括运动黏度和动力黏度;另一类为条件黏度,包括恩式黏度、赛式黏度和雷氏黏度。本节重点介绍常用的运动黏度和动力黏度测定方法。

运动黏度是液体在重力作用下流动阻力的度量,其值以 m^2/s 表示,过去通常以 cSt(厘斯)为单位,$1cSt = 10^{-6}m^2/s = 1mm^2/s$。其测定方法是:在某一恒定的温度下,测定一定体积的液体在重力下流过一个标定好的玻璃毛细管黏度计的时间,黏度计的毛细管常数与流动时间的乘积,即为该温度下测定液体的运动黏度。温度 t 下的运动黏度用符号 ν_t 表示。该方法适用于牛顿流体,一般石油产品在常温和高温下的流动都符合牛顿内摩擦定律,只有在低温下某些油品的黏度会出现反常。

动力黏度是使相距单位距离的单位面积液层产生单位流速所需之力,其值以 $N \cdot s/m^2$(牛秒每平方米),即 $pa \cdot s$(帕秒)表示。其值等于运动黏度和同温度下密度之积,温度 t 下的动力黏度用符号 μ_t 表示。其测试方法普遍采用布式黏度计法测定,其原理是测量在液体内旋转转子所需的扭矩来反应黏度，在一定规格形状的转子和转速下，弹簧偏转加大，其黏度增加，同步电动机通过标定弹簧驱动转子，弹簧的偏转再转换为测量结果。

5.5.3　实验装置

5.5.3.1　运动黏度测试装置

实验装置包括：玻璃毛细管黏度计、恒温水浴、温度计、秒表等。毛细管黏度计（图5－9）一套为13支，其毛细管内径为0.4mm、0.6mm、0.8mm、1.0mm、1.2mm、1.5mm、2.0mm、2.5mm、3.0mm、3.5mm、4.0mm、5.0mm、6.0mm；每支黏度计有不同的黏度计常数，需经过标定得到其常数，实验时根据需要选择合适的黏度计。恒温水浴需带透明视窗，容积不小于2L，附设自动搅拌装置和能准确调节温度的电热装置。

5.5.3.2　动力黏度测试装置

布式黏度计主要由黏度计测试机头、转子、转子保护架、支架等组成，如图5－10所示，其标准剪切速率为0.3～60r/min。

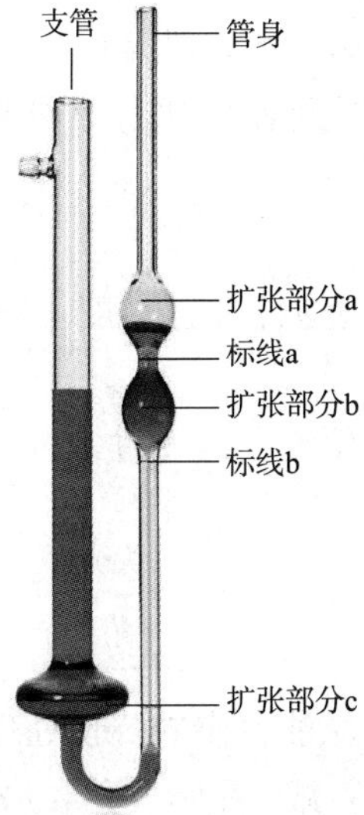

图5－9　毛细管黏度计

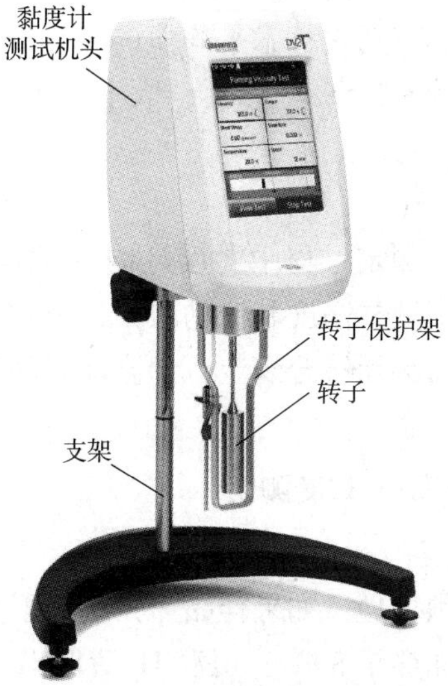

图5－10　布式黏度计

5.5.4　实验步骤与方法

5.5.4.1　运动黏度测定

（1）实验准备

①对试样进行必要的脱水或过滤处理，除去水或机械杂质。

②用溶剂油或石油醚洗涤玻璃毛细管黏度计，若黏度计粘有污垢，用铬酸洗液、水、蒸馏水或95%乙醇依次洗涤，然后放入烘箱中烘干或用经由棉花滤过的热空气吹干。

③根据实验所需温度，打开、设定恒温浴（±0.1℃），选择适合内径的黏度计，以使

试样的流动时间不少于200s，对于内径0.4mm的黏度计，流动时间不少于350s。也可以将试样的预期黏度除以200或350得到需要的黏度计常数，按常数选择合适的黏度计。

④向内径符合要求且清洁、干燥的毛细管黏度计内装入试样。在装试样之前，将橡皮管套在支管上，并用手指堵住管身的管口，同时倒置黏度计，然后将管身插入装待测试样的容器中，此时利用橡皮球或真空泵将液样吸到标线b，同时避免管身扩张部分a和扩张部分b中的液样发生气泡与裂隙，当液面达到标线b时，从容器中提起黏度计，并迅速恢复其正常状态，同时将管身的管端外壁多余试样擦去，并从支管取下橡皮管套在管身上。

⑤将装好待测试样的黏度计浸入恒温浴中(黏度计扩张部分①浸入一半)，并固定在支架上，调整成垂直状态，恒温15~20min。

(2)操作步骤

①待温度稳定后，开始提液。利用毛细管黏度计管身上口所套橡皮管将试样吸入扩张部分b，使试样液面稍高于标线a，并避免毛细管和扩张部分b的液体产生气泡与裂隙。

②观察试样在管身中的流动情况，液面正好到达标线a时，开始计时，液面正好流到标线②时，停止计时，记录该段流动时间(秒数)。

③重复测定至少四次，其中各次流动时间与其算术平均值的差值应符合下列要求：在100~15℃测定黏度时，这个差值不应超过算术平均值的±0.5%；低于15~-30℃测黏度时，这个差值不应超过算术平均值的±1.5%；低于-30℃测定黏度时，这个差数不应超过算术平均值的±2.5%。然后，取不少于三次的流动时间算得算术平均值，作为试样的平均时间。

(3)注意事项

①在吸油及测定过程中黏度计内的试样均不得有气泡，并且黏度计必须处于垂直状态，否则会改变液柱高度和流动阻力，影响测定结果。

②流动时间必须符合规定，如流动时间太短，则会使流动速度过快，液体在毛细管中无法保持层流状态。

5.5.4.2 动力黏度测定

(1)实验准备

①试样及预处理：如果样品为在常温下呈凝固态的原油，应进行预处理。将试样置于恒温浴中密闭加热至80℃，恒温1h后取出，自然降至室温，在暗处存放48h后可供使用。对于在常温下呈流动状态的原油或其他石油产品，可不进行加热处理。

②装试样：连接黏度计与恒温水浴，调节黏度计机身顶部的水平气泡使其在黑色圆圈中，将水浴槽内装满水。测定样品之前，启动水浴的循环系统，将其设定到实验所需的温度，并恒定10min以上。用电子天平称出略高于按规定容量相对应的试样质量(密度已知)，将其装入已预热好的测定外筒中。对于常温下保持流动状态的试样，按测定容量可直接加样测定。

③恒温：根据黏度计的特点、原油的种类和测试温度等，一般情况下，恒温20~30min，特殊情况适当延长恒温时间。

(2)操作步骤

①选剪切率：剪切率的选择应根据测试的要求来确定。当预先无法判定是牛顿流体还是非牛顿流体时，应用多个剪切率测定，并应依次从低剪切率向高剪切率测定。

②黏度测定：在选定的剪切率下，启动旋转黏度计，待仪器示值基本稳定可记下第一个黏度值，以后每隔5min记录一次，若连续记录四个黏度值，其后的三个黏度值的算术平均值与前一个的偏差不超过5%，即认为达到了平衡值，完成了该剪切率下的黏度值测定。当试样为非牛顿流体时，改变测试温度应更换试样。

③对于可以直接读出黏度值的旋转黏度计，取后两个测定值的算术平均值为黏度值。

(3)注意事项

①布氏黏度计测定油品动力黏度时，转子和转速组合的选择原则是使扭矩百分比读数在10%～100%范围内。对于黏度大的样品，应选用细小的转子和较低的转速；对于低黏度样品，则选用大体积转子和高转速。

②将动力黏度测定结果与其他实验数据比较时，要确保两组数据是在大小、形状相同的容器，相同的温度，同一个转子，相同转速及二者都是在有转子保护架的条件下测量的。

③多数油品的黏度受温度影响极大，在实验测定中温度条件的恒定是关键因素。

5.5.5 实验结果及处理

在温度 t 下，试样的运动黏度按式(5-7)计算：

$$\upsilon_t = C \cdot \tau_t \tag{5-7}$$

式中 υ_t——在温度 t 时试样的运动黏度，mm^2/s；

C——毛细管黏度计常数，mm^2/s^2；

τ_t——试样的平均流动时间，s。

运动黏度测定结果记录于表5-6中。

表5-6 运动黏度测定结果

油品名称或类别	温度/℃	流动时间 τ/s						毛细管黏度计常数/(mm^2/s^2)	运动黏度/(mm^2/s)
		1	2	3	4	允差	$\tau_{平均}$		

例：黏度计常数为0.4780mm^2/s^2，试样在50℃的流动时间分别为318.0s、322.4s、322.6s和321.0s，因此流动时间的算术平均值为 τ_{50} = (318.0 + 322.4 + 322.6 + 321.0)/4 = 321.0s。

各次流动时间与平均流动时间的允许差值为321.0×0.5% = 1.6s。

由于318.0s与平均流动时间之差超过1.6s，所以舍去这个数，计算平均流动时间时，只采用322.4s、322.6s和321.0s的观测读数，它们与算术平均数之差都没有超过1.6s。所以平均流动时间 τ_{50} = (322.4 + 322.6 + 321.0)/3 = 322.0s。

则试样的运动黏度为：$\nu_{50} = C \cdot \tau_{50} = 0.4780 \times 322.0 = 154.0 mm^2/s$

另外，在已知或测得某一温度下油品的运动黏度时，其动力黏度还可由式(5-8)直接计算得到：

$$\mu_t = \upsilon_t \cdot \rho_t \tag{5-8}$$

式中 μ_t——在温度 t 时试样的动力黏度，mPa·s；

υ_t——在温度 t 时试样的运动黏度，mm^2/s；

ρ_t——在温度 t 时试样的密度，g/cm^3。

动力黏度测量结果记录于表5-7中。

表5-7　动力黏度测定结果

油品名称或类别	温度/℃	剪切速率/(r/min)	动力黏度/(mPa·s)					
			1	2	3	4	后三次平均值	报告结果

5.5.6　分析思考题

(1)毛细管黏度计倾斜放置对测试结果有什么影响？

(2)测试运动黏度时，如果恒温达不到要求对测试结果有什么影响？

(3)用布式黏度计测动力黏度时，为什么要从低剪切率向高剪切率测定？

5.6　含蜡原油流变性测定实验

5.6.1　实验目的

(1)通过测定含蜡原油的黏度、屈服值、触变性和剪切稀释性，加深对原油流变性的理解；

(2)掌握仪器的使用方法和原油流变性的测定方法；

(3)了解测定原油流变性的意义。

5.6.2　实验原理

原油的基本组成是不同碳链的烷烃、环烷烃、芳香烃构成的烃类化合物和非烃类化合物。原油在一定的条件下还溶解有一定量的天然气，有时含有一定量的氮气和少量的二氧化碳等。原油中溶解天然气可降低原油的黏度和密度，并使原油的压缩系数增大。原油的流变性取决于原油的组成，即取决于原油中溶解气、液体和固体物质的含量以及固体物质的分散程度。当原油中固体分散相(蜡晶、沥青质为核心的胶团)的浓度很大时，原油具有明显的胶体溶液性质，并表现出复杂的非牛顿流体流变性质。除此之外，温度也会影响含蜡原油的相态及内部物理结构的变化，影响到原油分散体系内外相相对体积分数的变化，从而使得含蜡原油的流变性随所处温度的不同而不同。实验研究表明：在实用工程温度范围内，按油温从高到低的变化，参照原油在该热历史下测得的凝固点，大体可把含蜡原油的流变性归纳为牛顿流体、假塑性流体、屈服——假塑性流体三种流变体类型。

当含蜡原油的温度较高时[如 $T > T_z + (10 \sim 15℃)$ (T 为油温；T_z 为原油的凝固点)]，原油中的蜡晶颗粒基本上全部溶解，成为假均匀溶液。或者说，虽有蜡晶颗粒、沥青质等分散相存在，但浓度低，且处在高度分散状态，即可视为稀的细分散体系。在该温度范围内，原油呈牛顿流体。含蜡原油的动力黏度 μ 是温度的单值函数，即黏度与温度一一对应。

当含蜡原油的温度在某一范围内[如 $T_z + (2 \sim 4℃) < T < T_z + (10 \sim 15℃)$]，随着油温的下降，蜡晶析出量增多，即体系的分散颗粒浓度增加，成为细分散悬浮体系，外力作用已对颗粒间的相互作用产生影响，体系内部物理构成在变化，如颗粒的取向、形状和排列等起变化。在该温度范围内，含蜡原油表现出假塑性流体特性。

当含蜡原油的温度继续下降，即油温在凝固点附近或更低，如 $T \leqslant T_z$，原油中蜡晶析出量增多，体系中分散颗粒的浓度大大增加，颗粒之间开始连成网络，体系内部物理结构发生了质的变化。原来为连续相的液态烃逐渐成为分散相，原来为分散相的蜡晶颗粒却逐渐连成网络而成为连续相。此时的含蜡原油具有触变、屈服——假塑性流体特性。大量实验证明：当油温低于 $T_z + 10℃$ 以下，原油常常呈现非牛顿特性，即出现触变性、剪切稀释性，甚至出现屈服现象。此条件下的原油没有确定的动力黏度值，其流变性不仅仅取决于温度，而且与剪切时间和“历史”有关。

为了直观地表示上述原油黏度随温度的变化关系，一般将原油的黏度和动平衡表观黏度与温度的关系描绘在半对数坐标系中，以全黏温曲线来表示。

5.6.3 实验装置

实验装置的主要仪器是流变仪，与测定流体黏性流动行为的黏度计类似，流变仪是一种用于测试固体、半固体或流体黏弹性的仪器。主要包括转子、盛样系统、测试单元、温度控制单元、压力控制单元(部分流变仪不带压)，其原理示意图如图 5－11 所示。

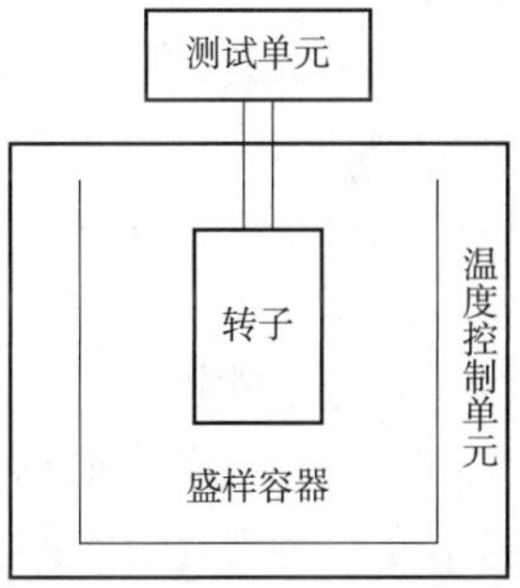

图 5－11 旋转法流变仪示意图

5.6.4 实验步骤与方法

5.6.4.1 实验方法

(1)实验前准备

试样预处理：在原油开采、集输和储运过程中，由于经历油层渗流、集输、储运等环节，使原油的组分、流变特性可能有所改变。为使原油保持组成和初始状态不变，保证室内实验数据具有重现性和可比性，实验前应首先对样品进行预处理。将取得的原油油样脱水、除杂后盛入密封磨口瓶中，在 80℃ 条件下恒温 2h 后，使原油依靠分子的热运动达到均匀状态，然后置暗处自然冷却至室温，并稳定 48h 以上，确保原油样品达到了相同的组成和相同的初始状态。

流变仪准备：用适当的溶剂清洗干净盛样容器、测量系统；将油样倒入测量筒时保证样品无气泡；试样在设定温度下充分恒温，以保证示值稳定。参考恒温时间：锥板－平行板、同轴圆筒、单圆筒系统分别为0.5h、1h、2h。

(2)全黏温曲线测定

动力黏度测定：在样品测试温度、压力条件下，设定剪切速率，记录剪切时间，进行动力黏度测定。

流变曲线和黏度曲线测定：在样品测试温度、压力条件下，由低到高改变剪切速率，至少进行5个剪切速率下的测定，记录相应剪切速率对应下的剪切应力和动力黏度。

黏温曲线测定：在同一剪切历史下，从低温到高温或从高温到低温进行动力黏度测定。

反常点测定：在不同剪切速率下测定黏温曲线，绘制于同一坐标系中，找出直线段与放射线段的分界点对应的温度，即得到反常点。

(3)屈服值测定

屈服应力(常称为屈服值)是这样一个应力界限，即低于此应力时样品表现为固体，施加应力时，样品像弹簧模型一样发生弹性形变，而一旦施加的应力去除，应变则完全消失。屈服值是评价非牛顿原油流动性能的指标之一，它直接提供了外力与反映流体力学特征的屈服应力之间的关系。原油屈服值的大小不仅与油样本身组成、历史及外力作用时间有关，而且与所使用的测试设备等都密切相关。准确确定含蜡原油的屈服值对输油生产的安全有着重大意义。

目前实验室常用的测试方法有以下几种：

①恒定剪切速率法：用控制剪切速率型流变仪在一个较低的剪切速率下测量剪切应力随时间的变化曲线，找出曲线上的极大值对应的剪切应力值，即得到屈服值。

②剪切速率连续增加法：用控制剪切速率型流变仪从零开始连续增加剪切速率，测量剪切应力随剪切速率的变化曲线，原油开始流动时对应的剪切应力，即得到屈服值。

③剪切应力连续增加法：控制应力型流变仪逐渐连续地施加剪切应力，测量原油开始流动时的剪切应力，即得到屈服值。

④曲线外延法：将实测剪切速率范围内的流变曲线向剪切速率低的方向外延至剪切速率为零，取对应的剪切应力，即得到屈服值。

(4)触变性测定

触变性是指流体受到剪切时黏度变小，停止剪切时黏度又增加或受到剪切时黏度变大，停止剪切时黏度又变小的性质即“触”即“变”的性质。触变性是一种可逆的溶胶现象，代表流体黏度对时间的依赖性。由于含蜡原油的性质十分复杂，其触变性的测量具有一定的不确定性，实验结果与仪器类型、测量系统的几何尺寸、测量方法等密切相关，因此对于含蜡原油触变性的测定，目前尚无统一的标准实验方法。较认可的测定方法有恒剪切率法、剪切力/剪切率阶跃法、剪切力/剪切率滞回环法。

①恒剪切率法：选取多个剪切速率，在每个剪切速率条件下剪切一定时间，得到剪切应力/表观黏度与时间的关系，每个剪切速率测试后需更换样品。

②剪切力/剪切率阶跃法：选取多个阶跃式剪切速率/剪切应力，在每个剪切速率/剪切应力下剪切一定时间，得到剪切应力/剪切速率与时间的关系(不更换样品)。

③剪切力/剪切率滞回环法：剪切速率/剪切应力按照一定的速率线性增加至最高值后，再以相同的变化率递减至0，测定其剪切应力随剪切速率的变化，所做出的剪切

应力－剪切速率曲线应为一个封闭曲线。

5.6.4.2 操作步骤示例

(1)准备工作：连接水浴和流变仪的测量筒，调节温度至50℃(应为远高于凝固点的一个温度值)，恒温20min；然后将预处理好的油样倒入测量筒中，按0.5～1.0℃/min的降温速率降至测量温度(凝固点以上附近)，并恒温20min；最后进行流变性测定。

(2)屈服值测定(恒定剪切速率法)：选定一个低剪切速率(比如$5s^{-1}$)，开始测试并计时，得到剪切应力随时间的变化曲线，读出最大读数及对应的表观黏度和发生屈服的时间。

(3)触变性测定(恒剪切率法)：在步骤①所选的剪切速率下($5s^{-1}$)继续剪切，从开始计时后每隔30s读一个数，读至2min；然后每隔1min读数，读至6min；然后每隔2min读数，直至平衡(即两个读数基本相同)。画出剪切应力、平衡时的表观黏度随时间变化的曲线。

(4)剪切稀释性：改为大剪切速率($50s^{-1}$、$100s^{-1}$或$200s^{-1}$)，注意应从低到高改变剪切速率，重复以上步骤。再利用平衡时的表观黏度进行比较。

(5)黏温特性：以上测试完毕后，加热至50℃，恒温20min，测量黏度。选定3～5个剪切速率，每个剪切速率测量3个读数(间隔1min)，观察是否还具有非牛顿流体特性(屈服性、触变性、剪切稀释性)。求出每个档的黏度平均值。再分别加热至55℃、60℃、65℃……(以此类推选定3～5个加热温度)重复测量。记录测量结果。

5.6.5 实验结果及处理

将所测得的实验数据填写至表5－8～表5－10中。

表5－8 触变性测量数据记录表

剪切速率：________s^{-1}；温度：________℃		
时间/min	剪切应力/Pa	动平衡下表观黏度/(mPa·s)
0.5		
1		
1.5		
2		
3		
4		
5		
6		
8		
10		
屈服时间		

注：若达到动平衡时间较长，可适当增加表格。

表 5-9 剪切稀释性测量数据记录表

剪切率/s^{-1}	达到动平衡态时间/min	剪切应力/Pa	动平衡下表观黏度/(mPa·s)
5			
10			
25			
50			
100			
200			

表 5-10 黏温特性测量数据记录表

序号	温度/℃	转速/(r/min)	剪切应力/Pa	剪切率/s^{-1}	表观黏度/(mPa·s)

注：可适当增加表格。

实验报告要求：验证在实验条件下非牛顿流体已具有屈服性、触变性、剪切稀释性。绘图表示测试结果并分析讨论。

5.6.6 分析思考题

(1)实验过程中为什么要由低到高改变剪切速率？

(2)在触变性测量中，水浴的温度应设定在 $T_{反}$ 以上还是以下？为什么？

5.7 原油中蜡、胶质、沥青质含量测定实验

5.7.1 实验目的

(1)了解测定原油中蜡、胶质、沥青质含量的意义；

(2)掌握原油中蜡、胶质、沥青质含量测定的原理和方法。

5.7.2 实验原理

常温、常压下，分子中碳原子数在 16 个以上的烷烃成品以结晶状态存在，称之为蜡晶。C_{17} ~ C_{35}的蜡分子以正构烷烃居多，另含有少量的异构烷烃和环烷烃，称之为石蜡。石蜡结晶体一般为白色片状或带状结构，其相对分子质量约为 300 ~ 450，单纯固态石蜡的熔点约为 30 ~ 70℃，密度约为 0.865 ~ 0.948g/cm^3。不同原油中不仅正构烷烃的含量不同，而且其正构烷烃的碳原子数分布也有差异。高沸点结晶蜡(其中包括环烷烃、芳香烃和异构烷烃)占多数的固态烃类混合物称为地蜡。地蜡分子中碳原子数约为 36 ~ 55，相对分子质量约为 500 ~ 730，熔点约为 60 ~ 90℃，其结晶体一般为细小的针状结晶，它的构

成更加复杂。

蜡能溶解在液态碳氢化合物中，其溶解度与温度有较大关系。随温度下降，蜡在轻质烷烃液体中的溶解度急剧下降。蜡在苯、氯仿和二硫化碳中有较好的溶解性。蜡属于非极性或弱极性的物质，其化学性质很不活泼。蜡在原油中的状态与温度、原油的成分、溶解气的含量、压力等条件有关。当原油温度低于饱和温度，即过冷度超过蜡结晶析出所要求的临界过冷度时，原油中液态蜡分子的聚结稳定性就开始下降，从而导致从溶液中析出固态烃，并形成蜡晶。

胶质、沥青质是原油中含量高、含元素种类最多、结构最复杂、相对分子质量最大的一部分物质，除含有碳、氢元素外，还含有氮、氧、硫等元素，成分不固定，热稳定性较差，性质差异大，是多种物质的综合体。在我国各油田生产的原油中，胶质和沥青质的含量差别也较大，从百分之几到百分之几十不等。国内一般把原油中不溶于非极性的小分子正构烷烃而溶于甲苯的物质分子视为沥青质，它是原油中相对分子质量最大、极性最强的非烃类组分。常用的分离沥青质的溶剂有正戊烷、正己烷、正庚烷及石油醚等，不同的溶剂分离出的沥青质含量不同。胶质是石油中相对分子质量及极性仅次于沥青质的大分子非烃类化合物，具有很强的分散性，与沥青质和芳香烃之间并没有明显的界限。因此，原油中胶质含量随着分析方法的不同而有很大的差异。从外观上看，胶质是深棕色至深褐色的、极为黏稠的不易流动液体或半固态物质，它的相对分子质量为500～1200，甚至更高，受热时熔融，相对密度约小于1。而一般认为沥青质是深褐色的非晶形固态物质，其相对分子质量是胶质的2～3倍，受热时不熔化、性脆、易裂成片，其相对密度稍大于1。

原油中的蜡、胶质、沥青质测定流程如图5－12所示。

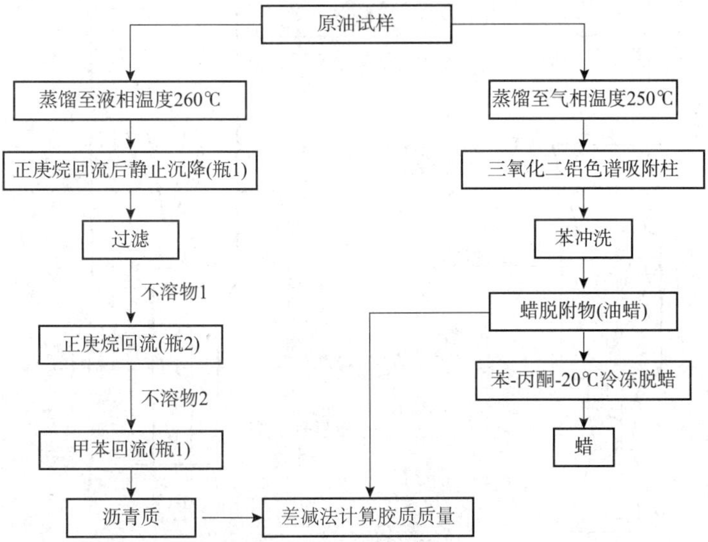

图5－12　原油中蜡、胶质、沥青质含量测定流程图

5.7.3　实验装置

所用主要实验仪器如下：

(1)蜡含量测定仪：如图5－13所示，能控温至－30℃±0.5℃。

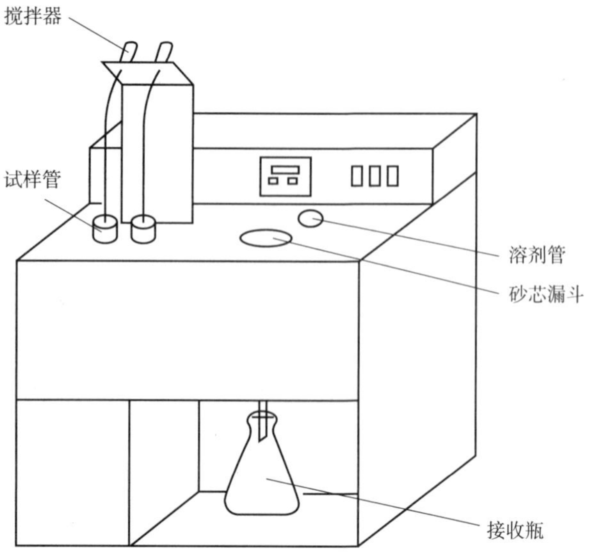

图 5－13　蜡含量测定仪示意图

（2）沥青质测定器：如图 5－14 所示，包括球形冷凝器、抽提器和两个 24#磨口锥形瓶（规格如表 5－11 所示）。

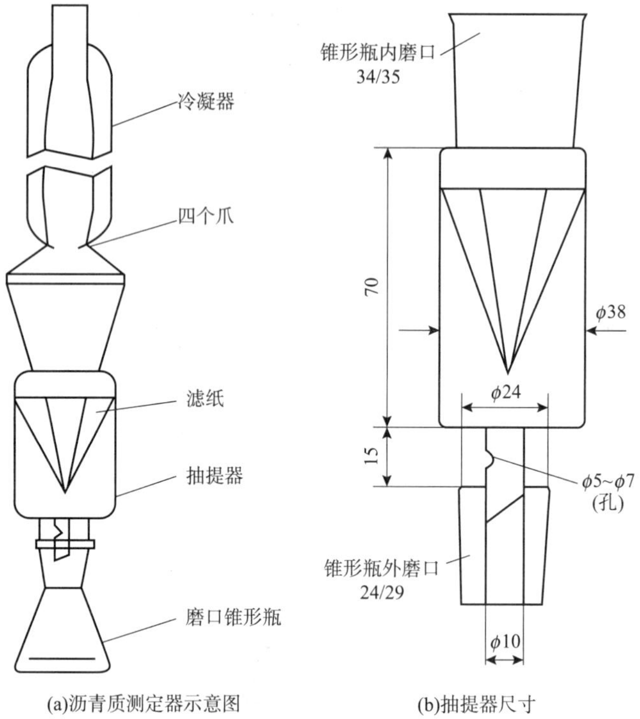

图 5－14　沥青质测定器示意图及抽提器尺寸

（3）玻璃吸附柱：如图 5－15 所示，吸附柱外面带循环水夹套。

（4）其他装置：分析天平、蒸馏仪器、恒温循环水浴、真空烘箱、电热套、高温炉、干燥器、锥形瓶、玻璃砂芯漏斗等。

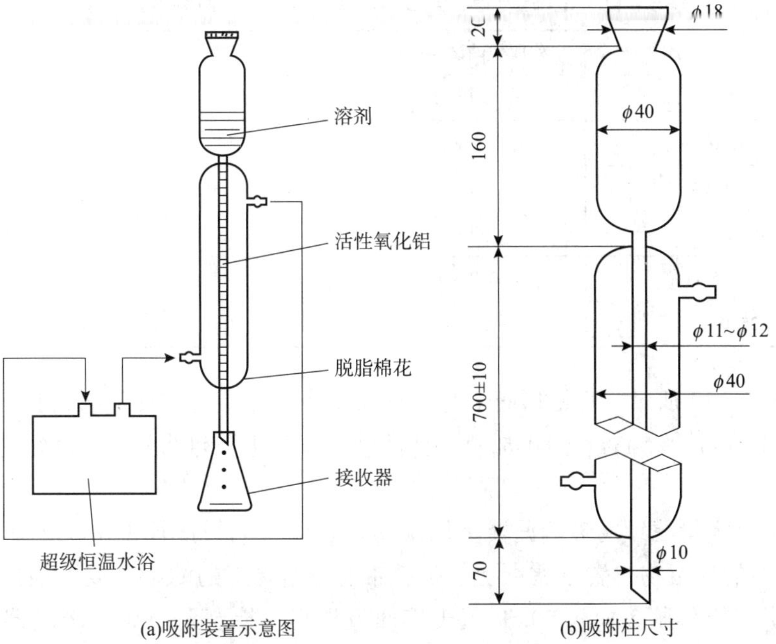

图5－15 吸附柱尺寸及吸附装置示意图

所用主要实验试剂有：苯、甲苯、丙酮、正庚烷、石油醚、乙醇、中性氧化铝、干燥剂、滤纸等。其中，苯、甲苯、丙酮为有毒、易燃品，属危险化学品，使用时应注意。

5.7.4 实验步骤与方法

5.7.4.1 实验准备

(1)测定试样水含量，当水含量大于0.5%时，应先脱水。

(2)制备1%含水的氧化铝：将氧化铝放入瓷蒸发皿中并置于高温炉内，在550℃下焙烧6h，取出后先放置3～5min，再放入干燥器中，待冷却至室温后装入已称量过的细口瓶中，称量出氧化铝质量。按焙烧后氧化铝质量用移液管加入1%(质量分数)的蒸馏水，盖紧塞子用力振荡5min，静置24h后备用。

(3)恒重锥形瓶：将锥形瓶洗净，放在恒温干燥箱中，在105℃±1℃下保持60min，取出，放入干燥器内冷却30min后称量，至恒重，准确至0.0002g。

(4)制备脱蜡溶剂：将苯－丙酮按体积比1∶1混合并摇匀。

5.7.4.2 沥青质含量测定

(1)称取约100g的原油试样于蒸馏瓶中，准确至0.01g，记录为m，按常压蒸馏方法蒸馏至液相，温度达260℃。蒸馏结束后，待残油冷却至室温时称量，残油质量记录为m_1，残油用于沥青质含量的测定。称取残油试样(试样量的选择如表5－11所示)放于恒重的24#磨口锥形瓶1中，准确至0.0001g，试样质量记录为m_2，然后按表5－11中的相应值，选择正庚烷溶剂的用量加入锥形瓶1中。

表 5－11　试样量、24#磨口锥形瓶的规格及正庚烷溶剂用量

预期沥青质含量(质量分数)/%	称取残油试样质量/g	锥形瓶规格/mL	正庚烷溶剂用量/mL
<0.5	10±2	1000	300±60
0.5～2.0	8±2	500	240±60
>2.0～5.0	4±1	250	120±30
>5.0～10.0	2±1	150	60±15
>10.0～25.0	0.8±0.2	100	25～30
>25.0	0.5±0.2	100	25±1

(2)如图 5－14 所示，将锥形瓶 1 与抽提器及冷凝器相连，置于电热套上，打开冷却水，加热回流 60min±5min。停止加热，待溶液冷却后取下锥形瓶 1，盖好塞子，在暗处静置 90～150min。

(3)在装有定量滤纸的玻璃漏斗上用倾泻法过滤，无须搅拌，用少量热的正庚烷洗涤锥形瓶 1 中的残留物，置于滤纸上。折叠带有不溶物 1 的滤纸，放入抽提器内，使用另一个 24#磨口锥形瓶 2 加入 50mL 正庚烷回流抽提，控制正庚烷从冷凝器末端滴下的速度为 2～4 滴/s，回流抽提时间不少于 60min，除去沥青质中夹杂的油蜡及胶质得到不溶物 2。

(4)回流完毕后稍作冷却，取下锥形瓶 2。在锥形瓶 1 中加入 30mL 甲苯，并与抽提器及冷凝器相连，在电热套上继续加热回流不溶物 2，直到抽提器中滤纸上沥青质全部溶于甲苯中。待锥形瓶 1 冷却后，取下锥形瓶 1，在通风橱内将锥形瓶 1 放入 120℃油浴中蒸馏除去溶剂甲苯，然后移入真空烘箱中，在 100～110℃及 53.3～66.7kPa 负压下保持 60min。取出放在干燥器中冷却 40min 后称量，至恒重，准确至 0.0001g，沥青质质量记录为 m_3。

注：沥青质非常容易氧化，按规定条件操作非常重要。因此，在规定的温度下，烘干沥青质时，干燥时间精确至±1min。

5.7.4.3　蜡含量测定

(1)称取约 100g 的原油试样于蒸馏瓶中，准确至 0.01g，记录为 m_4，按常压蒸馏方法蒸馏至气相温度达 250℃。蒸馏结束后，待残油冷却至室温时称量，残油质量记录为 m_5，残油用于蜡含量的测定。

(2)在吸附柱下端塞少许脱脂棉，加入活化处理后的氧化铝 30g，敲击吸附柱，保证柱中氧化铝致密而均匀。将吸附柱与超级恒温循环水浴按图 5－15 所示连接，调节水浴温度为 45℃±1℃，开启循环水浴。量取 20mL 石油醚，倒入已装好氧化铝的吸附柱中润湿柱子，同时在吸附柱下端放一个已称量的 19#磨口锥形瓶接收流出液。

(3)量取按步骤(1)处理过的残油试样约 1g 于 50mL 烧杯中，准确至 0.0001g，记录为 m_6。在水浴上加热至试样融化后，加入 10mL 石油醚稀释试样。待吸附柱上部石油醚完全进入氧化铝层后，倒入稀释的试样，烧杯中的残留物用 10mL 石油醚分三次洗涤，洗涤液倒入吸附柱中。待试样全部进入氧化铝层后，随即加入少量氧化铝(0.3～0.5g)于吸附柱上部。量取 60mL 苯加入吸附柱中，并用双链球加压调节，以 2～3mL/min 的流速冲洗试

样中的油蜡部分。

注：当原油试样密度大于900kg/m³时，氧化铝用量为40g，润湿用石油醚用量为30mL，冲洗剂苯的用量为80mL。

(4)当吸附柱中的溶液全部流出后，取下锥形瓶，在通风橱内将锥形瓶放入90～95℃水浴中蒸出溶剂，至近干，然后将锥形瓶放到真空烘箱中，在100～110℃及53.3～66.7kPa负压下，保持60min，取出锥形瓶放在干燥器内冷却40min后称量，至恒重，准确至0.0001g，得到油蜡质量记录为m_7。向油蜡中加入30mL脱蜡溶剂，然后在水浴上慢慢加热，待溶液透明后再冷却至室温，将此混合液转入蜡含量测定仪(图5－13)的试样管中，再用10mL脱蜡溶剂分三次洗涤锥形瓶，洗涤液倒入试样管中。

(5)开启蜡含量测定仪，预设蜡含量测定仪温度为－20℃±0.5℃。将试样管在蜡含量测定仪上安装好，开启搅拌，待混合物温度达到－20℃后，继续搅拌30min；同时将20mL的脱蜡溶剂装入溶剂管中冷却，再将一张定量滤纸剪成合适大小置于砂芯玻璃漏斗上冷却。取出试样管，迅速将管中混合液倒入砂芯玻璃漏斗中，开启真空泵，待吸滤完毕，再用已冷却到－20℃的脱蜡溶剂洗涤试样管两次，每次10mL，洗涤液倒入砂芯玻璃漏斗，将漏斗中的蜡和脱蜡溶剂充分搅匀后再进行吸滤。

(6)吸滤完毕后，用40～45℃的热石油醚将砂芯玻璃漏斗上的蜡溶解于已恒重的19#磨口锥形瓶内，再将锥形瓶置于90～95℃水浴上蒸出石油醚，至近干。将盛有蜡的锥形瓶置于真空烘箱中，在100～110℃及53.3～66.7kPa负压下保持60min，取出锥形瓶放在干燥器中冷却40min后称量，至恒重，准确至0.0001g，得到蜡质量记录为m_8。

5.7.5　实验结果及处理

蜡、沥青质、胶质含量(质量分数)的测定结果按式(5－9)～式(5－11)进行计算：

$$\omega_1 = \frac{m_3}{m_2} \cdot \frac{m_1}{m} \times 100\% \tag{5-9}$$

$$\omega_2 = \left(1 - \frac{m_7}{m_6}\right) \cdot \frac{m_5}{m_4} \times 100\% - \omega_1 \tag{5-10}$$

$$\omega_3 = \frac{m_8}{m_6} \cdot \frac{m_5}{m_4} \times 100\% \tag{5-11}$$

式中　ω_1——沥青质含量，%；

ω_2——胶质含量，%；

ω_3——蜡含量，%；

m——测定沥青质样品蒸馏前所用试样质量，g；

m_1——测定沥青质样品蒸馏后所得残余油质量，g；

m_2——测定沥青质所用残余油试样质量，g；

m_3——沥青质质量，g；

m_4——测定蜡含量样品蒸馏前所用试样质量，g；

m_5——测定蜡含量样品蒸馏后所得残油质量，g；

m_6——测定蜡含量所用残油试样质量，g；

m_7——油蜡质量，g；

m_8——蜡质量，g。

将测得的实验数据填入表 5－12 中，计算结果填入表 5－13 中。

表 5－12　原油中蜡、胶质、沥青质测定数据记录表

质量/g	m	m_1	m_2	m_3	m_4	m_5	m_6	m_7	m_8
第一次									
第二次									
平均值									

表 5－13　原油中蜡、胶质、沥青质测定结果报告表

沥青质含量 ω_1/%	胶质含量 ω_2/%	蜡含量 ω_3/%	总计/%

5.7.6　分析思考题

(1)若测定过程中，锥形瓶受潮，对实验结果有什么影响？

(2)测定原油中蜡、胶质、沥青质的含量有什么意义？

5.8　原油析蜡热特性参数的测定

5.8.1　实验目的

(1)了解差示扫描量热法测定原油析蜡热特性参数的原理；

(2)通过测定原油析蜡热特性参数，定量地认识原油析蜡过程。

5.8.2　实验原理

原油中的蜡组分在油田地面集输及储运过程中，随温度降低会从原油中析出，表现结晶、交联、沉积等现象，测定一系列原有析蜡热特性参数，定量地认识原油析蜡过程，对于指导原油集输储运工程设计、生产运行管理和相关科学研究具有十分重要的意义。

任何原油的析蜡都遵循共同的规律，即析蜡是一个随温度逐渐变化的过程，并伴随有热效应。对于不同的原油，析蜡的热特性参数不同，且具有特征性，常采用析蜡点、析蜡峰温、析蜡高峰温度区间和一定温度区间内的析蜡热焓等进行析蜡定量表征。差示扫描量热法(Differential Scanning Calorimetry，简称 DSC)是国际通用的、定量化和重复性最好的、用于测量物料物理性质与温度关系的一套成熟技术。它的原理是在差示扫描量热仪(DSC仪)上将原油试样加热至析蜡点温度以上，再以一定速度降温，记录各温度点下试样和参比物的差示热流，以差示热流为纵坐标，温度为横坐标绘制原油析蜡差示扫描量热曲线(DSC 曲线)。当降温通过试样析蜡区时，由于析蜡放出潜热引起差示热流变化，在 DSC

曲线上表现为其偏离基线形成放热峰，随着温度继续降低，析蜡释放热量逐渐减小，差示热流也随之减小。最终曲线回复到基线，此时析蜡过程结束。视 DSC 曲线开始偏离基线的温度为原油析蜡点；曲线峰顶温度为原油析蜡峰温；依据 T_c ~ －20℃间试样放热量及质量，计算原油析蜡热焓 ΔH，依据曲线各温度对应热量值确定出达到或超出平均析蜡热焓时的析蜡高峰温度区间 $T_1 \sim T_2$。

如图 5－16 所示，为原油 DSC 曲线的一个示例，T_c为析蜡点，$T_1 \sim T_2$为析蜡高峰温度区间，T_p为析蜡峰温。蜡晶体刚开始从原油液态体系中析出时的温度，即试样 DSC 曲线开始偏离基线形成放热峰时对应的起始温度，即为析蜡点 T_c。原油中蜡较集中析出时的温度，即试样 DSC 曲线放热峰峰顶垂直于温度轴的对应温度，即为析蜡峰温 T_p。析蜡高峰温度区间 $T_1 \sim T_2$属于一个温度范围，其中试样每降低 1℃所释放的热量，达到或超过该试样在析蜡点至 T_g(－20℃)温度区间内平均每摄氏度的析蜡热焓 ΔH。在析蜡点 $T_c \sim T_g$(－20℃)温度区间内，每克试样析蜡所释放的热量(J/g)，即 $T_c \sim T_g$(－20℃)间热流曲线和基线包围的面积积分，即为析蜡热焓 ΔH。

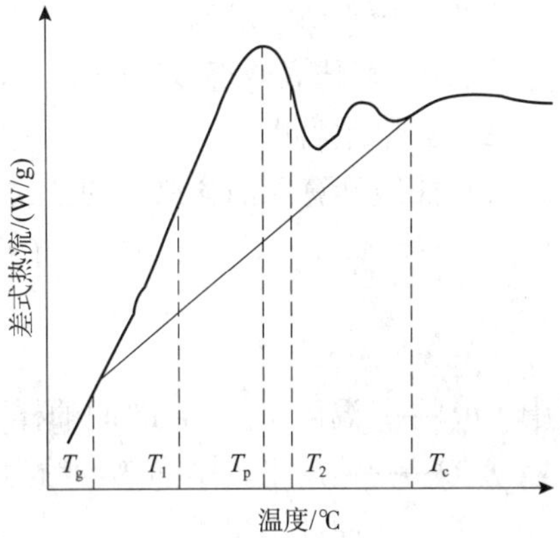

图 5－16　原油析蜡 DSC 曲线示例

5.8.3　实验装置

(1)差示扫描量热仪(DSC 仪)：

测量范围：－35 ~90℃；

可控制降温速度：5℃/min ±0.5℃/min；

灵敏度：±4.18mJ/s；

仪器应按仪器厂家提供的方法及标准物质校正合格。

(2)分析天平：感量 0.01mg。

(3)试样皿、冷却剂等。

5.8.4　实验步骤与方法

(1)实验准备

①测定试样水含量，当水含量大于 0.5%时，应先脱水。

②将样品置于密闭容器内，加热至高于析蜡点 10℃以上，使样品具有充分流动性。

(2)操作步骤

①将样品搅拌均匀，在试样皿中称取 4 ~8mg 样品。精确至 0.01mg，压盖密封。

②启动 DSC 仪，将 DSC 检测池加热到实验初始温度，通常为 75 ~85℃，即高于样品预计析蜡点 10 ~25℃。

③将装有试样的试样皿置于 DSC 检测池中试样支架上，同时在参比物支架上置一空的带盖试样皿(即以空气为参比物)。应将试样皿及参比皿放在各自支架的中心位置，保证试

样皿与支架的充分热接触，并加盖冷却罩。

④恒温0.5～1min，制冷，然后以5℃/min速度降温至终止温度，通常为-30～-5℃，由初始温度至终止温度进行连续扫描量热，记录DSC曲线。

5.8.5 实验结果及处理

(1)析蜡热特性参数确定

按照实验原理中示例DSC曲线(图5-16)的方法，确定析蜡点T_c、析蜡峰温T_p、析蜡热焓ΔH、析蜡高峰温度区间$T_1 \sim T_2$，将结果填入表5-14中。

(2)含蜡量预测

DSC曲线计算原油含蜡量的公式为：

$$\text{含蜡量} = \frac{\int_{T_c}^{T_g} \mathrm{d}Q}{\overline{Q}} \times 100\% = \frac{\int_{T_c}^{T_g} k\mathrm{d}S}{\overline{Q}} \times 100\% \tag{5-12}$$

式中 $\mathrm{d}Q$——温度$T \sim T + \mathrm{d}T$间油样中蜡结晶放出的热量，J/g；

$\overline{Q}$——蜡的平均结晶热，约为200～230J/g；

T_c——原油析蜡点,℃；

k——与降温速率以及DSC仪检测池有关的常数；

$\mathrm{d}S$——$\mathrm{d}T$区间内曲线峰的面积。

在连续时间内按同样的过程对试样重复进行测定，分析热谱图，使T_c、T_p的两次结果之差不超过2℃，ΔH之差不超过其算术平均值的10%，将结果填入表5-14中。

表5-14 原油析蜡热特性参数测定结果报告表

油品名称及特征	析蜡热特性参数				预测原油含蜡量	其他实验条件描述
	析蜡点	析蜡峰温	析蜡高峰温度区间	析蜡热焓		

5.8.6 分析思考题

(1)简述原油的析蜡过程。

(2)原油中的含蜡量对析蜡点、析蜡峰温有什么影响？

5.9 油品腐蚀性测定实验

5.9.1 实验目的

(1)了解油品腐蚀性测定的意义；

(2)掌握油品腐蚀性测定的原理和方法，能够通过测定结果判断石油产品中是否含有能腐蚀金属的硫化物。

5.9.2 实验原理

石油产品在储存、运输和使用过程中，对所接触的机械设备、金属材料、塑料及橡胶制品等引起破坏的能力，称为油品的腐蚀性。由于机械设备和零件多为金属制品，因此，油品腐蚀性主要指的是对金属材料的腐蚀。

油品中的腐蚀性组分主要有活性硫化物(如元素硫、硫化氢和硫醇等)和有机酸类物质，还有少量的无机酸和碱性物质，该类物质对金属有显著的腐蚀作用。通过对油品腐蚀性的测定，可以判断油品中是否含有能腐蚀金属的活性硫化物，或者游离硫、有机酸及其他腐蚀性物质，预知油品在使用过程中对金属腐蚀的可能性，指导油品的调和及抗腐蚀添加剂的添加。

油品腐蚀性测定实验的主要方法是铜片腐蚀实验法，用铜片(或银片)检查燃料油、溶剂油、润滑油等油品对金属有无腐蚀。即把一块一定规格的铜片(或银片)磨光后浸没在一定体积的待测试样中，根据试样的产品类别加热到规定的温度，并保持一定的时间。加热周期结束时，取出铜片，经洗涤后，将其与铜片腐蚀标准色板进行比较，评价铜片变色情况，确定腐蚀级别。

5.9.3 实验装置

油品腐蚀性测定所用装置主要有压力容器、试管、实验浴、磨片夹具、温度计等。

(1)腐蚀实验压力容器：如图5-17所示。不锈钢制，容器应能承受700kPa实验表压。压力容器的内部尺寸应确保能放入外径为25mn，长为150mm的试管。

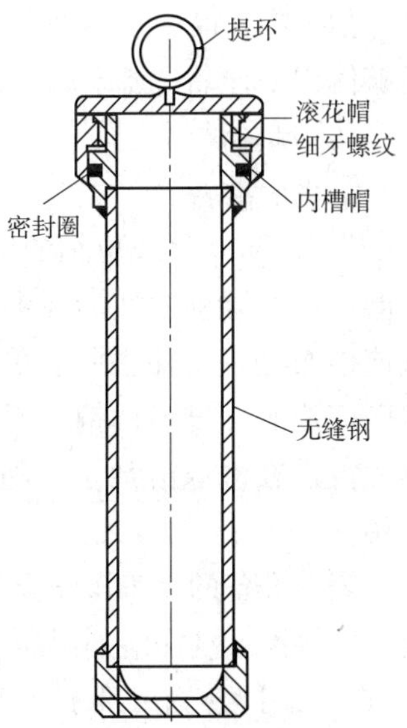

图5-17 压力容器示意图

(2)试管：硼硅玻璃制，外径为25mm，长为150mm，壁厚1~2mm。内部尺寸应确保可适当地容纳实验铜片。当30mL试样液体及浸于其中的铜片置于试管中时，试样液体表面应至少高于铜片上端面5mm。

(3)实验浴：包括压力容器液体浴和试管浴。所有实验浴应能保持可控制在所需实验温度的±1℃范围内。压力容器液体浴应有合适的支架以支撑每个压力容器在浴中处于垂直的位置；液体试管浴应配有合适的支架以支撑每个试管，使其在浴中处于垂直位置，且使试管浸没至浴液中约100mm的深度(从试管底部至浴液表面的距离)。浴中介质可采用水或可稳定控制实验温度的任何液体。

(4)磨片夹具：确保磨片时牢固地夹住铜片而不破坏其边缘。只要能夹紧铜片，并使要磨光的铜片表面能高出夹具表面任何形式的夹具都可以使用。

(5)铜片：纯度大于99.9%的电解铜，宽为12.5mm±2mm，厚为1.5~3.0mm，长为

75mm ±5mm，铜片可重复使用。当铜片表面出现点蚀或深的划痕，而又无法采用规定的打磨程序去除，或当铜片表面发生变形时，应丢弃此铜片。

(6)洗涤溶剂：只要在50℃，实验3h不使铜片变色的任何易挥发、硫含量小于5mg/kg的烃类溶剂均可使用。可以选用石油醚(90～120℃)、三甲基戊烷等。

(7)标准色板：铜片腐蚀标准色板是由按变色和腐蚀程度增加顺序排列的典型实验铜片的颜色复制品组成。是由典型试片全色复制而成，是在一块铝薄板上采用四色加工过程制成的，并嵌在塑料板中以便防护。在每块腐蚀标准色板的反面给出了腐蚀标准色板的使用说明。

5.9.4 实验步骤与方法

5.9.4.1 实验准备

(1)取样

对于各种类型会使铜片轻度变色的燃料样品，应收集储存在干净、深色的玻璃瓶、塑料瓶或其他不对样品产生腐蚀性的合适容器中，比如镀锡容器会影响样品的腐蚀性，不应使用镀锡容器来储存样品。

样品装入样品容器时应避免挥发，尽可能完整保留样品的组分，装样后应立即盖上容器盖。容器顶部应留有充足的空间(充装至样品容器容量的70%～80%)以防止运输过程中样品发生热膨胀。同时，防止样品直接暴露于阳光下，甚至散射日光下。实验室收到样品后应尽快进行实验，在打开样品容器后应立即进行实验。

如果在样品中观察到有悬浮水(浑浊)，在暗室或避光的条件下用一张中速定性滤纸将足够体积的样品过滤干燥，并置于一个清洁、干燥的试管中。

(2)制备试片

①表面准备

先采用00号或更细的钢丝绒(棉)，或适当粒度的碳化硅(氧化铝刚玉)砂纸或砂布打磨，以去除前次实验在铜片六个表面上所遗留的蚀污；再用65μm(P220)的碳化硅砂纸或砂布处理，除去此前采用其他等级砂纸留下的打磨痕迹。在进行最后磨光前，应确保已完成表面准备的铜片不再发生氧化作用。可用定量滤纸擦去铜片上的金属屑后，将铜片浸没在洗涤溶剂中。随后可取出铜片立即进行最后磨光，或可储存在洗涤溶剂中备用。

表面准备的手工操作步骤：将一张碳化硅或氧化铝(刚玉)砂纸或砂布放在平坦的表面上，用煤油或洗涤溶剂湿润砂纸或砂布。以旋转方式将铜片对砂纸或砂布进行摩擦，取铜片时，采用无灰滤纸保护或戴一次性手套以防止铜片与手指接触。另一种方法是将适当粒度的干砂纸或砂布装在马达驱动的机器上，采用机器来处理铜片表面。

②最后磨光

对于表面准备好或第一次使用的新铜片，将其从储存处取出。为防止在最后磨光阶段铜片表面遭受污染，不允许用手指直接接触铜片，而需戴一次性手套或用无灰滤纸保护。用一块经洗涤溶剂湿润的脱脂棉，蘸取一些105μm(P150)的碳化硅或氧化铝(刚玉)砂粒，先磨铜片各端边，再磨其侧边，再用新的脱脂棉用力擦拭。在其后的处理过程中手指不得接触铜片的表面，可用镊子夹持铜片。将铜片夹在磨片夹具上，用蘸上碳化硅或氧化铝(刚玉)砂粒的脱脂棉打磨铜片的主表面。打磨时不要采用旋转运动方式，应沿铜片的长轴方向来回进行打磨，在折返方向之前，应使打磨动程超出铜片的末端。用干净的脱脂棉用力地摩擦铜片，以除去所有金属屑，直到用新脱脂棉擦拭时不再留下痕迹为止。当铜片擦净后，立即将其浸入已准备好的试样中。

为了得到变色均匀的铜片，均匀地磨光铜片的各个表面是很重要的。如果铜片边缘显示有磨损(表面呈椭圆形)，则这些部位的腐蚀大多会比中心部位显著得多。使用磨片夹具会有助于铜片表面的均匀磨光。另外，按照前两步规定的顺序采用不同特定粒度的磨料打磨制备试片是非常重要的。最后磨光阶段采用了105μm的碳化硅或氧化铝(刚玉)砂粒，它的粒度比表面准备步骤中所用的65μm的碳化硅或氧化铝(刚玉)粒度要大。在最后磨光阶段采用较大粒度磨料的原因是为了在铜片表面产生微凸体(可控的粗糙度)，以作为腐蚀反应的始发地。

5.9.4.2　操作步骤

针对不同的产品类型应使用不同的实验条件，下述的实验温度和时间大都是通用条件。

(1)压力容器步骤：该步骤适用于航空汽油、喷气燃料和高蒸气压样品。

①航空汽油、喷气燃料

将30mL完全清澈、无悬浮水或内含水的试样倒入清洁、干燥的试管中。在完成铜片最后磨光步骤1min之内，将铜片滑入试管并浸入试样中。将试管放入压力容器中，并将压力容器盖旋紧。如果有不止一个待测试样在同一时间测定，只要能确保处理第一个和最后一个试样之间的间隔时间保持最短，则允许先逐个准备各压力容器后，再将各压力容器完全浸入100℃±1℃的液体浴中。在浴中放置2h±5min后，取出压力容器，并在冷水(自来水)中浸泡几分钟。打开压力容器盖，取出试管，检查铜片。

②天然汽油

完全按照步骤①所述进行，但实验温度为40℃±1℃，实验时间为3h±5min。

③车用汽油

完全按照步骤①所述进行，但实验温度为50℃±1℃，实验时间为3h±5min。

(2)试管步骤：该步骤适用于多数液体石油产品。

①柴油、燃料油和车用汽油

将30mL完全清澈、无悬浮水或内含水的试样倒入清洁、干燥的试管中。在完成铜片最后磨光步骤1min之内，将铜片滑入试管并浸入试样中。采用带排气孔的软木塞塞住试管。如果有多个待测试样在同一时间测定，只要能确保处理第一个和最后一个试样之间的间隔时间保持最短，则允许先逐个准备各试样。先将带孔塞子逐个塞好每个试管后，再将各试管浸入到50℃±1℃的浴中(在实验过程中，应防止强光照射试管的内容物)。试管在浴中放置3h±5min后，取出试管，检查铜片。

②清洗溶剂和煤油

完全按照步骤①所述进行，但实验温度为100℃±1℃。

③润滑油

完全按照步骤①所述进行，但实验温度为100℃±1℃。此外，试样也可在不同时间条件和除100℃以外的更高实验温度下进行。一般建议采用150℃为起始实验温度，以5℃为一个平均增量提高实验温度。

(3)铜片检查

将试管的内容物倒入适当容量的接收容器中。如果采用玻璃接收容器(如150mL的高型烧杯)，倾倒时应让铜片轻轻地滑入，以避免碰破玻璃烧杯。用镊子立即将铜片取出，并浸入洗涤溶剂中，洗去试样。清洗后立即从洗涤溶剂中取出铜片，进行干燥，可采用滤纸吸干，空气吹干，或其他合适的方法干燥铜片。将铜片与腐蚀标准色板进行比对来检查其变色或腐蚀情况。比对时，将铜片和腐蚀标准色板对光线呈45°角折射的方式拿持，进行观察。如果将铜片放在扁平观察试管中，可避免铜片在检查和比较过程中留下斑迹和弄脏。观察试管应用脱脂棉塞住。

5.9.5 实验结果及处理

试样的腐蚀程度根据表5-15所列出的铜片腐蚀标准色板的一个等级级别进行判定。

表5-15 铜片腐蚀标准色板的分级和级别说明

分级	名称	级别说明
1	轻度变色	(1)淡橙色，几乎与新磨光的铜片一样 (2)深橙色
2	中度变色	(1)紫红色 (2)淡紫色 (3)带有淡紫蓝色或(和)银色，并覆盖在紫红色上的多彩色 (4)银色 (5)黄铜色或金黄色
3	深度变色	(1)洋红色覆盖在黄铜色上的多彩色 (2)有红和绿显示的多彩色(孔雀绿)，但不带灰色
4	腐蚀	(1)透明的黑色、深灰色或仅带有孔雀绿的棕色 (2)石墨黑色或无光泽的黑色 (3)有光泽的黑色或乌黑发亮的黑色

当铜片呈明显介于两个相邻标准色板之间的过渡状态时，则按变色严重的色板腐蚀级别判定。若铜片出现比标准色板中1b还深的橙色时，则认为铜片仍属1级；但是，如果观察到有红颜色时，则所观察的铜片应判定为2级。

2a级别的紫红色铜片有可能被误认为黄铜底色完全被洋红色所覆盖的3a级别铜片。为了区别这两个级别，可以将铜片浸没在洗涤溶剂中；2a级别铜片会出现1b的深橙色，而3a级别铜片将不变色。

为了区别2c级别和3b级别铜片，可将试片放入试管中，并将此试管平放在340℃±30℃的电热板上4~6min。另外用一支试管，在其中放入一支高温蒸馏用温度计，观察温度计的温度来调节电热板的温度。这样，2c级别铜片将呈现2d级别铜片的颜色，并且颜色持续变深；而3b级别铜片将呈现4a级别铜片的外观。

如果发现铜片上有手指印沾污处，或在加热浸提过程中，因任何颗粒或水滴接触试片而使铜片产生污斑，则需重新实验。如果沿铜片平面的边棱呈现的腐蚀级别比铜片大部分表面的腐蚀级别要高，也需重新实验，这种情况大多是在铜片打磨阶段磨损了边缘而引起的。若两个重复实验结果不相同，则重新进行实验；当重新实验的两个结果仍不相同时，则按变色严重的腐蚀级别来判定试样。

最后将油品的腐蚀性结果填入表5－16中。

表5－16 油品腐蚀性测定实验结果报告

油品名称或类别	实验时间/min	实验温度/℃	腐蚀级别	现象描述

5.9.6 分析思考题

(1)不同石油产品在相同时间的腐蚀程度有什么不同?

(2)腐蚀程度与油品的组成有什么关系?

5.10 油品硫含量测定实验

5.10.1 实验目的

(1)了解测定油品硫含量的意义;

(2)掌握燃灯法测定油品硫含量的原理和实验方法。

5.10.2 实验原理

原油中的非烃类化合物包括硫化物、氧化物、氮化物及少量硫、氧、氮和金属等组成的复合有机化合物等，按硫含量高低分为低硫原油(<0.5%)、含硫原油(0.5%～1.5%)和高硫原油(>1.5%)。因此，测定原油的硫含量，有助于认识原油组成、划分原油类别，同时可以指导深加工环节脱硫工艺及油品使用性能的改善。

原油硫含量的测定方法可分为定性法(博士实验法)和定量法两种。前一种主要是定性地评价汽油、煤油、喷气燃料等轻质油品中是否含有硫醇，而常用的定量法主要包括管式炉法、燃灯法、氧弹法和电量法等。其中，管式炉法主要适用于原油、润滑油、焦炭和残渣油等油品；燃灯法主要适用于测定雷德蒸气压不高于600mmHg的轻质石油产品，如汽油、煤油及柴油等；氧弹法主要适用于测定润滑油、重质燃料油等重质油品；电量法则是集氧化法转化和微库仑滴定法于一体，测定被测样品中的微量总硫含量。

本节主要介绍燃灯法。其原理是将石油产品在灯中燃烧，用碳酸钠水溶液吸收生成的二氧化硫，并用滴定分析法测定：

$$\text{硫化合物} + O_2 \xrightarrow{\text{燃烧}} SO_2 \uparrow$$

二氧化硫通过过量的碳酸钠水溶液而被吸收：

$$SO_2 + Na_2CO_3 \longrightarrow Na_2SO_3 + CO_2 \uparrow$$

剩余的碳酸钠则用已知浓度的盐酸溶液回滴：

$$Na_2CO_3 + 2HCl \longrightarrow 2NaCl + H_2O + CO_2 \uparrow$$

以盐酸的消耗量计算试样中的硫含量。

5.10.3 实验装置

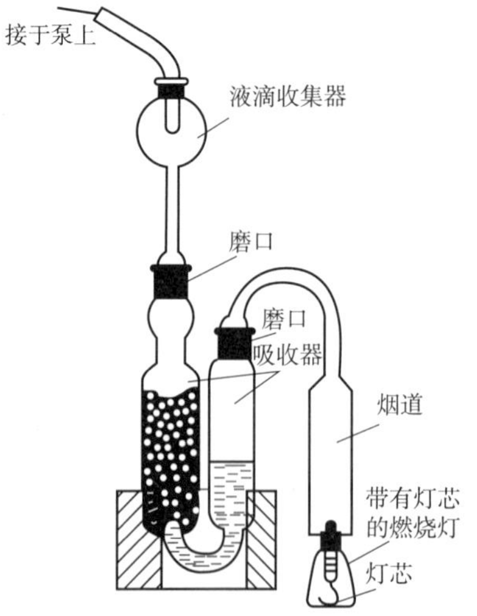

图 5-18 燃灯法硫含量测定装置示意图

燃灯法测硫含量的实验装置如图 5-18 所示。其他装置还包括 500～100mL 的吸滤瓶，25mL 的滴定管，2mL、5mL、10mL 的吸量管、洗瓶、水流泵或真空泵、直径 5～6mm 的玻璃珠、带有灯芯管的棉纱灯芯。

所用试剂包括：

碳酸钠：分析纯，配成 0.3% 的水溶液；

盐酸：分析纯，配成 0.05mol/L 的标准溶液；

指示剂：预先配制 0.2% 溴甲酚绿乙醇溶液和 0.2% 甲基红乙醇溶液。使用时，用 5 份体积的溴甲酚绿乙醇溶液和 1 份体积的甲基红乙醇溶液混合而成(酸性显红色，碱性显绿色)；

95% 乙醇：分析纯；标准正庚烷；石油醚：60～90℃，化学纯；

汽油：沸点范围 80～120℃，硫含量不超过 0.005%。

5.10.4 实验步骤与方法

5.10.4.1 实验准备

(1)保持室内空气流动，但避免剧烈的强风。将吸收器、液滴收集器及烟道仔细用蒸馏水洗净。灯及灯芯用石油醚洗涤并干燥。

(2)在灯上燃烧无烟的石油产品，按下列数量注入清洁、干燥的灯(无须预先称量)中：含微量硫(硫含量在 0.05% 以下)的低沸点的产品(如航空汽油)，其注入量为 4～5mL，硫含量在 0.05% 以上及高沸点的产品(如汽油、煤油等)，其注入量为 1.5～3mL。

(3)将灯用穿着灯芯的灯芯管塞上。灯芯的下端沿着灯的底部周围放置。当石油产品把灯芯浸润后，即将灯芯管外的灯芯剪断，使其与灯芯管的上边缘齐平。然后将灯点燃，调整火焰，使其高度为 5～6mm。随后把灯火熄灭，用灯罩将灯盖上，在分析天平上称量，称准至 0.0004g。依照同样方法将试样装入第二个灯中；将标准正庚烷或 95% 乙醇或汽油(不必称量)装入做空白实验的第三个灯中。

(4)单独在灯中燃烧而发生浓烟的石油产品(含多量芳香烃或不饱和烃的高温裂解产品，催化裂化产品等)以及高沸点的石油产品(如柴油)，则取 1～2mL 注入预先连同灯芯及灯罩一起称量(称准至 0.0004g)过的洁净、干燥的灯中。然后，往灯内注入标准正庚烷或95%乙醇或汽油，使其达到1∶1或2∶1的比例，在必要时可按3∶1(体积比)的比例。使所组成的混合液在灯中燃烧的火焰不带烟。试样和注入标准正庚烷或95%乙醇或汽油所组成的混合液的总体积为4～5mL。依照同样方法将试样装入第二个灯中，将标准正庚烷或95%乙醇或汽油(不必称量)装入做空白实验的第三个灯中。

(5)用橡皮管将吸滤瓶与水流泵或真空泵连接起来，并将玻璃三通栓的一端穿过胶塞插入瓶颈中，另两端用橡皮管和吸收器相连接。第三套吸收器也用橡皮管及玻璃弯管连接到吸滤瓶的胶塞上，以便三套仪器同时进行实验。

(6)往吸收器1的大容器里装入用蒸馏水小心洗涤过的玻璃珠或玻璃棒约达2/3高度。并用吸量管准确地注入0.3%碳酸钠溶液10mL，用量筒注入蒸馏水10mL。在吸滤瓶与抽气泵及液滴收集器2与三通栓之间的橡皮管套上螺旋夹子。

5.10.4.2　操作步骤

(1)仪器装妥后，开动水流泵，使空气自全部吸收器均匀并缓慢地通过。然后自灯4上取下灯罩，将所有灯点燃，放在各烟道3的下面，使灯芯管的边缘不高过烟道下边8mm处。点灯时须用不含硫的火苗，例如酒精灯火苗(不许用火柴点灯)。每个灯火焰高度须调整为6～8mm。调整火焰高度时，用针挑拨里面的灯芯。在所有的吸收器中，吸空气的速度要保持均匀，并用螺旋夹调整，使火焰不带黑烟。

(2)使每个灯里的试样完全燃烧尽。如果是用标准正庚烷或95%乙醇或汽油稀释过的试样，当燃尽后，就再向灯中注入1～2mL标准正庚烷或95%乙醇或汽油，使其全部燃烧尽。试样燃尽后将灯熄灭，盖上灯罩，经过3～5min后，关闭水流泵。

(3)拆开仪器并以洗瓶中的蒸馏水喷射洗涤液滴收集器、烟道及吸收器上部。将洗涤的蒸馏水收集于曾在其中用0.3%碳酸钠溶液吸收二氧化硫的吸收器中。在吸收器中加入1～2滴指示剂，如此时吸收器中的溶液呈红色，则认为此次实验无效，应重做实验。此时应减少燃烧的试样量。

(4)加入指示剂后，以0.05mol/L盐酸溶液滴定。为了在滴定时搅拌溶液，在吸收器的玻璃管处接上橡皮管，并用橡皮球或泵对溶液进行打气或抽气搅拌。先将空白试液(标准正庚烷或95%乙醇或汽油燃烧后所生成物质的吸收液)滴定至呈现红色为止，作为空白实验。然后滴定含有试样燃烧生成物的各溶液。当溶液呈现出与已滴定的空白实验所呈现同样的红色时，即为滴定已到终点。

(5)烧未稀释的试样时，当燃烧完毕后，将灯放在分析天平上称量(称准至0.0004g)。并计算盛有试样的灯在实验前的重量与该灯在燃烧后的重量间的差值，作为试样的燃烧量。燃烧稀释过的试样时，计算盛有试样灯的重量与未装试样的清洁、干燥灯的重量间的差值，作为试样的燃烧量。

5.10.5　实验结果及处理

试样中的硫含量X(%)按式(5－13)计算：

$$X=\frac{(V-V_1)K\times 0.0008}{G}\times 100\% \tag{5-13}$$

式中　V——滴定空白试液所消耗盐酸溶液的体积，mL；

V_1——滴定吸收试样燃烧生成物的溶液所消耗盐酸溶液的体积，mL；

K——换算为0.05mol/L盐酸溶液的修正系数(是盐酸的实际当量浓度与0.05mol/L之比值)；

0.0008——单位体积0.05mol/L盐酸溶液所相当的硫含量，g/mL；

G——试样的燃烧量，g。

5.10.6 分析思考题

(1)油品中含硫有什么危害?

(2)油品脱硫有哪些方法?

5.11 原油盐含量测定实验

5.11.1 实验目的

(1)了解测定原油盐含量的意义；

(2)掌握电测法测定原油盐含量的原理和实验方法。

5.11.2 实验原理

通常情况下，外输原油中伴有微量乳化水中都不同程度的含有有氯化物($NaCl$、$CaCl_2$、$MgCl_2$等盐分)，在管输、加工过程中，这些盐类会沉积在管壁上形成盐垢，增加压降，降低运行效率，严重时甚至会堵塞管路，造成事故，同时会由于$CaCl_2$、$MgCl_2$的水解而引起设备腐蚀。另外，在原油炼制过程中，其盐类大多残留在渣油和重馏分中，直接影响到相关石油产品的质量。因此，通过对油品中盐含量的测定，可以分析原油脱盐脱水的深度，评价和筛选最佳的脱盐脱水工艺，表征石油产品的性能指标。

油品中盐含量的测定方法主要有电量法、电位滴定法及电导法。电位滴定法是将原油试样充分混合均匀后，称取一定量的试样，并将其溶解于65℃的二甲苯中。用乙醇、丙酮和水在指定的抽提装置中进行抽提。抽提液脱除硫化物后，用电位滴定法测定其中的总卤化物含量，然后折合成氯化钠的含量。电量法处理步骤与电位滴定法相似，但是取样量少，检测氯离子的方法不同。原油在极性溶剂存在下加热，用水抽提其中包含的盐，离心分离后用注射器抽取适量抽提液，注入含一定量银离子的醋酸电解液中，试样中的氯离子即与银离子发生沉淀反应，反应消耗的银离子由发生电极电生补充。通过测量电生银离子消耗的电量，根据法拉第定律即可求得抽提液中的氯离子，再折合成氯化钠的量。

本节主要介绍电导法。原油本身导电性差，但原油中含有水和盐类，经溶剂稀释后，具有一定的导电性，并且电流值的大小与原油中盐的含量存在一定的比例关系。配制一系列含氯标样，并测定每个标样的电导值，绘制盐含量-电导值相关曲线。将准备好的试样溶液放在测量烧杯中，再将电极放进溶液里，并提供一个毫伏级的电压，仪器能够自动测量导电值，通过测量的导电值与校正曲线做比较可得出原油中的盐含量。

5.11.3　实验装置

电导法测原油盐含量的仪器由能够产生和显示几个电压水平的控制单元组成，此控制单元能对悬置于盛有试液烧杯的电极施加电压。该仪器应能够测定和显示每一电压水平下两电极间试液的电流(mA)。其他装置还包括烧杯(通常使用100mL无唇高型烧杯，如图5－19所示)、移液管、量筒及电极等。

所用试剂包括：

混合醇溶剂：按照63∶37的体积比将正丁醇和无水甲醇混合均匀，每升混合液加3mL水。

NaCl溶液(10g/L)：称取1.00g±0.01g氯化钠置于100mL容量瓶，加25mL水溶解，用混合醇溶剂稀释到要求刻度。

$CaCl_2$溶液(10g/L)：称取1.00g±0.01g氯化钙或等量含结晶水盐置于100mL容量瓶中，加25mL水溶解，用混合醇溶剂稀释到要求刻度。

$MgCl_2$溶液(10g/L)：称取1.00g±0.01g氯化镁或等量含结晶水盐置于100mL容量瓶中，加25mL水溶解，用混合醇溶剂稀释到要求刻度。

混合盐溶液(浓溶液)：分别移取10.0mL氯化钙溶液、20.0mL氯化镁溶液、70.0mL氯化钠溶液，并充分混合(10∶20∶70代表了很多原油中存在$CaCl_2$、$MgCl_2$、NaCl等氯化物的含量比例)。当某特定原油中$CaCl_2$、$MgCl_2$、NaCl的相对比例已知时，用已知比例会得到最准确的结果。

混合盐溶液(稀释液)：移取10.0mL混合盐溶液(浓溶液)于1000mL容量瓶中，用混合醇溶剂稀释至要求刻度。

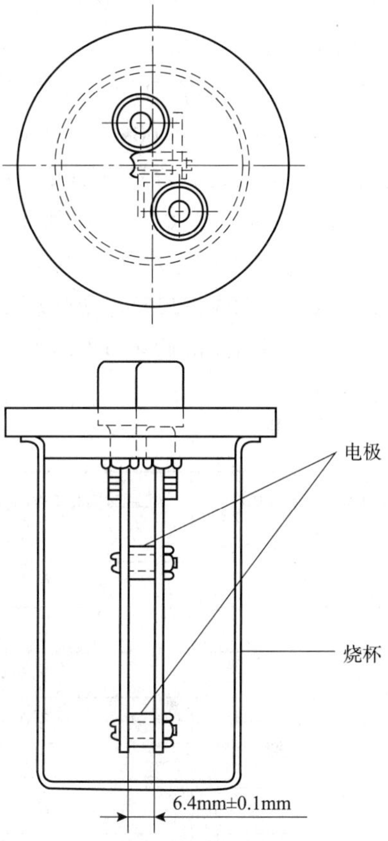

图5－19　盐含量测定用烧杯示意图

精制中性油：任何无氯化物的精制油，40℃运动黏度约为20mm^2/s，不含添加剂。

其他试剂：二甲苯、石脑油(或石油醚、溶剂油)。

5.11.4　实验步骤与方法

5.11.4.1　实验准备

(1)用适当的搅拌器搅拌试样，确保试样完全均匀；对于很黏稠的样品，可以等加热到具有适度流动性后再制备样品，但任何样品都不能为了制样而过度加热；含有水和沉淀物的原油样品本身是不均匀的，水和沉淀物的存在会影响样品的电导率，因此，要尤其注意取均匀性好、有代表性的样品。

(2)把仪器放在水平、稳固的台面上；按要求校准、检查仪器；充分清洗并干燥烧杯、电极，确保不黏附任何清洗仪器的溶剂。

5.11.4.2 操作步骤

(1)校准

①测试时试样的温度会影响电导率，试样温度应控制在建立标准曲线时温度的 ±3℃范围内。按照步骤②进行一次不加混合盐的空白溶液测试。在 125V 电压下，若显示电极间电流大于 0.25mA。说明有水或者其他导电杂质存在，找出根源并消除，否则就无法完成校准。在每次更换二甲苯或混合醇溶剂时，都要进行上述的空白溶液测试。

②向干燥的 100mL 具塞量筒中加入 15mL 二甲苯，用移液管或量筒移入 10mL 中性油，用二甲苯清洗移液管直到中性油全部转入具塞量筒中，然后用二甲苯补充至 50mL，盖上塞子，剧烈振荡量筒 60s，以达到互溶。按照表 5－17，加入一定量的混合盐溶液(稀释液)，标准溶液的盐含量范围要与待测样品盐含量范围接近。用混合醇溶剂稀释至 100mL，再次剧烈振荡量筒 30s，以达到互溶，将量筒静置约 5min 后，把溶液倒入干燥的测试烧杯中。立即把电极插入烧杯溶液中，要确保电极的上沿低于液面，调节电极电压到一系列值，如 25V、50V、125V、200V 和 250V 交流电，在每一电压值下，观测电流读数，记录显示电压和电流(准确至 0.01mA)。从溶液中取出电极，先用二甲苯清洗，再用石脑油清洗，并干燥。

表 5－17　标准样品

原油中盐含量/(g/m^3)	混合盐溶液(稀释液)加入量/mL	原油中盐含量/(g/m^3)	混合盐溶液(稀释液)加入量/mL
3	0.3	115	12.0
9	1.0	145	15.0
15	1.5	190	20.0
30	3.0	215	22.5
45	4.5	245	25.5
60	6.0	290	30.5
75	8.0	430	45.0
90	9.5		

③重复步骤②，加入其他体积的混合盐溶液(稀释液)，以覆盖所需的盐含量测定范围。每个标准样品的净电流通过显示电流减去空白电流获得，对于每个电压值，在双对数(或者其他合适的格式)坐标纸上分别绘制以盐含量为纵坐标，净电流(mA)为横坐标的标准曲线。

④注意事项：

a. 有些仪器本身可以在测量电压和电流后记录存储电压、电流、标准浓度和空白值，生成标准曲线并存储在仪器中；

b. 由于原油和盐水的混合物保持均匀状态极其困难，所以仪器校准采用中性油和混合盐溶液与二甲苯混合制成的标准溶液，如需要，校准可以通过反复用热水抽提原油样品中的盐，并对抽提液中的氯化物进行滴定确认；

c. 在校准宽范围的氯化物浓度时，有必要施加不同电压以获得仪器限定电流范围内

(0～10mA)的电流，低浓度采用高电压而高浓度采用低电压。

(2)测定

①在干燥的100mL具塞量筒中加入15mL二甲苯，用移液管或量筒移入10mL原油样品，用二甲苯清洗移液管直到原油全部转入具塞量筒中，然后用二甲苯补充至50mL，盖上塞子，剧烈振荡量筒60s，以达到互溶。用混合醇溶剂稀释至100mL，再次剧烈振荡量筒30s，以达到互溶，将量筒静置约5min后，把溶液倒入干燥的测试用烧杯中。

②按照校准步骤②得到电压和电流读数，记录电压、电流(电流准确至0.01mA)。从样品溶液中取出电极，进行清洗并干燥。

5.11.5 实验结果及处理

试样电流减去空白溶液电流，得到净电流。通过标准曲线，读取试样净电流(mA)对应的盐含量。试样盐含量按式(5－14)计算：

$$X' = \frac{1000X}{d} \tag{5-14}$$

式中 X'——盐含量的数值，mg/kg；

X——盐含量的数值，g/m^3；

d——试样在15℃下的密度，kg/m^3。

5.11.6 分析思考题

(1)油品中含盐有什么危害？

(2)油品脱盐有哪些方法？

5.12 原油水含量测定实验

5.12.1 实验目的

(1)了解原油水含量对原油生产、加工、运输的影响；

(2)熟练掌握蒸馏法测定原油水含量的原理与方法。

5.12.2 实验原理

原油水含量分析是油田开发生产及管理的一个重要环节，关系到区域和单井的评价以及原油的计量交接。测定原油水含量，分析原油中含水的变化，对准确计量油井产量、分析油藏生产动态、制定脱水运行方案及保证外输原油的质量等具有重要意义。

原油中的水主要以三种形式存在：悬浮水、游离水、溶解水。根据含水量的多少，实验室测定原油水含量的方法通常有沉降法、电脱法、离心法、蒸馏法等，其中蒸馏法是测定外输原油水含量的标准通用方法。其原理是在回流条件下，将原油试样和不溶于水的溶剂混合加热，样品中的水被同时蒸馏，冷凝后的溶剂和水在接收器中连续分离，水沉降在接收器的刻度管中，溶剂则返回到蒸馏烧瓶中，根据试样的用量和接收器中水的体积，计算出试样中水的百分含量。蒸馏法的特点是测量范围大，千分之一以上的含水量都可以用蒸馏法进行检测，操作简单，成本低，较安全，是原油水含量测试的主要方法。

5.12.3 实验装置

原油水含量测定所用装置由玻璃蒸馏烧瓶、冷凝管、带刻度的水分接收器、加热器等组成，如图5－20所示。

(1)蒸馏烧瓶：1000mL，配有24/39锥形磨口的圆底玻璃蒸馏烧瓶。

(2)水分接收器：最小刻度值为0.05mL，带有24/39锥形磨口的5mL玻璃制接收器。

(3)冷凝管：长400mm的直管冷凝管。

(4)干燥管：装有自指示剂的干燥管，放置在冷凝管的顶部。

(5)加热器：任何可以把热量均匀地分布到蒸馏烧瓶整个下半部分的合适的气体或电加热器都可以使用。一般使用电加热套。

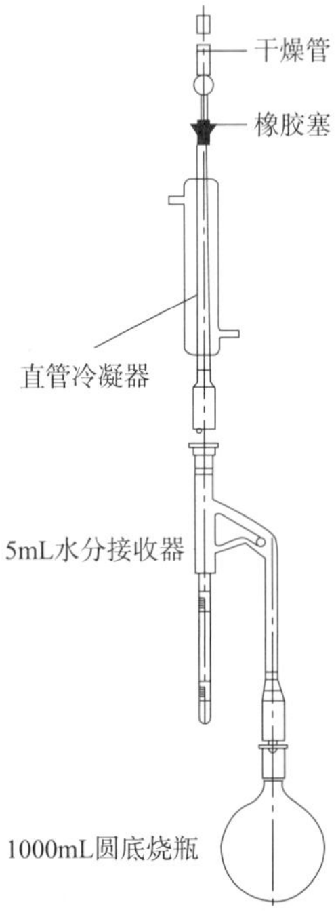

图5－20 原油水含量测定仪器示意图

5.12.4 实验步骤与方法

5.12.4.1 实验准备

(1)标定和回收实验

①标定：在首次使用前，要检验接收器刻度的精度。使用一个5mL的微量滴定管或能读准至0.01mL的精密微量移液管，以0.05mL的增量逐次加入蒸馏水。如果加进的水量和观察的水量的偏差大于0.05mL，则废弃这个接收器或重新标定。

②回收实验：向仪器中加入400mL干燥的溶剂[最大含水量(质量分数)0.02%)]并按照实验操作步骤检验整套仪器回收水的总量。最初的操作完成后，倒掉接收器中的液体并用滴定管或微量移液管向蒸馏烧瓶中直接加入1.00mL±0.01mL的蒸馏水，继续按实验操作步骤的规定操作。重复本步骤，但向蒸馏烧瓶中加入4.50mL±0.01mL的蒸馏水。如果接收器的读数在表5－18规定的允差范围内，则认为整套仪器是合格的。

表5－18 水回收量的允差

接收器在20℃的最大容量/mL	在20℃加进的水的体积/mL	在20℃回收水的允差/mL
5.00	1.00	1.00±0.025
5.00	4.50	4.50±0.025

③如果读数超出允许值则认为是由于蒸汽泄漏、蒸馏速度太快、接收器刻度不准确或是外来湿气进入造成的操作故障。如果这些故障能被鉴别，则应消除故障并重做回收实验。

(2)准备待测试样

①取出具有代表性的原油试样放置到指定的实验容器中；基于样品的预期含水率，根据表5－19选择试样量。

表5－19 试样量的选择标准

预期水含量(质量分数或体积分数)/%	大约试样量/g(或mL)
50.0~100.0	5
25.1~50.0	10
10.1~25.0	20
5.1~10.0	50
1.1~5.0	100
0.5~1.0	200
<0.5	20

②测量水的体积分数时，用量筒量取流动液体，仔细缓慢地倾倒试样达到量筒所要求的刻度并避免夹带空气，严格调整液面尽可能达到所要求的刻度。仔细缓慢地把试样倒入蒸馏烧瓶中，用与量筒相同体积的溶剂(一般为二甲苯)分5份清洗量筒，并把清洗液倒入烧瓶中，务必彻底倒净量筒，确保试样完全转移。

③测量水的质量分数时，把试样直接倒入蒸馏烧瓶中，称量试样。如果必须使用转移容器(烧杯或量筒)，用上述方法把溶剂分5份清洗容器，并把清洗液倒入烧瓶中，然后计算试样的质量。

(3)仪器的清洗

水粘附在仪器表面上不能沉降到接收器中会对蒸馏法的精密度造成影响，为了减小影响，在实验前需要对仪器进行清洗，以除去表面膜和有机残渣。

5.12.4.2 操作步骤

(1)在烧瓶中加入足够的溶剂(二甲苯)，使其总体积达到400mL。按照图5－20所示装配原油水含量测定实验装置，检查所有接头处的气密性和液密性，把装有干燥剂(一般为变色硅胶)的干燥管放置在冷凝管的上端，防止空气中的水分在冷凝器内部冷凝。冷凝器循环水的温度在20~25℃(或常温自来水)。

(2)打开加热器开始加热蒸馏烧瓶。由于原油的类型能够较大地改变原油－溶剂混合物的沸腾性质，所以加热的初始阶段要缓慢加热(大约0.5~1h)，以防止爆沸和系统的水分损失(冷凝液不能高于冷凝管内管的3/4处)。初始加热后，调整沸腾速度以便使冷凝液不高于冷凝管内管的3/4处，流出物应以2~5滴/s的速度滴进接收器。继续蒸馏，直到除接收器外仪器的任何部位都看不到可见水，并且接收器内的水的体积在5min内保持为常数。

(3)如果冷凝管内管中有水滴持续积聚，可用溶剂冲洗，必须在加热停止至少15min后进行，以防止爆沸。冲洗后，蒸馏至少5min，缓慢加热以防止爆沸。重复此步骤直到冷凝管内没有任何可见水并且接收器内水的体积在至少5min内保持为常数。如果该操作不能除掉水时，使用尖状小工具或聚四氟乙烯刮具，以便把水刮进接收器内。

(4)水被完全转移后，让接收器和其内容物冷却至室温。用尖状小工具或聚四氟乙烯刮具把黏附在接收器上的任何水滴刮到水层里，读出接收器中水的体积。接收器分度为0.05mL，但是水的体积要估读至接近0.025mL。

5.12.5 实验结果及处理

利用公式(5－15)～公式(5－17)中适合的公式计算样品的水含量，以水分的体积分数φ_a、φ_b或质量分数ω_c计，数值以%表示。

$$\varphi_a = \frac{V_2 - V_0}{V_1} \times 100 \tag{5-15}$$

$$\varphi_b = \frac{V_2 - V_0}{m/\rho} \times 100 \tag{5-16}$$

$$\omega_c = \frac{V_2 - V_0}{m} \times 100 \tag{5-17}$$

式中 V_0——做空白实验时接收器中水体积的数值(修约到0.025mL)，mL；

V_1——试样体积的数值，mL；

V_2——接收器中水体积的数值(修约到0.025mL)，mL；

m——试样质量的数值，g；

ρ——样品密度，g/mL。

将计算结果填入表5－20中。

表5－20 原油水含量测定结果报告表

		第一次	第二次	第三次
结果记录	水体积/mL			
	体积分数/%			
平均值/%				
水含量/%				

5.12.6 分析思考题

(1)原油含水在生产过程中有哪些危害？

(2)采用蒸馏法测定原油水含量的过程中，哪些因素会影响测量结果的准确性？

5.13 原油乳状液制备及破乳实验

5.13.1 实验目的

(1)了解原油乳状液的基本性质，掌握制备乳状液及鉴别其类别的方法；

(2)理解原油乳状液破乳脱水的意义，掌握常用的破乳方法及原理。

5.13.2　实验原理

两种或两种以上互不相溶(或微量互溶)的液体，其中一种以极小液滴的形式分散于另一种液体中，这种分散物体系称为乳状液。原油在开采、集输过程中均具备形成油水乳状液的条件，在生产运行中，应把防止形成稳定原油乳状液作为重点，否则将加速设备、容器及管线的腐蚀，增加运行成本，严重影响油气生产的经济效益。

目前，我国一般要求油田将原油中的含水质量分数降低到0.5%左右，优质原油需达到0.3%，含盐量不大于100mg/L。尤其是随着以聚合物驱、二元驱、三元复合驱为代表的化学驱油技术工业化应用，采出液乳化现象的复杂性和采出原油乳状液的稳定性都有所提高。也增大了乳状液破乳脱水的难度。因此，开展原油乳状液破乳脱水实验，对于理解原油乳状液破乳脱水的必要性，掌握各种破乳脱水技术的适用性，指导矿场原油脱水工艺的优化设计与运行均具有重要意义。

在原油乳状液中，一般把分散的液滴称为分散相或内相，未分散成液滴的液体称为分散介质或外相。原油和水构成的乳状液主要有两种类型：一种是“油包水”型乳状液，水以极微小的颗粒分散于原油中，用符号W/O表示，此时水是内相，油是外相；一种是“水包油”型乳状液，用符号O/W表示，此时油是内相，水是外相。

将两种互不相溶的液体放在一起，用力振荡，即可得到乳状液。但是这种乳状液极不稳定，一旦停止搅动就会分层。要得到稳定的乳状液，必须加入第三种物质——乳化剂。乳化剂是一些具有极性基团和非极性基团的表面活性物质，当它吸附在油水界面时，能降低界面张力，而且形成一定强度的保护膜，从而使乳状液稳定。乳化剂还能决定乳状液的类型，如同为金属皂类，若用钠皂作为乳化剂，则生成O/W型乳状液；若用钙皂作为乳化剂，则生成W/O型乳状液。在实验室里主要选用油酸钠、油酸钙、失水山梨醇油酸酯(Span)、聚氧乙烯失水山梨醇单油酸酯(Tween)等表面活性剂作为乳化剂。

一般采用的鉴别乳状液类型的方法有：稀释法、染色法、电导法、滤纸润湿法、显微镜法等。常用的破乳方法有置换法、化学破乳法、高电压法、加热沉降法等。在此不对各种方法进行展开叙述，本节主要介绍稀释法、染色法、电导法三种鉴别方法和化学破乳法。

5.13.3　实验装置

制备和鉴别乳状液所用到的主要装置有：锥形瓶、滴定管、试管、滴管、烧杯、量筒、电导率仪、显微镜、电动搅拌器等；所用的试剂有：2%油酸钠水溶液、0.2%油酸钙苯溶液、0.2%Tween-80水溶液、0.2%Span-80苯溶液、1%苏丹Ⅲ苯溶液、0.5%次甲基蓝水溶液、0.05mol/L氯化钙溶液、苯、冰醋酸、戊醇等。

破乳所用到的主要装置及材料有：脱水试瓶、恒温水浴、电子天平、微量注射器；破乳剂样品、二甲苯、石油醚(60~90℃)等。

5.13.4　实验步骤与方法

5.13.4.1　乳状液制备及类型鉴别

(1)乳状液制备

①取2%油酸钠溶液40mL于200mL磨口锥形瓶中，加入2mL苯，激烈振荡30s，再

加入 2mL 苯，再激烈振荡 30s，直至加入苯的总量为 40mL 时为止。仔细观察每次加入苯及振荡后的现象，塞紧锥形瓶备用。此为乳状液Ⅰ。

②取 0.2% 油酸钙溶液 14mL 于 100mL 磨口锥形瓶中，每次加入 1mL 水，激烈振荡 30s，直至加入 6mL 水为止。塞紧锥形瓶，备用。此为乳状液Ⅱ。

③取 0.2% Tween－80 溶液 10mL 于 100mL 磨口锥形瓶中，每次加入 1mL 苯，激烈振荡 30s，直至加入 10mL 苯为止。塞紧锥形瓶，备用。此为乳状液Ⅲ。

④取 0.2% Span－80 溶液 14mL 磨口锥形瓶中，每次加入 1mL 水，激烈振荡 30s，直至加入 6mL 水为止。此为乳状液Ⅳ。

(2)鉴别乳状液类型

①稀释法：取 1 支试管，装入 1/2 的水，用玻璃棒蘸取乳状液Ⅰ少许于水中，轻轻搅拌，观察现象并记录之。(有时也取一滴滴在滤纸上观测，若中心为油滴，边缘被水润湿则为 O/W，否则为 W/O)

②染色法：取 2mL 乳状液Ⅰ于试管中，加入苏丹Ⅲ苯溶液 2 滴，摇匀。取乳状液Ⅰ滴于载片上，在显微镜下观察之，记录显红色的是分散相还是分散介质。再用次甲基蓝溶液，按上述操作，记录显赤蓝色的是分散相还是分散介质。

③电导法：将 30mL 乳状液Ⅰ倒入 50mL 小烧杯中，按测定电导的方法操作，视指针偏转的大小，确定乳状液的类型。

④在上述三种方法中，任选一种方法。对乳状液Ⅱ、Ⅲ、Ⅳ进行鉴别，并记录所观察的现象。

5.13.4.2 原油乳状液制备与破乳

(1)原油乳状液制备

测定实验原油样品本身的含水率。将含有乳化剂的活性水与稠油按 7：3 的质量比混合后，放在 25℃的恒温水浴中静置 30min；然后用数显电动搅拌器进行充分搅拌，搅拌速度控制在 1000r/min，搅拌时间为 3min，操作温度设置为 25℃，制得 O/W 型原油乳状液样品。

(2)化学破乳

将每组样品搅拌后立即倒入 50mL 比色管中，并用 2mL 玻璃针管加入破乳剂样品，然后手摇 200 次(或机械振荡 2min)，充分混合均匀后立即放置到 70℃水浴中恒温静置 1h，每隔 15min 测量一次分水高度，最后将样品静置 48h 后测量乳状液的总高。在此基础上，计算不同类型破乳剂样品的破乳效率，并观测分出水的清澈度。对难以分辨清澈度的水样应用紫外光分光光度计或电导率仪测量污水含油率，其值越大，表明分出水的含油率越低。

5.13.5 实验结果及处理

(1)将乳状液制备及类型鉴别实验的结果记录于表 5－21 中。

表5-21　乳状液制备及类型鉴别实验结果记录表

	乳状液Ⅰ	乳状液Ⅱ	乳状液Ⅲ	乳状液Ⅳ
稀释法				
染色法				
电导法				
类型				

(2)将原油乳状液制备与破乳实验的结果记录于表5-22中。

表5-22　原油破乳脱水实验结果记录表

<table>
<tr><td rowspan="2">实验条件</td><td>乳状液制备条件</td><td colspan="2"></td><td>乳状液含水率/%</td><td colspan="2"></td></tr>
<tr><td>破乳剂类别及名称</td><td colspan="2"></td><td>加剂浓度/(mg/L)</td><td colspan="2"></td></tr>
<tr><td rowspan="6">实验结果</td><td>时间</td><td>脱水量/mL</td><td>脱水率/%</td><td>油相含水率%</td><td>油水界面状况</td><td>水相清洁度</td></tr>
<tr><td>15min</td><td></td><td></td><td></td><td></td><td></td></tr>
<tr><td>30min</td><td></td><td></td><td></td><td></td><td></td></tr>
<tr><td>45min</td><td></td><td></td><td></td><td></td><td></td></tr>
<tr><td>60min</td><td></td><td></td><td></td><td></td><td></td></tr>
<tr><td>……</td><td></td><td></td><td></td><td></td><td></td></tr>
</table>

注：油水相界面，按清晰、模糊(有泡或花边)、有乳化层等进行描述；水相清洁度，分为四级，水干净(清、乳白)、水较干净(较清、较黄)、水不干净(黄、棕)、无效果。

5.13.6　分析思考题

(1)形成乳状液的类型与哪些因素有关?

(2)影响乳状液稳定性的因素有哪些?

(3)常用的乳化剂有哪些类型?破乳剂有哪些类型?

5.14　表界面张力测定实验

5.14.1　实验目的

(1)了解表界面张力在原油乳状液破乳脱水、油水分离等环节中的意义;

(2)掌握表面及界面张力测定的几种方法及原理。

5.14.2　实验原理

原油乳状液破乳脱水是油田地面工程的一项关键环节，目前最常用的是化学破乳技术，即在原油中加入破乳剂破坏由乳化剂在油水界面上形成的弹性外壳(界面膜)，使得小水滴碰撞、凝聚成大水滴，进而达到油水沉降分离的目的。因此，熟悉相关界面性质，测定不同类型破乳剂在不同浓度、不同温度条件下对原油-盐水体系的界面张力，对于分析破乳剂在油水界面上的吸附性质，认识破乳机理，指导破乳剂的合成与筛选具有重要意义。

在物质内部，每个分子所受其周围分子的作用力是对称的，而处于界表面上的分子所受的作用力是不对称的，这种不对称的合力就是界面张力，即沿着不相溶的两界面垂直作用在单位长度液体界面上的收缩力。液－气、固－气之间的界面称为表面，其界面张力称为表面张力。单位通常以 N/m 或 mN/m 表示。液体表面纵向可自动收缩，当重力可以忽略时，液体总是趋向于形成球形，这就是表面张力的作用结果。活跃于表面和界面上具有极高的降低表面、界面张力的能力和效率的一类物质，称为表面活性剂，其中，能够使油水变成乳液的表面活性剂称为乳化剂，而能使乳化状的液体结构破坏，使乳化液中各相分离开的表面活性剂称为破乳剂。

测定表界面张力的方法有很多，包括圆环法、平板法、悬滴法、旋转滴法、停滴法、泡压法等。本节主要介绍前四种。

5.14.2.1 圆环法和平板法

将圆环或平板置于高密度相中并对其施加拉力，当圆环或垂直于液面的平板脱离高密度相时，对其施加的拉力等于其受到的表面或界面张力，测量其受到的拉力即可通过公式计算出表面或界面张力，如图 5－21、图 5－22 所示。

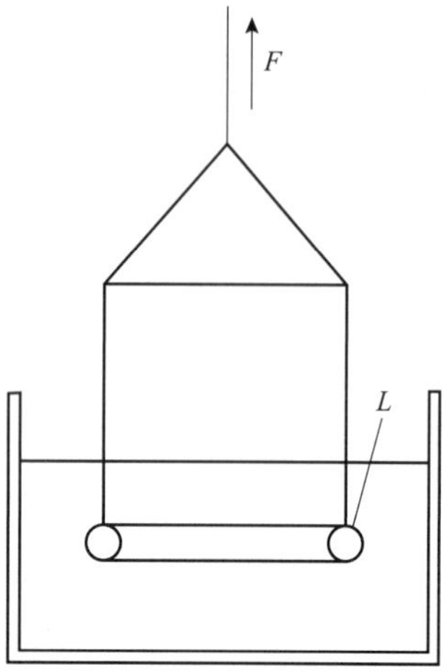

图 5－21 圆环法示意图

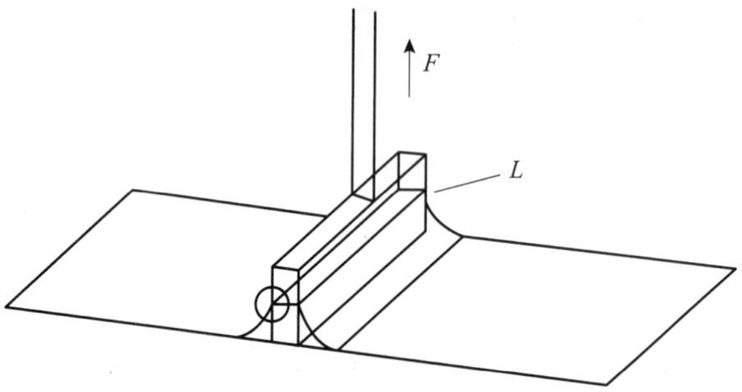

图 5－22 平板法示意图

表面或界面张力 γ 可按照式(5－18)计算：

$$\gamma = \frac{F}{L} \tag{5-18}$$

式中 γ——表面或界面张力，mN/m；

F——脱离力，mN；

L——周长，m。

5.14.2.2 悬滴法

根据液滴外形求算表面张力和界面张力的一种方法。当液滴静止悬挂在毛细管的管口处时，液滴的外形主要取决于重力和表面张力的平衡。通过对液滴外形的测定，即可推算出液体的表面或界面张力；若将液滴悬挂在另一种不相溶的液体中，也可推算出两种液体的界面张力，如图 5-23 所示。基于 Laplace 方程建立的 Bashforth - Adams 方程，经过简化后，表面或界面张力 γ 可按照式(5-19)计算：

$$\gamma = \frac{g D^2 \Delta\rho}{H} \tag{5-19}$$

式中 γ——表面或界面张力，mN/m；

g——重力加速度，m/s^2；

D——液滴最宽处的直径，m；

$\Delta\rho$——两相密度差，kg/m^3；

H——与仪器测量系统有关的常数，由仪器操作软件自动给出或参见仪器说明书。

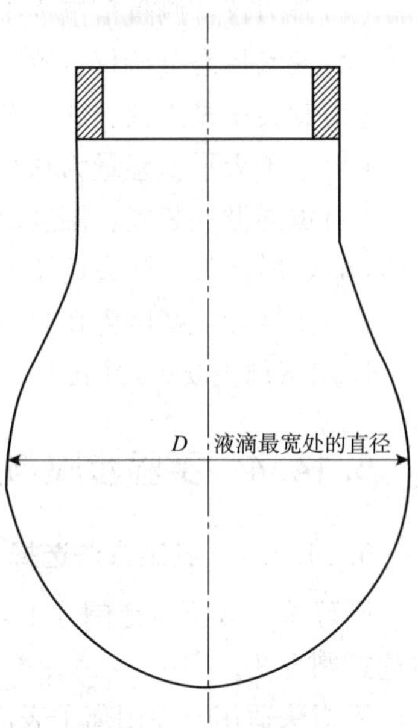

图 5-23 悬滴法示意图

5.14.2.3 旋转滴法

在离心力、重力及界面张力作用下，低密度相液体在高密度相液体中形成一椭球形或圆柱形液滴，其形状由转速和界面张力决定，如图 5-24 所示。测定液滴的长度 l、直径 D、两相液体密度差 $\Delta\rho$ 以及转速 ω，界面张力 γ 可按照式(5-20)计算：

$$\gamma = A\,\omega^2 D^3 \Delta\rho f(l/D) \tag{5-20}$$

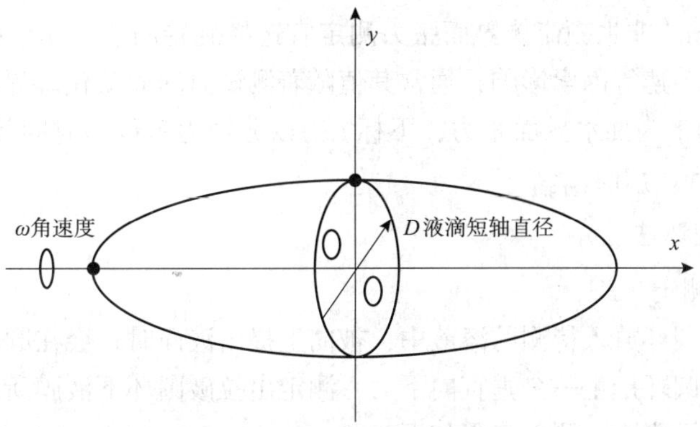

图 5-24 旋转滴法示意图

式中 γ——界面张力，mN/m；

A——与仪器测量系统有关的常数，由仪器操作软件自动给出或参见仪器说明书；

ω——角速度，rad/s；

D——液滴短轴直径，m；

$\Delta\rho$——两相密度差，kg/m^3；

$f(l/D)$——与油滴长宽比(l/D)有关的修正系数。

5.14.3 实验装置

表界面张力测定所需要的实验装置主要有以下几种：

(1)张力仪：测量范围为1～100mN/m，精度为0.01mN/m；

(2)液滴形态分析仪：测量范围为0.1～100mN/m；

(3)旋转滴张力仪：测量范围为1×10^{-5}～100mN/m，精度为0.001mN/m；

(4)电子天平：感量为0.0001g；

(5)恒温循环装置：温度范围为10～100℃，精度为0.5℃；

(6)U形针头：针头直径为0～25mm，精度为0.001mm；

(7)密度计：精度为0.001g/cm^3。

所用试剂主要有：丙酮、蒸馏水、纯水、航空煤油、正丁醇等。

5.14.4 实验步骤与方法

5.14.4.1 测定方法选择

圆环法有效测量范围为1～100mN/m。阳离子表面活性剂及其复配体系试样的测定，应选择圆环法。

平板法适用于除阳离子表面活性剂及复配体系以外的其他液体的表面张力及两相液体密度差不大于0.4g/cm^{3}的液－液间界面张力测定，其有效测量范围为1～100mN/m。非牛顿流体表面张力测定宜选择平板法。

悬滴法适用于不相溶的液－液或液－气两相间表面及界面张力测定，其有效测量范围为0.1～100mN/m。

旋转滴法适用于高密度相为透明的两相液体之间的界面张力测定，其有效测量范围为1×10^{-5}～100mN/m。非牛顿流体界面张力测定宜选择旋转滴法。非牛顿流体油水界面张力受体系黏弹性、转速等因素影响，通常其值随着测试时间而变化。界面张力值宜标注时间，表示为IFT_t(IFT为油水界面张力，下标t为以分钟为单位的时间量)，例如：120min时的界面张力值表示为IFT_{120}。

5.14.4.2 圆环法

(1)表面张力测定

将一个平整的圆环放入待测的溶液中，被向上提出液面时，会在圆环与液面之间形成一液膜，此液膜对圆环产生一个垂直向下力，测定出拉破圆环下液膜所需的最小的力，即为该待测溶液的表面张力。测定步骤如下：

①测定应在恒温室中进行。待测液体的温度应保持恒定，该温度一般可在20～25℃范围内任选一个。测定时，测量杯先用待测溶液冲洗几次，然后用移液管从大量待测溶液的中部吸取实验份样于测量杯内，将此测量杯放在仪器的平台上，升起平台至铂金圆环浸入测试溶液的中部，再慢慢地放低平台，同时调节连接铂金圆环臂上的拉力，使臂上的平衡指针与反射镜上的红线重合。

②继续缓慢地降低平台，并不断调节臂上的拉力，使铂金圆环上、下二力始终保持平衡。当铂金圆环刚露出液面时，在圆环与液面之间会形成一液膜，当拉力增大到一定程度时，液膜破裂，读出此时刻盘上的读数，即为该测试溶液测得的表面张力值。

③重复上述操作，连续测试5次，将5次连续测得的数值取算术平均值作为测试结果。同一样品连续5次测得的表面张力值相差不超过平均值的3%。

(2)界面张力测定

通过一个水平的铂丝测量环从界面张力较高的液体表面拉脱铂丝圆环，也就是从水油界面将铂丝圆环向上拉开所需的力来确定油水界面张力。测定步骤如下：

①测定试样在25℃的密度，准确至0.001g/cm^3。

②用表面张力测定法测试25℃ ±1℃的蒸馏水的表面张力，应为71 ~72mN/m。如果低于这个计算值，可能是由于界面张力仪调节不当或容器不净所致，应重新调节界面张力仪，清洗铂丝圆环和用热铬酸洗液浸洗试样杯，然后重新测定。若测得仍较低，就要进一步提纯蒸馏水。

③用蒸馏水测得准确结果后，将界面张力仪的刻度盘指针调回零点，升高可调节的测试台，使铂丝圆环浸入蒸馏水中5mm深度，在蒸馏水上慢慢倒入已调至25℃ ±1℃过滤后试样至约10mm高度，注意不要使圆环触及油 - 水界面。让油 - 水界面保持30s ±1s，然后慢慢降低测试台，增加圆环系统的扭矩，以保持扭力臂在零点。当附着在铂丝圆环上水膜接近破裂点时，扭力臂仍在零点上。上述这些操作，即铂丝圆环从界面提出来的时间应尽可能地接近30s。当接近破裂点时，应很缓慢地调节界面张力仪，因为液膜破裂通常是缓慢的，如果调节太快则可能产生滞后现象使结果偏高。从试样倒入试样杯，至油膜破裂全部操作时间大约60s。记下铂丝圆环从界面拉脱时的刻度盘读数。

④重复上述操作，连续测试3次，将3次连续测得的数值取算术平均值作为测试结果。同一样品连续3次测得的界面张力值相差不超过平均值的3%。

5.14.4.3 平板法

(1)表面张力测定

①设定恒温循环装置至测试温度，调整仪器达到水平，安装平板，仪器通电预热。测试二级蒸馏水的表面张力，在20℃温度下二级蒸馏水的表面张力值应为(72.75 ±0.50) mN/m时，表明仪器正常。

②将不少于30mL的试样倒入测量杯中，并移动到距离测量平板下端约2mm处。按仪器操作步骤进行测试(与圆环法类似)，记录测量结果。测量完毕后，取下测量杯和平板并清洗，用酒精喷灯烧灼后妥善保存。

③重复上述操作，连续测试5次，将5次连续测得的数值取算术平均值作为测试结果。同一样品连续5次测得的表面张力值相差不超过平均值的3%。

(2)界面张力测定

①设定恒温循环装置至测试温度，调整仪器达到水平，安装平板仪器通电预热。

②将100mL二次蒸馏水和100mL丁醇充分摇匀混合置于500mL广口瓶中，在20℃下静置不少于12h分相。在20℃温度下测定其低密度相(饱和水的丁醇溶液)和高密度相(饱和丁醇的水溶液)之间的界面张力，两相的界面张力值在(1.80 ±0.50)mN/m范围内时，表明仪器正常。

③将低密度相液体注入清洁的测量杯中(约占总容器的1/2)，并移动到距离测量平板约5mm处，开始测试。移开低密度相液体，清洁平板，将高密度相液体倒入清洁的测量杯中(约占总容器的1/6)，安装清洁冷却后的平板，升起样品台使平板接近到液面，将低密度相液体加入高密度相液体中，直到低密度相液体超过板上边缘5mm左右。按仪器操作步骤进行测试，记录测量结果。测量完毕后，取下测量杯和平板并清洗，用酒精喷灯烧

灼后妥善保存。

④重复上述操作，连续测试3次，将3次连续测得的数值取算术平均值作为测试结果。同一样品连续3次测得的界面张力值相差不超过平均值的3%。

5.14.4.4 悬滴法

(1)实验准备

①将接样器置于恒温装置内，开机预热。准备清洁的样品池、注射器，选择合适的注射器针头外径，使液滴呈梨形。

②按要求配置试样并测定其密度。若测定界面张力，则需分别测定高密度相液体和低密度相液体的密度，以计算密度差。

(2)表面张力测定

①设置实验条件，调节光源位置、亮度及摄影记录仪的焦距，使液滴图像边缘清晰。

②将试样装入样品池，再用注射器吸取试样，试样体积为1~5mL(黏稠或固体试样置于烧杯中加温降黏或熔融后装入)，置于恒温装置中，液体试样恒温30min，黏稠及熔融试样恒温30~60min，注射器针头应保持垂直。试样在注射器针头顶端形成梨形液滴后开始测量，记录液滴图像。根据公式(5-19)计算表面张力。

③重复上述操作，连续测试5次，将5次连续测得的数值取算术平均值作为测试结果。同一样品连续5次测得的表面张力值相差不超过平均值的5%。

(3)界面张力测定

①设置实验条件，调节光源位置、亮度及摄影记录仪的焦距，使液滴图像边缘清晰。

②将试样装入样品池，再用注射器吸取试样，样品池中的待测试样应透明，若样品池中的试样密度大于注射器中的试样，应使用U形针头。将已安装试样的样品池和注射器置于恒温装置中，液体试样恒温30min，黏稠及熔融试样恒温30~60min，注射器针头应保持垂直。试样在注射器针头顶端形成梨形液滴后开始测量，记录液滴图像。根据公式(5-19)计算界面张力。

③重复上述操作，连续测试3次，将3次连续测得的数值取算术平均值作为测试结果。同一样品连续5次测得的界面张力值相差不超过平均值的5%。

5.14.4.5 旋转滴法

(1)实验准备

①先用丙酮清洗测量管，再用二级蒸馏水润洗，最后用待测的高密度相液体冲洗两次后备用。

②按要求配置试样并测定其密度。若测定界面张力，则需分别测定高密度相液体和低密度相液体的密度，以计算密度差。

(2)界面张力测定

①设定测试温度、转速，恒温15min。

②将100mL二次蒸馏水和100mL丁醇充分摇匀混合置于500mL广口瓶中，在20℃下静置不少于12h分相。在20℃温度下测定其低密度相(饱和水的丁醇溶液)和高密度相(饱和丁醇的水溶液)之间的界面张力，两相的界面张力值在(1.80±0.50)mN/m范围内时，表明仪器正常。

③用注射器将测量管充满高密度相液体，再用微量注射器往测量管中部注入约 0.5μL 的低密度相液体，此时少量高密度相液体会被排出，用高密度相液体补满测量管并使液体高出管口，塞上管塞(管内不应有气泡)。用镜头纸擦干净测量管外壁，并将测量管装入仪器的旋转轴内，旋紧压帽(扶住轴端可防止轴转动)。开启测量后，调节仪器平衡，使低密度相液体始终处于测量管的中部，测量不同时间的界面张力值。

④重复上述操作，连续测试 3 次，将 3 次连续测得的数值取算术平均值作为测试结果。同一样品连续 5 次测得的界面张力值相差不超过平均值的 5%。

5.14.5　实验结果及处理

将表面及界面张力的测定结果记录至表 5－23、表 5－24 中。

表 5－23　表面张力测定结果记录表

样品名称或类别				测试方法			
液体密度/(g/cm^3)				温度/℃			
序号	1	2	3	4	5	平均值	报告结果
表面张力/(mN/m)							

表 5－24　界面张力测定结果记录表

样品名称或类别			测试方法		
液体密度/(g/cm^3)	低密度相：______ g/cm^3；高密度相：______ g/cm^3 密度差：______ g/cm^3				
温度/℃			转速/(r/min)		
序号	1	2	3	平均值	报告结果
界面张力/(mN/m)					

5.14.6　分析思考题

(1)影响表面、界面张力测定的因素有哪些？

(2)实验前未按要求清洗试样杯或铂丝环，对测量结果有什么影响？

第6章　腐蚀与防护实验

本章主要介绍腐蚀与防护实验，该部分实验是结合油田集输过程中腐蚀监测与防护的实际情况开设的，主要内容为阳极接地电阻测试实验、土壤电阻率测定实验、“极化曲线法”测土壤腐蚀性实验、管地电位测试实验四部分内容，各专业教师可根据课程教学的基本要求及学时情况挑选实验项目。

通过实验教学，使学生掌握接地电阻仪测定阳极接地电阻、“四极法”测土壤电阻率的基本原理及方法，学会分析阳极接地电阻、土壤电阻率的大小对阴极保护系统的影响；学生通过实验对比金属在电介质溶液和土壤中的腐蚀现象，了解金属受土壤腐蚀时极化与去极化作用的发生与发展过程，并学会用“极化曲线法”判断土壤腐蚀性；学会用管地电位判断管线的腐蚀程度；进而为掌握管道内、外防腐蚀技术、管道腐蚀与防护的检测技术，及钢质储罐的防腐蚀技术提供实践基础。

6.1　阳极接地电阻测试实验

6.1.1　实验目的

(1)掌握阳极接地电阻测试的基本原理及方法；
(2)掌握接地电阻仪的使用方法。

6.1.2　实验原理

管道的阴极保护是利用外加的牺牲阳极或外加电流，消除管道在土壤中腐蚀原电池的阳极区，使管道成为其中的阴极区，从而受到保护。阴极保护分为外加电流法与牺牲阳极法两种。外加电流法是将被保护的管道与直流电源的负极相连，把辅助阳极与电源的正极连接，使管道成为阴极受到保护，是一种利用外部直流电源取得阴极极化电流来防止金属管道遭受腐蚀的方法。牺牲阳极法是在待保护的金属管道上连接一电位更负的金属或合金，形成一个新的腐蚀原电池，接上的金属或合金称为牺牲阳极，整个管道成为阴极受到保护。

常用作牺牲阳极的材料大多是镁、铝、锌及其合金，其成分配比直接影响牺牲阳极电流的输出，关系到阴极保护效果的好坏。如果阳极的接地电阻越大，则阳极的输出电流越小，阴极保护系统的保护效果就越差。因此，阳极接地电阻是检验阴极保护系统效果好坏的一项重要必测参数。

6.1.3 实验装置

测定阳极接地电阻所用的主要装置有金属电极、接地电阻仪、导线等。

如图6－1所示，接地电阻仪上的C_1、C_2为供电极，电流为I_1，P_1、P_2为测量极。当供电I_1后，P_1、P_2间电阻r_x(即为阳极接地电阻)上造成电位差$I_1\times r_x$，该仪器按电位计原理设计，内部测量回路的电流为I_2，在可变电阻R_{ab}上造成电位差，当ob间的电位差$I_2\times R_{ob}=I_1\times r_x$时，则检流计不偏转，故得：$r_x=I_2/I_1\times R_{ob}$。

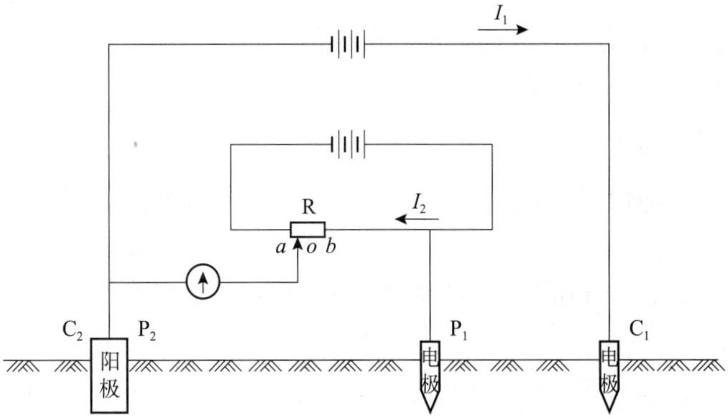

图6－1 接地电阻仪原理图

该仪器制造时，已固定I_2/I_1的值，分别为10、1、0.1(即“倍率标度”，有三个倍数，亦称为三挡)，R_{ob}可由仪表测量标度盘上读出，故测量接地电阻r_x值即为测定时采用的倍率标度的倍数乘以测量标度盘上的读数。

6.1.4 实验步骤与方法

6.1.4.1 操作步骤

(1)被测接地阳极(C_2、P_2)与电极P_1、C_1要依次按直线排列，彼此相距20m以上，将电极插入土壤中，注意电极顺序不能颠倒。用导线将阳极(C_2、P_2)与电极P_1、C_1连于仪表的相应端钮(图6－2)。

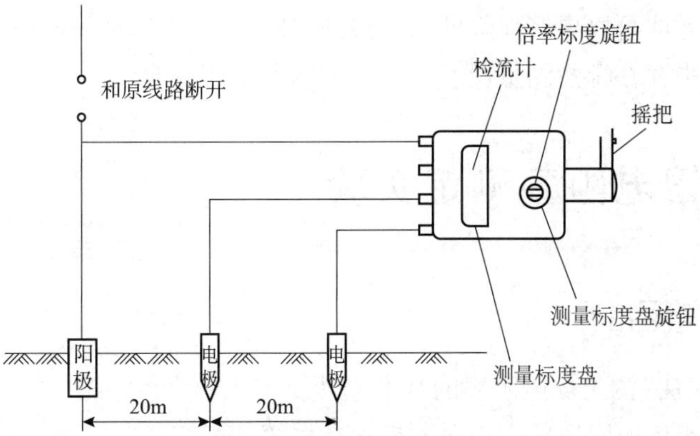

图6－2 接地电阻仪接线图

（2）将仪器放置水平，检查检流计指针是否指于中心线上，否则可用机械零位调整器调整。

（3）将“倍率标率”置于最大倍数，慢慢转动发电机摇把，同时转动“测量标度盘”使检流计指针指于中心线。

（4）当指针接近中心线时，加快发电机摇把转速，使其达到120r/min以上，同时调整“测量标度盘”，使指针指于中心线。

（5）如“测量标度盘”的读数小于1时，应将倍率标度置于较小的倍数，再重新调整“测量标度盘”以得到准确的读数。

（6）“测量标度盘”的读数乘以倍率标度的倍数，即为所测的阳极接地电阻值。

（7）改变南北或东西方向，再次测试。

6.1.4.2 注意事项

（1）测量阳极接地电阻时，应将原阴极保护电路与阳极断开。测量避雷针接地电阻时，应避开雷雨天气。

（2）当检流计灵敏度过高时，可将测量电极 P_1 在土壤中插得浅一些；如果灵敏度不足，可沿测量电极注水润湿。

（3）当被测阳极接地电阻小于1Ω时，应将 C_2、P_2 间的连接片打开，分别用导线连于阳极上，以减小导线电阻引起的误差。

6.1.5 实验结果及处理

将测得的阳极接地电阻数据记录于表6－1中。

表6－1 阳极接地电阻测试实验数据

实验内容		接地电阻值 r/Ω
阳极接地电阻测量	东西方向	
	南北方向	

6.1.6 分析思考题

（1）采用什么方法可以更好地降低阳极接地电阻？

（2）测量过程中存在哪些测量误差？可采取哪些措施克服？

6.2 土壤电阻率测定实验

6.2.1 实验目的

（1）掌握“四极法”测土壤电阻率的基本原理及方法；

（2）学会分析土壤电阻率的大小对阴极保护系统的影响。

6.2.2 实验原理

土壤是一种电介质，在外加电场的作用下，会产生导电现象。土壤电阻率与土壤腐蚀性有明显的关系，是地下金属材料腐蚀的主要影响因素，也是金属构件实行阴极保护设计的重要参数。测定土壤电阻率的方法有很多，本节主要介绍“四极法”。

“四极法”测土壤电阻率原理如图6－3所示，四个电极A、B、C、D在地上沿直线安装。

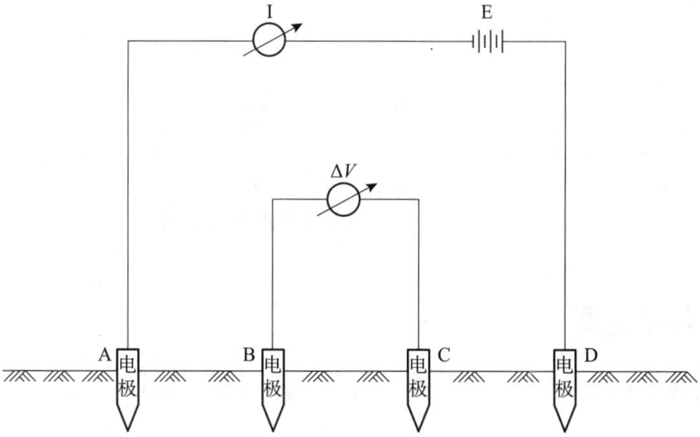

图6－3 四级法测土壤电阻率原理图

供电极A、D与电源E和电流表I相连，构成回路，通电后，在测量极B、C上形成电位差，可由电位差计测得为ΔV，该电位差值与经A、D二极上流过土壤的电流I和B、C二极间的土壤电阻成正比。所以当电极距离已知时，可求得土壤电阻率$\rho(\Omega/\text{m})$。

$$\rho = K\frac{\Delta V_{BC}}{I} \tag{6-1}$$

$$K = \frac{2\pi}{\dfrac{1}{\overline{AB}} + \dfrac{1}{\overline{CD}} - \dfrac{1}{\overline{BD}} - \dfrac{1}{\overline{AC}}} \tag{6-2}$$

当$\overline{AB} = \overline{CD}$，$\overline{AC} = \overline{BD}$时，

$$K = \pi\frac{\overline{AB}\cdot\overline{AC}}{\overline{BC}} \tag{6-3}$$

当$\overline{AB} = \overline{BC} = \overline{CD} = a$ 时，$K = 2\pi a$

本实验所采用接地电阻仪的接线布置如图6－4所示。布置四个电极时，a一般根据所测定土壤的范围确定，电极插入土中深度不大于$a/20$。

此时土壤电阻率为：

$$\rho = K\frac{\Delta V}{I} = 2\pi aR \tag{6-4}$$

式中 a——电极间距；

R——接地电阻仪测得的电阻值。

该方法测得的土壤电阻率为该地区土壤电阻率的平均值，又称土壤视电阻率。

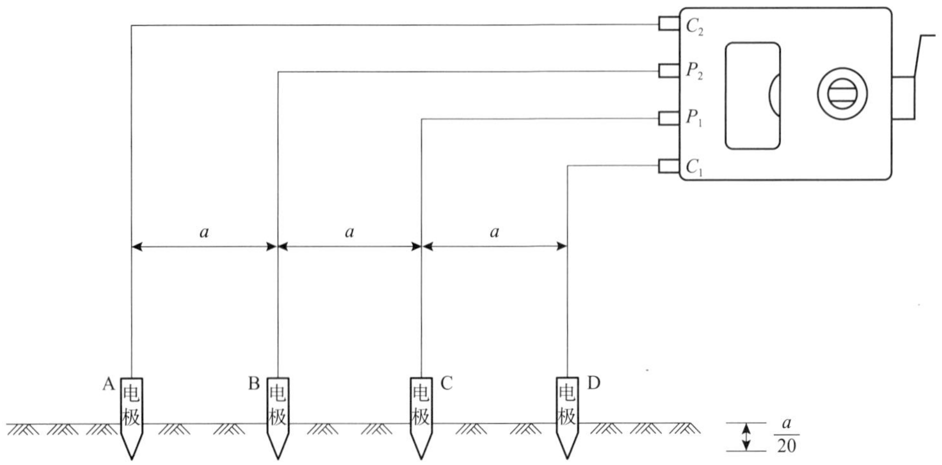

图 6-4 四级法测土壤电阻率接线图

6.2.3 实验装置

测定阳极接地电阻所用的主要装置有金属电极、接地电阻仪、导线等。接地电阻仪用法参考 6.1 节。

6.2.4 实验步骤与方法

6.2.4.1 操作步骤

(1)在土壤中按照直线等间距排列 4 个金属电极，将电极插入土壤中，插入深度不大于 $a/20$。用导线将 4 个金属电极连于仪表的相应端钮。

(2)参考 6.1 节操作步骤(2)～步骤(7)。

(3)改变电极间距 a，再次测试。

6.2.4.2 注意事项

(1)金属电极插入土壤的深度要适宜，不大于 $a/20$。

(2)土壤密实度、成分等都会影响测试结果，尽量选取性质一样或相似的土壤。

6.2.5 实验结果及处理

将测得的阳极接地电阻数据记录于表 6-2 中。

表 6-2 土壤电阻率测定实验数据

	第一次	第二次	第三次	第四次	平均值
电极间距 a/m					
接地电阻值 r/Ω					
土壤电阻率/(Ω/m)					

6.2.6　分析思考题

(1)在测定过程中土壤不严实或金属电极松动对测量结果有什么影响?
(2)土壤湿度对测量结果有无影响?如何影响?
(3)在测试阳极接地电阻和土壤电阻率的过程中，跨越水泥地面对结果有什么影响?

6.3　“极化曲线”法测量土壤的腐蚀性实验

6.3.1　实验目的

(1)对比金属在电介质溶液和土壤中的腐蚀现象;
(2)了解金属受土壤腐蚀时极化与去极化作用的发生与发展过程;
(3)掌握用“极化曲线法”判断土壤腐蚀性的方法。

6.3.2　实验原理

极化曲线是表示电极电位与极化电流或极化电流密度之间的关系曲线。极化曲线是以电极电位为横坐标，以电极上通过的电流为纵坐标获得的曲线，它表征腐蚀原电池反应的推动力电位与反应速度电流之间的函数关系。直接从实验测得的是实验极化曲线，构成腐蚀过程的局部阳极或者局部阴极上，单独电极反应的电位与电流关系称为真实极化曲线，即理想极化曲线。

极化曲线的形状各异，有的比较平缓，有的比较陡峭，从这些差异上可以得到许多有关电极过程的信息。电位对电流或电流密度的导数称为真实极化率。若极化曲线较陡，则表明电极的极化率较大，电极反应过程的阻力也较大;反之，极化曲线若较平坦，则表明电极的极化率较小，电极反应过程的阻力也较小，反应较容易进行。

极化曲线对解释金属腐蚀的基本规律有重要意义。测量腐蚀体系的阴、阳极极化曲线，可以揭示腐蚀的控制因素及缓蚀剂的作用机理。分别测量两种金属处于同一电解质溶液中的极化曲线，可以判断这两种金属接触时的腐蚀情况。测量阴极区和阳极区的极化，可以研究局部腐蚀。在腐蚀电位附近及弱极化区进行极化测量，可以快速求得腐蚀速率，由此来鉴定和筛选耐蚀材料和缓蚀剂。通过测量极化曲线还可以获得阳极保护和阴极保护的重要参数。用实验方法测定极化曲线是腐蚀研究中的重要手段。

本实验采用恒电流的方法测量极化曲线(两极电位差 ΔV 与电流密度 i 的关系)，以电流为自变量，通过调节电路中的电阻 R 使某一恒电流通过电极，待电表上指示的电位差及电流值达到稳定以后，读取数据。

如图 6－5 所示，在玻璃缸中放有含盐、含水量为某一百分比的均匀土壤，插入两根相同材料、形状及大小的金属电极 A 和 K，插入深度相同。金属电极 K 上焊有绝缘导线，通过单点开关 M、毫安表 mA 及可变电阻 R 与电源的负端相连。金属电极 A 上也焊有绝缘导线，直接与电源正端相连。两个电极间并有电压表 V。实验所用电极一般是用镀锌电工螺栓(M16)改制而成，外径 $D=15\text{mm}$，电极插入深度 h(cm)在实验过程中自行调整。

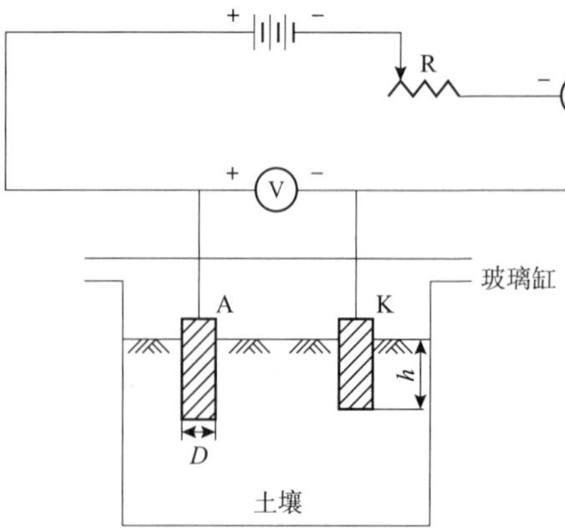

图6-5 实验装置示意图

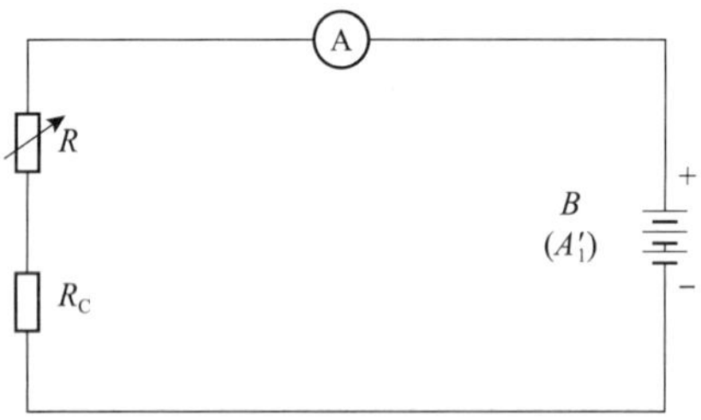

图6-6 恒电流法测极化曲线示意图

如图6-6所示，B 为极化电源。通常可取数十伏或数百伏的直流电源，为了使电池系统获得稳定极化电流，应采用高压、高阻实验装置。R_C 为电池系统等效电阻，R 为可变电阻，根据欧姆定律，回路中的电流 I 是由 B、R、R_C、电源内阻 R_i 以及包括导线电阻、电压表内阻在内的电阻 R_x 来决定的。它们之间是关系为：

$$T=\frac{B}{R+R_C+R_i+R_x} \tag{6-5}$$

当 $R \gg R_C+R_i+R_x$，则 $I=B/R$，这样由于电解池电阻或线路中接触点电阻变化引起的电流变化可减少到很小的程度，极化电流 I 值基本稳定，达到了控制极化电流的目的。为了获得较大的电流值，可采用较高电压的电源；若希望电流的可调范围更宽一些，也可采用分压-恒流混合线路。

6.3.3 实验装置

金属电极、实验用土壤、导线、毫安表、毫伏表、万用表。

6.3.4 实验步骤与方法

6.3.4.1 操作步骤

(1)熟悉实验装置，看清各种仪表量程及直流表的接线方向。

(2)用砂纸擦净金属电极，使之发出金属光泽。

(3)将金属电极埋在玻璃缸中央，并用手按紧金属电极周围的土壤，使之与金属接触良好，记下电极的埋深 h。

(4)检查线路连接是否正确，电压表是否在零点。

(5)根据给出的可变电阻范围，选好拟调节的电阻值(一种土样至少选四个测点，通常由大电阻开始测定)，合上单点开关 M，接通电路，迅速观察电压表及电流表指示值的变化情况，待读数稳定后，记录下稳定的电流和电压值，以及稳定所需时间，打开单点开关，断开电路，并记录电压表回零的时间。

(6)调整可变电阻分别为10kΩ、8kΩ，6kΩ，4kΩ，重复上述操作。待电压表指针回到零点以后，重复上述步骤进行第二次测定，两次测定的时间间隔不少于5min，实验时注意各次测定中电流、电压达到稳定的时间变化。

(7)数据经检查无误后，拔出金属电极，观察电极表面现象，并记录在实验报告中。

(8)擦净电极，将实验装置恢复原状。

(9)将实测记录汇总于表6-3，绘制出极化曲线($\Delta V-i$ 曲线)，判别土壤的腐蚀性。

一般认为：土壤含水量为20%，电位差为500mV，电流密度大于0.3mA/cm^{2}时，腐蚀性严重；同样条件下，电流密度小于0.05mA/cm^{2}时，腐蚀性较弱。

6.3.4.2 注意事项

(1)熟悉实验装置，看清各种仪表量程及接线方向。

(2)用砂纸擦净金属电极，使之发出金属光泽。在实验过程中确保土壤严实，金属电极不能松动。

(3)当检流计灵敏度过高时，可将测量电极在土壤中插得浅一些；如果灵敏度不足，可沿测量电极注水润湿。

(4)记录实验中遇到得反常现象，并分析其原因。分析影响测量准确性的因素，思考如何改进。

6.3.5 实验结果及处理

将测得的实验数据记录于表6-3中。

表6-3 极化曲线测定土壤腐蚀性实验数据

	原土			
	1	2	3	4
滑线电阻/kΩ				
极化稳定电位差 ΔV/mV				
极化稳定电流/mA				
电流密度 i/(mA/cm^2)				
极化稳定所需时间/s				

根据 $i=I/A$，$A=\pi D^2/4+\pi Dh$，将所测实验数据带入计算，并绘制出极化曲线($\Delta V-i$ 曲线)，根据图6-7判断土壤腐蚀性。

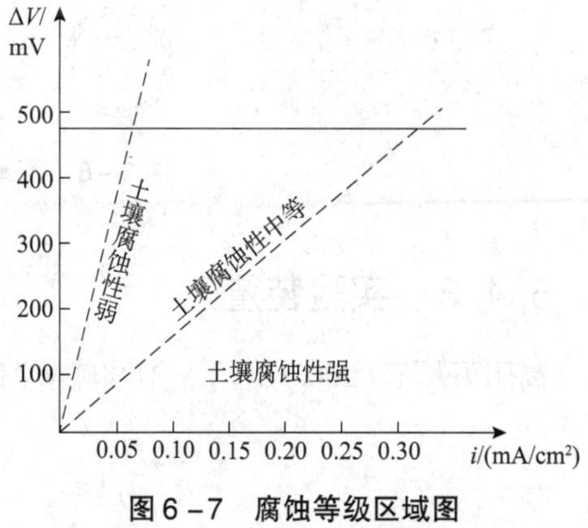

图6-7 腐蚀等级区域图

6.3.6 分析思考题

(1)断开电路后电压表指针为什么是缓慢地回到零点(有时还回不到零点)？

(2)怎样减少土壤腐蚀性？影响测量准确性的因素有哪些？要使实验装置能满足调节电

流范围宽一些，应如何改进现有的装置线路？

(3)极化曲线对解释金属腐蚀的基本规律有什么意义？

6.4 管地电位测试实验

6.4.1 实验目的

(1)了解管地电位测试的基本原理和方法；

(2)学会用管地电位判断管线腐蚀程度。

6.4.2 实验原理

管道与其相邻电解质(土壤)的电位差称为管地电位。管地电位是外加电流阴极保护法的常测参数，掌握其测量方法是很必要的。对于管道是否存在干扰、管道的腐蚀状态是否严重、杂散电流的流入和流出量大小、保护效果的好坏等，基本上可以用管地电位大小来判断。常用的管地电位测量内容主要有通电电位、断电电位、牺牲阳极接入点的管地电位以及极化探头(试片)电位的测量。

本节所述方法是采用直流数字式电压表测量管地电位。测量时将电压表的负接线柱(COM)与参比电极(一般采用铜－饱和硫酸铜参比电极，CSE)连接，正接线柱(V)与管道连接(见图6－8)。仪表指示的是管道相对于硫酸铜参比电极的电位值，正常情况下显示负值。

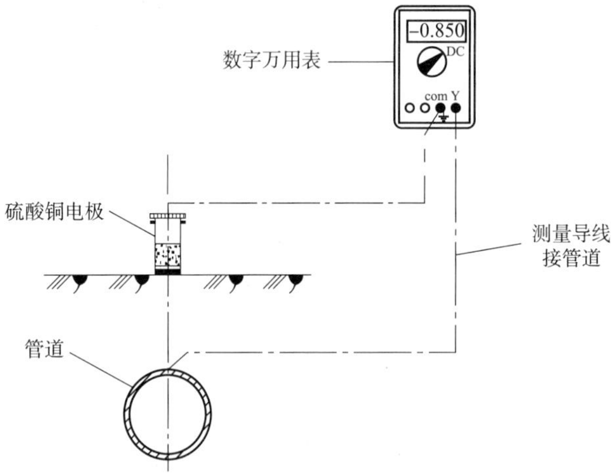

图6－8 管地电位测试原理示意图

6.4.3 实验装置

高阻万用表(2000Ω/V)、饱和硫酸铜电极、导线等。

6.4.4 实验步骤与方法

(1)将饱和硫酸铜电极垂直放置于管道之上的地面，确保电极与底部土壤接触良好。(事先可倒一些饱和硫酸铜溶液将土壤润湿，避免接触不良)

(2)判断好正负极，将埋于地下的阳极和饱和硫酸铜参比电极分别用导线接在万用表上。

(3)记录数据。

6.4.5 实验结果及处理

将测得的实验数据记录于表6－4中。

表6－4 管地电位测试实验数据

	第一组	第二组	第三组	平均值
管地电位/V				

6.4.6 分析思考题

(1)管地电位在什么范围内能保护管道免受腐蚀?

(2)根据实测数据判断管道的腐蚀程度。

第7章　油品蒸发及安全性能测定实验

石油产品作为多种碳氢化合物的混合物，其中的轻组分具有很强的挥发性，致使其本身也具有易挥发、易燃、易爆等性质。本章主要介绍油品的蒸发损耗、闪点、燃点、蒸气压、爆炸极限等安全性能的测定实验。通过实验教学，使学生了解固定顶油罐由于光照条件变化所引起的“小呼吸损耗”过程，了解罐内气体空间温度和油气浓度的分布规律，掌握通过实测值验证小呼吸蒸发损耗量的理论计算方法；熟练掌握闪点和燃点的基本概念、测试原理和方法，了解闪燃点测试的意义；掌握雷德法测定蒸气压的原理和方法，明确影响蒸气压测定结果的主要因素；了解并测量油品蒸气的爆炸极限范围，掌握油品蒸气的爆炸浓度测定方法。通过实验，使学生充分认识到油品安全管理的重要性，以促进其安全操作意识、环保意识及社会责任感的形成。

7.1　油品“小呼吸”蒸发损耗模拟测量实验

7.1.1　实验目的

(1)通过实验直观地认识固定顶油罐由于光照条件变化所引起的“小呼吸蒸发损耗”过程，了解油罐内气体空间温度和油气浓度的分布规律；

(2)通过实测蒸发损耗量来验证小呼吸损耗的理论计算公式，掌握计算蒸发损耗的方法。

7.1.2　实验原理

任何形式的油品蒸发损耗都是在输、储油容器内部传质过程的基础上发生的。这种传质过程包括发生在气、液接触面的相际传质，即油品的蒸发，以及发生在容器气体空间中烃分子的扩散。通过上述传质过程，容器气体空间原有的空气逐渐变为趋于均匀分布的烃蒸气和空气的混合气体。当外界条件变化引起混合气体状态参数改变时，混合气体从容器排入空气，就造成了油品的蒸发损耗。

蒸发是油品的表面气化现象，是气液两相共存体系中相际传质的一种表现形式。归纳起来，影响液体蒸发速度的因素大致包括以下几方面：

(1)温度：温度是物质分子平均平动动能的宏观量度。温度越高意味着分子平均平动动能越大，能够克服分子引力面逸出液面的分子数越多；另一方面，温度越高，液体的比容越大，分子间的距离越大，引力越小，为克服分子引力做功所需要的能量越少。因此，液体的温度越高，蒸发速度越大。

(2)自由表面：在气、液共存的两相系统中，同气体直接接触的液体表面称为液体的自由表面。显然，液体的自由表面越大，液体分子逸入气相的机会越多，单位时间内由液相进入气相的分子数越多，即蒸发速度越大。

(3)气相中液体蒸气的浓度：液体分子进入气相后，气相变成了原有气体与液体蒸气的混合气。在混合气中，液体蒸气体积占混合气总体积的百分比称为液体蒸气在混合气中的体积浓度，简称浓度。如前所述，在两相共存的体系中，同时存在着液体分子逸入气相和液体蒸气分子由气相返回液相这样两种方向相反的微观现象。当温度一定时，单位时间内由液相进入气相的分子数是不变的，如果气相中液体蒸气浓度增高，则意味着同体积混合气体中的液体蒸气分子数增加，这些液体蒸气分子撞击液面的概率增加，重新被液体“捕获”的机会增多。因而气相中液体蒸气浓度越高，蒸发速度越低。系统达到动平衡状态时，蒸发速度等于零，气、液两相所含物质的质量不再发生变化。

(4)液面上混合气体的总压强：气体的压强是表征气体分子碰撞器壁(包括气液界面)频率和能量的宏观量度，同时也反映了单位容积内气体的分子数，即气体分子的密度。气体压强增大时，不仅气相中液体蒸气分子撞击液面的频率随之增加，单位时间内已汽化的液体分子返回液相的分子数增加，同时，由于液体受到压缩，液相中液体分子距离减小，引力增加，因而液体分子中只有那些具有更大动能的少数分子才能克服分子引力由液相进入气相。也就是说，在其他条件相同的情况下，液面上混合气的压强越高，蒸发速度越小。

(5)液体的种类：不同的液体，因其内聚力不同，即使在其他条件完全相同的情况下，它们的蒸发速度也各不相同。一般地说，液体的相对密度越小，其内聚力越低，蒸发速度越大。

油品蒸发损耗的类型一般是按造成损耗的原因来划分的，包括自然通风损耗、固定顶罐的静止存储损耗和收发作业的动液面损耗。其中，固定顶罐在静止储油过程中，由于罐内气体空间温度和油气浓度的昼夜变化而引起的损耗称为油罐的静止存储损耗，也称油罐的“小呼吸”损耗。“小呼吸”损耗的呼气过程多发生在每天日出后的 1 ~ 2h 至正午前后。吸气过程多发生在每天日落前后的一段时间内，这段时间正是气体空间温度急剧下降的阶段，至次日日出前，尽管气体空间温度仍在不断下降，但由于吸入空气后油品加速蒸发。油气分压的增长抵消了温度降低的影响，因而油罐很少再吸气。一般来说，每天的呼气持续时间比吸气的持续时间长。除此之外，当大气压力发生变化时，罐内外气体的压力差也随着发生变化，如果内外压差等于呼吸阀的控制压力时，也会使压力阀盘打开而呼出混合气体。由此而产生的油品损耗也属于静止循存损耗。但由于昼夜间大气压力变化不大，比起温度变化而造成的损耗小得多，因而在实际计算中很少考虑它的影响。

油品蒸发损耗的测量方法大致可分为物性法和数量法两大类，物性法是根据储存前后油品蒸气压、密度、馏程温度等物性参数的变化，以及这种变化与损耗率之间的定量关系来测量油品的蒸发损耗，主要有比样法和蒸气压法；数量法则包括量油法、体积 - 浓度法和量气法，其中量油法一般只用来测量损耗率高于 0.6% 的情况，量气法应用最为广泛，可用以测定油罐“小呼吸”或油罐“大、小呼吸”的综合损耗。

本节主要对量气法测定油罐小呼吸蒸发损耗的实验过程进行介绍，其基本原理是随着大气温度的升高和太阳辐射强度的增加，油罐内气体空间和油面温度上升，使混合气体膨胀且油品蒸发加剧，混合气体压力升高，当罐内压力达到呼吸阀控制的压力时，呼吸阀打开，油蒸气随着混合气呼出罐外，进而产生油品的蒸发损耗。

7.1.3 实验装置

7.1.3.1 主要装置及材料

小呼吸蒸发损耗实验装置主要由模型油罐、奥氏气体分析仪、太阳灯、湿式流量计、恒温水浴、多通道温度巡检仪等组成，如图7-1所示。实验材料包括92号(或95号、98号)车用汽油、120号溶剂油、航空煤油(或其他良性吸收剂)及长管标准漏斗等。

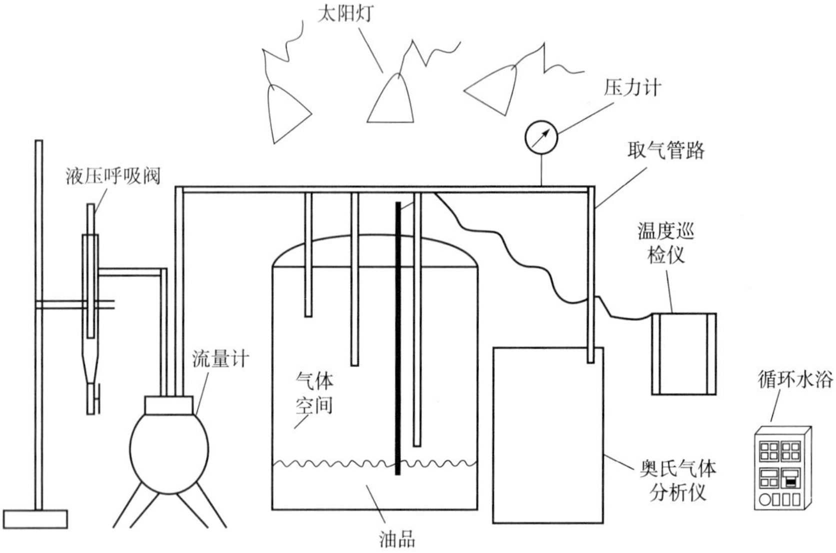

图7-1 小呼吸蒸发损耗模拟实验装置示意图

模型油罐采用不锈钢制作，油罐直径600mm，高度620mm，容积约180L；沿中心安装的测温架从上至下依次等间距布置4个热电阻测温点，分别用来测量罐内油气空间上、中、下3点及油品本身的温度，由多通道温度巡检仪自动监测记录；对应油罐的3个测温点布置3个油气取样点，并通过油罐上部的取样考克连接到奥式气体分析仪；罐顶安装3个太阳灯以模拟光照条件的变化；湿式气体流量计计量呼出的油气混合气，U形管差压计与模拟油罐相连以测量罐内压力；恒温水浴主要用于给奥式气体分析仪内的气样恒温加热，保证气样不会因温度的改变而发生体积变化，减小误差。

7.1.3.2 奥式气体分析仪

奥式气体分析仪(图7-2)主要用于分析各种气体的组分，在本实验中用于测量油罐内部气体空间油气混合气的浓度。它与油罐相连接，由取样考克、梳形管、煤油吸收瓶、吸收瓶考克、排气考克、量气管、量气管水浴套、水准瓶、温度计等组成。煤油吸收瓶用于吸收气样中的汽油蒸气。

量气管是一根标有体积刻度的玻璃管，外部为量气管水浴套，通过取样考克与梳形管或油管取样管相连接。上部刻度为0mL刻度线，底部为100mL刻度线。

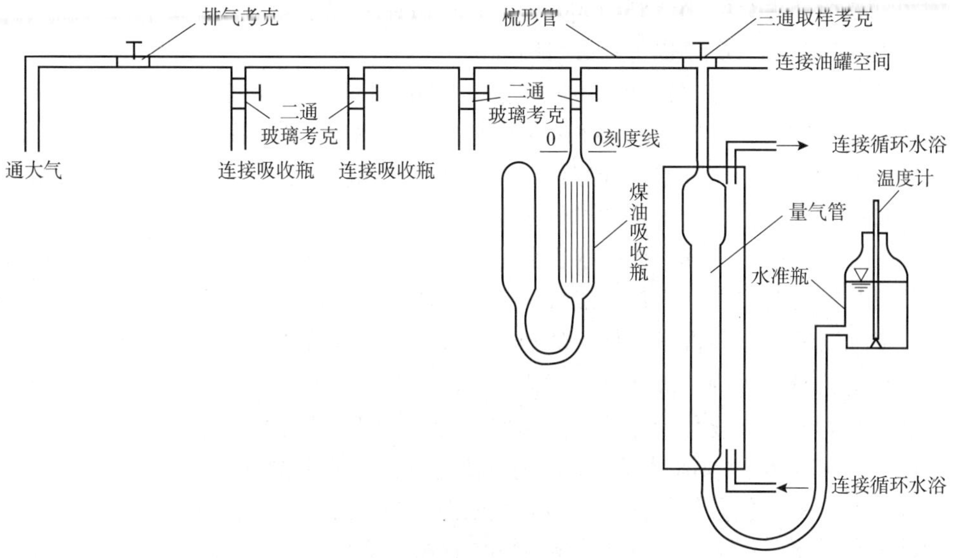

图7－2 奥式气体分析仪示意图

奥氏气体分析仪的使用方法如下：

(1)分析前的准备工作

①仪器的装配：仪器的所有部位应干净并使其干燥，各玻璃管接头处必须光滑对紧，减少过多的橡胶管通路。

②活塞润滑剂的涂抹：在涂润滑剂之前，活塞的塞子与套管均应以酒精、丙酮或苯仔细洗涤清洁，并擦拭干净。在涂润滑剂时，只需把少量润滑剂涂抹在塞子上、下部，然后加入套管内旋转数次，直到活塞达到透明为止。

③气体分析仪的严密性检查：在安装好的气体分析仪中，把吸收液(煤油)装入吸收瓶，然后用提高或降低压力的方法来校验其严密性。首先将吸收瓶内的吸收液上升到0－0标记线处，使量气管充满封液进行液面调零，关闭排气考克，然后放下水准瓶降低梳形管内的压力，仪器在这种情况下保持10min，如果量气管液面不变化，即可认为排气考克不漏气。另一种方法是吸收瓶液面调零，单量气管不充满封液不调零，关闭排气考克，使量气管和梳形管相通，提高水准瓶压缩量气管内的气体，同样仪器在这种情况下保持10min，如果吸收瓶和量气管液面保持不变，即可认为仪器中所有玻璃考克都不漏气。漏气时要把活塞重新用溶剂洗干净，然后干燥，重涂润滑剂，再行检查，如果反复涂抹还是漏气，则必须更换活塞。

(2)操作步骤

①准备：在分析前应使吸收瓶内的煤油液面位于0－0标记线处。为此关闭二通玻璃考克，打开排气考克，使量气管接通大气，然后提高量气瓶，使封液压入量气管，从而排走其内的气体。当量气管内液面上升到一定高度后，关闭排气考克，打开二通玻璃考克，并下降水准瓶，随着量气管内封液的下降，煤油液面上升，调节水准瓶的位置，使煤油液面上升到0－0标记线处，关闭二通玻璃考克。

②排气：排出量气管中气体并取样冲洗一次。打开排气考克接通大气，提高水准瓶，使量气管内废气排到大气中。打开罐顶的油罐取样阀，旋转三通取样考克使量气管与油罐连通，缓慢降低水准瓶，量气管液面下降抽取罐内混合气体，当液面降至100mL刻度线

时，关闭三通取样考克。用取到的100mL试样冲洗梳形管，冲洗完将废气排入大气。每次取样分析前均应冲洗一次，以保证测量的准确性。

③取气：正式取气样。打开罐顶的油罐取样阀，旋转三通取样考克使量气管与油罐连通，缓慢降低水准瓶，量气管液面下降抽取罐内混合气体，当液面降至100mL刻度线时，关闭三通取样考克。适当调整水准瓶位置使水准瓶液面与量气管液面相齐平，液面稳定后读取量气管读数，该读数为当前取样体积 V_1。

④洗气：冲洗所取气样。手持水准瓶于量气管中部，旋转三通取样考克使梳形管与量气管相通，打开吸收瓶考克，使所取气样压入吸收瓶与煤油接触。上下移动水准瓶至少30个回合，煤油就不断吸收混合气体中的油蒸气，直到不吸收为止，所谓不吸收是指再将水准瓶上下移动，量气管内的液面不再变化，可认为此时油蒸汽被吸收完，否则，继续上下移动水准瓶直到液面不变化为止。然后将吸收瓶内的煤油液面位于0－0标记线上，读出剩余气体体积 V_2，在记录前最好稍等片刻，使封液全部从管壁流下，并将水准瓶内液面与量气管内液面取平，使量气管内压力与大气压力相等。至此，取样分析完毕。

⑤排废气：将分析完后量气管中剩余的气体排入大气中，使量气管液面位于0mL刻度线处。关闭排气考克和三通取样考克，为下次分析做准备。

(3)注意事项

①在煤油吸收过程中，严格防止煤油和水进入梳形分配管，因此上下移动水准瓶时应缓慢。

②在测量分析前后气体体积时，应使煤油液面都在0－0标记线处，同时应在同一压力即一个大气压下测量。

③在抽吸油罐气体空间气样进行浓度分析时，应缓慢降低水准瓶，并在液面稳定后进行读数，防止扰动油罐内的浓度场。

④全部分析完成后，打开排气考克，以防煤油被抽到量气管内。

7.1.4 实验步骤与方法

方法概要：结合实际设定的光照条件，模拟“小呼吸”蒸发损耗的一阶段呼吸过程，测试油罐内部温度场分布、油气浓度分布及该过程中的呼吸损耗量，并考察光照对油罐温度场和浓度分布的影响。实验通过在油罐气体空间取三个测量点，在油品中取一个测量点来了解温度分布规律，在气体空间取三个取样点来了解浓度分布规律。蒸发损耗量的确定是基于量气法，用气体流量计直接测出油罐呼出气体的体积 Q，再用奥氏气体分析仪测量出气体中所含油品蒸汽的浓度 C，知道油蒸汽的密度 ρ，就可以通过公式 $G=QC\rho$ 计算蒸发损耗量。

7.1.4.1 实验准备

(1)明确测试油品的性质，检查各阀门的开关状态及用电系统，确保实验操作的安全性。

(2)打开油罐底部/顶部的加样孔，向罐内缓慢加入一定量的待测油品，装油高度250mm，计算装油质量 M 及油罐气体空间体积 V。

(3)检查奥式气体分析仪的气密性及装置各段气流管路的连通性。

7.1.4.2 实验操作

(1)测定原始状态即未呼出气体时的罐内温度、压力和浓度。

在未打开太阳灯前，依次从温度巡检仪读出油气空间上、中、下以及油品的温度 t_0，并从 U 形管压差计读出罐内压力 P_0，同时用奥氏气体分析仪从罐内上、中、下三个取气点取气样进行分析，分别求出三个点的浓度 C_0。

(2)测定初始状态即刚呼出气体时的罐内温度、压力和浓度。

打开太阳灯进行加热(注意罐内温度、压力变化)。当压力达到某一数值时，从呼吸阀冒出第一个气泡，认为此时为小呼吸损耗的起始状态。记下气体流量计的读数 Q_1，同时立刻记录油气空间上、中、下以及油品的温度 t_1 值和罐内压力 P_1，并立刻从罐中部取样点取气样进行分析，求出气样浓度 C_1。

(3)测定终了状态即小呼吸结束时罐内温度、压力和浓度。

开启循环水浴并设定终了温度(依实验季节而定，通常定位比初始状态时的中部气体空间温度高 8～12℃为宜)，打开水浴循环泵。

当中部气体空间温度达到终了温度时，假定此时为呼出终了状态。读出气体流量计的数值 Q_2、油气空间上、中、下以及油品的温度 t_2 和罐内压力 P_2。同时，立刻从罐中部取样点取气样进行分析，求出气样浓度 C_2。

(4)实验结束。读取室温及室内大气压。关闭太阳灯、恒温水浴，收拾桌面。

7.1.4.3 注意事项

(1)在打开太阳灯进行浓度分析时，要求在所记录的温度下进行分析，因此应较快地进行取样冲洗和分析。

(2)在分析终了状态的气体浓度时，应注意打开循环水浴，确保气样不会因为温度的改变而发生体积变化，减小分析误差。

(3)由于模型油罐气体空间较小，测点少，因此所测数据不能准确反应温度和浓度分布规律，仅作参考。根据气体空间中点温度和浓度的测定，利用小呼吸损耗的理论公式计算损耗量，并同实测结果进行对比。

(4)本实验涉及油品的罐储及油蒸气的大量挥发，实验中需充分意识并明确危险源，特别注意燃爆危害和环境危害，严格遵循实验室安全管理办法做好防护措施、保持通风、严谨火种。

7.1.5 实验结果及处理

7.1.5.1 数据记录

将实验数据记录在表 7－1 中。

表 7－1 实验数据记录表

实验过程	气体空间和油品温度/℃				压力/mmH_2O	流量/L	气体体积变化量/mL			封液温度/℃			冲洗取样次数/次
	$t_油$	$t_下$	$t_中$	$t_上$	P	Q	$\Delta V_下$	$\Delta V_中$	$\Delta V_上$	$t_下$	$t_中$	$t_上$	n
原始状态													
起始状态													
终了状态													

7.1.5.2 数据处理

(1)分析仪分析后的油气浓度 C：

$$C=\frac{\Delta V}{V_1}+\frac{(P_s+P_m)V_2}{P_aV_1} \tag{7-1}$$

式中 V_1——气体分析仪的取样体积，mL，通常为100mL；

V_2——吸收瓶吸收后的剩余气体体积，mL；

ΔV——气体体积变化量，mL，$\Delta V=V_1-V_2$；

P_a——当地大气压，kPa；

P_s——封液(水)的饱和蒸汽压(表7－2)，kPa；

P_m——煤油的饱和蒸汽压(表7－2)，kPa。

表7－2 饱和蒸气压表

温度/℃		0	5	10	15	20	25	30	35	40
饱和蒸气压/kPa	水	0.611	0.873	1.228	1.706	2.339	3.169	4.246	5.627	7.381
	煤油	0.883	1.128	1.373	2.060	2.746	3.433	4.120	5.493	6.866

(2)实测损耗量 G_1 的计算：

$$G_1=Q\overline{\rho C}+\Delta Q\overline{\rho' C'} \tag{7-2}$$

式中 G_1——实测“小呼吸”蒸发损耗量，kg；

Q——油罐经呼吸阀呼出的油蒸气体积，L；

ΔQ——经气体分析仪冲洗和分析完排入大气的油蒸气体积，L；

ρ——油蒸气密度，kg/m³；用气体状态方程求得，$\rho=M_yP_a/(RT)$，M_y 为所测油品的摩尔质量，kg/mol，R 为通用气体常数，T 为绝对温度；

$\overline{\rho}$——起始状态到终了状态油蒸气密度的平均值，$\overline{\rho}=(\rho_1+\rho_2)/2$，kg/m³；

$\overline{C}$——起始状态到终了状态油蒸气浓度的平均值，$\overline{C}=(C_1+C_2)/2$；

$\overline{\rho'}$——原始状态到终了状态油蒸气密度的平均值，$\overline{\rho'}=(6\rho_0+2\rho_1+2\rho_2)/10$，kg/m³；

$\overline{C'}$——原始状态到终了状态油蒸气浓度的平均值，$\overline{C'}=(6C_0+2C_1+2C_2)/10$。

(3)理论损耗量 G_2 的计算：

$$G_2=V\left[(1-C_0)\frac{P_0}{T_0}-(1-C_2)\frac{P_2}{T_2}\right]\frac{\overline{C''}}{1-\overline{C''}}\frac{M_y}{R} \tag{7-3}$$

式中 G_2——理论“小呼吸”蒸发损耗量，kg；

V——油蒸汽空间体积，即油罐气体空间体积，m³；

$\overline{C''}$——原始状态到终了状态油蒸气浓度的算术平均值，$\overline{C''}=(C_0+C_2)/2$；

T——油蒸气的绝对温度，K；

P——油蒸气的绝对压力，Pa。

(4)误差分析

计算相对误差 δ：

$$\delta=\frac{G_1-G_2}{G_1}\times 100\% \tag{7-4}$$

7.1.6　分析思考题

(1)试分析在实验条件下油罐气体空间温度和浓度分布规律。

(2)结合误差分析的结果，分析实验及计算过程中，哪些因素会导致产生误差。

(3)根据实验原理推导油蒸气浓度 C 的计算公式。

7.2　油品蒸气爆炸极限测量实验

7.2.1　实验目的

(1)了解并测量油品蒸气的爆炸极限范围；

(2)掌握油品蒸气的爆炸浓度(本实验指油品蒸气的体积分数)测定方法。

7.2.2　实验装置

同实验 7.1 油品“小呼吸”蒸发损耗模拟测量实验。

7.2.3　实验步骤与方法

方法概要：先利用奥式气体分析测量出油蒸气的体积分数 C_0，再抽取一定体积的油蒸气 V_1同若干体积的空气混合，将混合气体赶进爆炸瓶里，按动点火开关进行点火，看混合气体是否发生爆炸。

操作步骤：

(1)测量油蒸气的体积分数：同实验 7.1 油品“小呼吸”蒸发损耗模拟测量实验。

(2)测量油品爆炸极限范围：汽油的爆炸极限范围大约为 1.0%～6.0%。如果将混合气体中油蒸气的体积分数精确调节到上述范围，则多数情况下能测量成功。

①准备：将爆炸瓶(里面充装清水)液面和量气管液面调零。

②冲洗：取 100mL 油蒸气冲洗量气管和梳形管。

③混合气样：

混合气中油蒸气体积分数如式(7－5)：

$$C = \frac{V_1}{V_2} \times C_0 \tag{7-5}$$

式中　V_1——油蒸气体积，mL，通常 V_1 = 读数 +3mL；

V_2——混合气体读数 +3mL；

C_0——所取油蒸气原始体积分数。

④气体混合浓度举例：

如果测得油蒸气的体积分数是 30%，则取 1 份油蒸气、9 份空气，即可将油蒸气稀释 10 倍，可得到气体混合后油蒸气的体积分数为 3%(也即 10mL 油蒸气与 90mL 空气混合)。需要考虑梳形管的 3mL 容积在内。

打开位于罐顶的油罐取样管旋塞阀，旋转取样考克使量气管与油罐取样管相通，缓慢下降水准瓶，当液面降到接近7mL刻度线时，关闭取样考克。适当调整水准瓶位置使水准瓶液面与量气管液面相齐平，液面稳定后读取量气管读数，该读数为当前取样体积数7($7+3=V_1$)。

手持水准瓶于量气管中部，旋转取样考克使梳形管与量气管相通，打开排气考克，快速下降水准瓶，当液面降到接近97mL刻度线时，关闭排气考克。使水准瓶液面与量气管液面相齐平，液面稳定后读取量气管读数，该读数为当前取样体积数97($97+3=V_2$)。

如果需要调配其他体积分数的油蒸气，请自行重新计算。

⑤将混合气样赶进爆炸瓶点火：

打开爆炸瓶考克，上下移动水准瓶3~5个回合(注意量气管液面和吸收瓶液面都不得超过0mL刻度线)。再向上移动水准瓶，使量气管液面位于0mL刻度线处2s。关闭爆炸瓶考克和取样考克。

以打开电火花发生器电源，按下电火花发生器按钮。观察爆炸瓶内燃烧爆炸情况。如果发生了燃烧爆炸现象，说明该油蒸气的体积分数处于汽油的爆炸极限范围。

继续调配其他体积分数的混合气体进行测试。

7.2.4 实验结果及处理

自行设计表格记录实验数据。

7.2.5 分析思考题

(1)影响油品爆炸极限的因素有哪些?

(2)燃烧和爆炸有什么关系?

(3)试分析油品爆炸极限在油库防火、防爆工作中的意义。

7.3 油品闪点及燃点测定实验

7.3.1 实验目的

熟练掌握闪点、燃点的基本概念；掌握测定油品闪点、燃点的意义；熟练掌握开口闪点、燃点、闭口闪点测定的原理和方法。

7.3.2 实验原理

油品液面上方的油蒸气浓度随温度的升高不断增加，当达到一定温度范围时，油蒸气浓度达到其爆炸范围，这时若有火焰接触此油蒸气和空气的混合物，就会发生闪火，即微小爆炸，我们把产生这种现象的最低温度称为石油产品的闪点；而在规定的实验条件下，火焰引起试样蒸气着火且至少持续燃烧5s的最低温度称为燃点。根据石油产品的性质和使用条件，对石油产品闪燃点的测定采用闭口杯法和开口杯法。

闭口杯法是将油品装在特制的闭口杯中，开口杯法是将试样装在敞口杯中，在规定的条件下加热，进行闪点测定的方法。通常蒸发性较大的轻质石油产品以及在封闭条件下使用的润滑油，其闪点多用闭口杯法测定，而对于多数润滑油及其他重质油，由于是在非封闭条件下使用，其闪点一般都采用开口杯法测定。有的油品则要求分别测定闭口闪点和开口闪点，以利用二者之差检查馏分宽窄程度和有无轻质组分掺入。具体采用哪种方法在油品的技术标准中都有规定。

油品的闪点是一个重要的安全指标，可以用来判断其在储存运输和使用中的安全性，因为闪点是火灾危险可能发生的最低温度，从而可以确定各种相应的防火安全措施。油品闪点还反映了馏分组成的轻重情况，是油品的质量指标之一。

由于油品的闪点与油品上方的油蒸气浓度有关，而油蒸气的浓度除了与油品本身的化学组成有关外，还与加热速度、蒸发空间的大小有关，同时闪点还与外部火源的情况(大小、距离、停留时间等)有关，因此油品的闪点是一个条件性很强的指标，必须按照国家标准规定的方法进行测定。

7.3.3　实验装置

7.3.3.1　开口闪点及燃点测定装置

测定开口闪点所用的装置为克利夫兰开口闪点测定器，如图7－3所示，主要包括实验杯、加热板、火焰发生器、加热器、温度计支架等几部分：

(1)实验杯：由黄铜或其他热导性能相当的不锈钢材料制成。

(2)加热板：由黄铜、铸铁、锻铁或钢板制成，有一个中心孔，其四周有一块面积稍凹，除这块放置实验杯的凹平面外，其他部位的金属板应用耐热板(不包括石棉)盖住。

(3)火焰发生器：扫划火焰装置可以采用任何适宜的形式，但建议火焰头的顶端直径约为1.6mm，孔眼直径约为0.8mm。在安装操作实验火焰装置时，应使实验火焰的扫划能自动重复，扫划的半径不小于150mm。孔眼中心能在实验杯边缘上方不超过2mm的平面上移动。

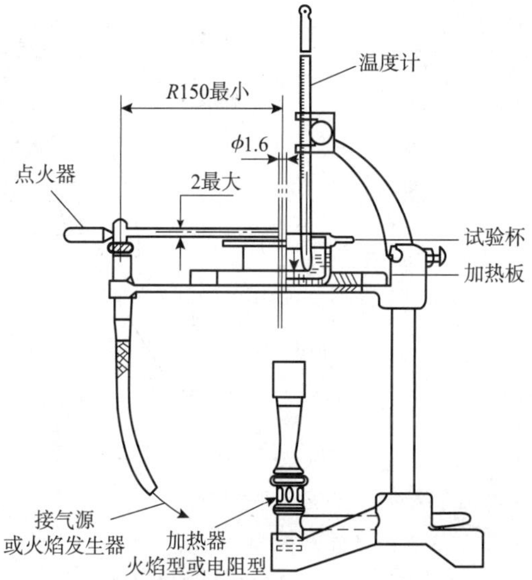

图7－3　克利夫兰开口闪点测定器示意图

(4)加热器：具有可调变压器的电加热器、允许使用煤气灯或酒精灯。但在任何情况下都不能让火焰升到实验杯的周围。热源要集中在孔的下方，且没有局部过热。如果使用电加热器，要确保不与实验杯直接接触。

(5)温度计支架：在实验期间能使温度计固定在规定的位置上，且在实验结束后能方便地从实验杯中取出温度计的支架。

7.3.3.2 闭口闪点测定装置

测定闭口闪点所用的装置为一般宾斯基－马丁闭口闪点测定器，如图 7－4 所示，主要包括测试杯、点火器、搅拌装置、温度计、火焰控制器、加热炉等。

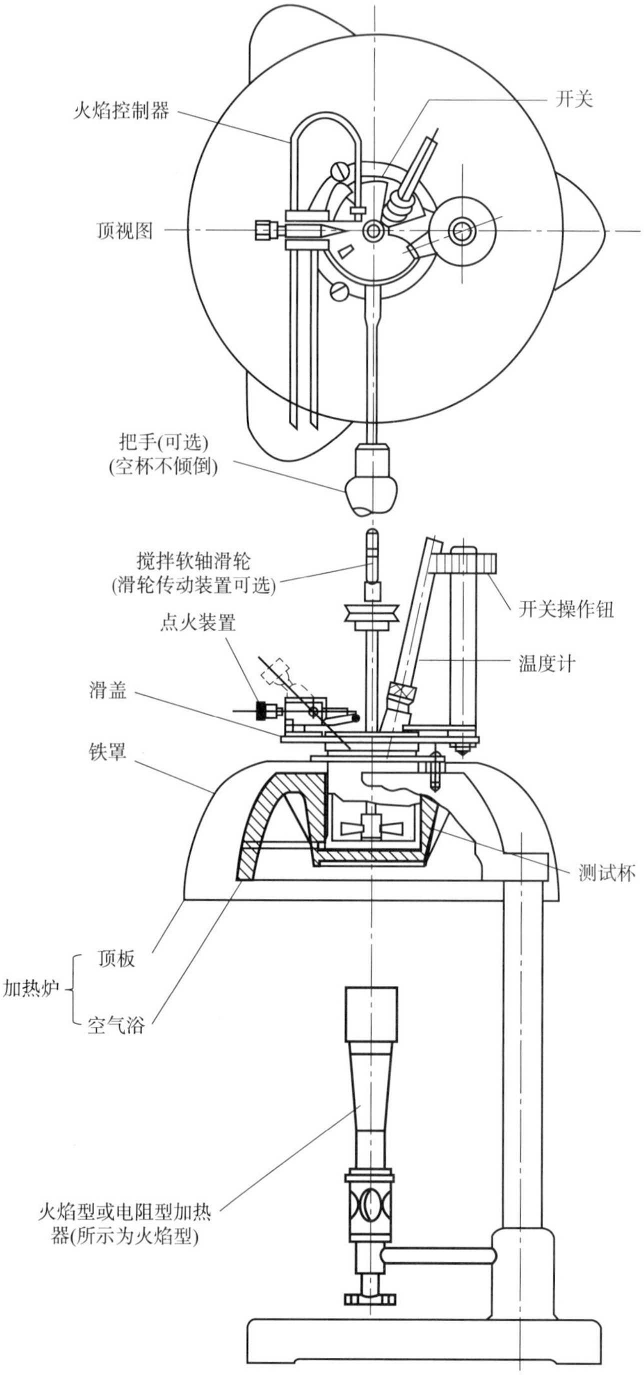

图 7－4 宾斯基－马丁闭口闪点测定器示意图

7.3.4 实验步骤与方法

7.3.4.1 开口闪点测定

方法概要：将试样装入实验杯至规定的刻度线。先迅速升高试样的温度，当接近闪点时再缓慢地以恒定的速率升温。在规定的温度间隔，用一个小的实验火焰扫过实验杯，使实验火焰引起试样液面上部蒸气闪火的最低温度即为闪点。如需测定燃点，应继续进行实验，直到实验火焰引起试样液面的蒸气着火并至少维持燃烧5s的最低温度即为燃点。在环境大气压下测得的闪点和燃点用公式修正到标准大气压下的闪点和燃点。

操作步骤：

(1)用清洗溶剂冲洗实验杯及其他附件，以除去上次实验留下的所有胶质或残渣痕迹。再用清洁的空气吹干实验杯，确保除去所有溶剂。如果实验杯上留有碳沉积物，可用钢丝绒擦掉。

(2)从气压计上读出实验仪器附近的环境大气压，并记录。

(3)将室温或已升过温的试样装入实验杯，使试样的弯月面顶部恰好位于实验杯的装样刻度线。若注入的试样过多，则用移液管或其他适当的工具取出多余的试样；若试样沾到仪器的外边，则倒出试样，洗净后再重装。要除去试样表面上的气泡或样品泡沫，并确保试样液面处于正确位置，如果在实验最后阶段试样表面仍有泡沫存在，则此结果作废。

(4)点燃试样火焰，并调节火焰的直径为3.2～4.8mm。

(5)开始加热时，试样的升温速度为14～17℃/min，当试样温度到达闪点前56℃时，减慢加热速度，使试样在到达闪点前的最后23℃±5℃时升温速率为5～6℃/min。实验过程中，应避免在实验杯附近随意走动或呼吸，以防扰动试样蒸气。

(6)在到达闪点前至少23℃±5℃时，开始用实验火焰扫划，温度计上的温度每升高2℃就扫划一次。实验火焰须在通过温度计直径的直角线上划过实验杯的中心。动作要平稳、连续，扫划时以直线或沿半径至少为150mm的周围来进行。实验火焰的中心必须在实验杯上边缘面上2mm以内的平面上移动，先向一个方向扫划，下次再向相反的方向扫划，实验火焰每次越过实验杯所需时间约为1s。如果试样表面形成一层膜，应把油膜拨到一边再继续进行实验。

(7)当试样液面上任一点出现闪火时，立即记下温度计上的温度读数，作为观察闪点，但不要把有时在实验火焰周围产生的淡蓝色光轮与真正闪点相混淆。如果观察闪点与最初点火温度相差少于18℃，则此结果无效。应重新更换试样重新进行测定，调整最初点火温度，直至得到有效结果，即此结果应比最初点火温度高18℃以上。

(8)测定闪点之后，以5～6℃/min的速度继续升温。试样每升高2℃就划扫一次，直到试样着火，并能连续燃烧不少于5s，记录次温度作为试样的观察燃点。如果燃烧超过5s，用带手柄的金属盖或其他阻燃材料做的盖子熄灭火焰。

(9)待仪器冷却至安全处理温度，移走试样杯，清洗仪器。准备重复再做一次实验。

7.3.4.2 闭口闪点测定

方法概要：将样品倒入测试杯中，在规定的速率下连续搅拌，并以恒定速率加热样品。以规定的温度间隔，在中断搅拌的情况下，将火源引入测试杯开口处，使样品蒸气发生瞬间闪火，且蔓延至液体表面的最低温度，此温度为环境大气压下的闪点，再用公式修正到标准大气压下的闪点。

操作步骤：

(1)用清洗溶剂冲洗测试杯、测试杯盖及其他附件，以除去上次实验留下的所有胶质或残渣痕迹。再用清洁的空气吹干测试杯，确保除去所有溶剂。

(2)从气压计上读出实验仪器附近的环境大气压，并记录。

(3)取下油杯，向杯中注入试样至杯中环状标记处，然后放回到加热室中。盖上杯盖，插上闭口闪点用温度计。

注：测定闪点低于50℃的试样时，空气浴应预先冷却到室温(20℃ ±5℃)。

(4)打开液化气瓶/丁烷气瓶及管路上的开关，送入气体，将点火器点燃，并将火焰调整到接近球形，其直径为3～4mm。在引燃点火器时要做到"火等气"，即将火点着放在点火器口上；再旋开管路上的开关将气体送入引燃。或打开电子点火器，按仪器说明书的要求调节电子点火器的强度。

(5)接通闭口闪点测定器的电源，开始进行加热。这时应注意以下事项：

①加热速度控制在5～6℃/min，搅拌速度控制在90～120r/min；

②如果试样的预期闪点不大于110℃，则应在试样预期闪点23℃ ±5℃开始点火，此后每升温1℃点火一次，停止搅拌试样，操纵杯盖上的控制快门点火装置点火，使实验火焰在0.5s内降到测试杯内的蒸气空间，低位停留1s，然后迅速升高；

③如果试样的预期闪点高于110℃，则从低于预期温度23℃ ±5℃开始点火，根据②的要求，此后每升温2℃点火一次；

④如果试样的预期闪点未知，在适当起始温度下开始实验。高于起始温度5℃时进行第一次点火，然后按照②或③进行。

(6)记录火源引起测试杯内产生明显着火的温度，作为试样的观察闪点，但不要把在真实闪点到达之前，出现在实验火焰周围的淡蓝色光轮与真实闪点相混淆。如果所记录的观察闪点温度与最初点火温度的差值少于18℃或高于28℃，则认为此结果无效。应更换新试样重新进行实验，调整最初点火温度，直到获得有效的测定结果，即观察闪点与最初点火温度的差值应在18～28℃范围之内。

(7)待仪器冷却至安全处理温度(低于55℃时)，移走杯盖和测试杯，清洗仪器。准备重复再做一次实验。

7.3.5 实验结果及处理

按式(7-6)将测得的闪点修正到标准大气压(101.3kPa)：

$$T_c = T_0 + 0.25(101.3 - p) \tag{7-6}$$

式中 T_0——观察闪点或燃点，℃。

p——环境大气压，kPa。

注：本公式精确地修正仅限在大气压为98.0～104.7kPa范围之内。

将观测闪点及修正闪点等数据记录在表7-3中。

表7-3　油品闪点、燃点测定结果数据记录表

		第一次	第二次	第三次	平均值
闪点	观测值/℃				
	修正值/℃				
燃点	观测值/℃				
	修正值/℃				
大气压/kPa					

7.3.6　分析思考题

(1)对于同一种油品，第一次进行闪点测定后，待油品冷却至室温，再次重复测定其闪点，两次测得的闪点值有何区别？说明原因。

(2)在测定开口闪点和燃点时，升温速度对测量结果有何影响？为什么？

(3)测定石油产品的闪点，对生产和使用有何意义？

(4)对于同一种可燃液体，开口闪点和闭口闪点有何区别？说明原因。

7.4　油品蒸气压测定实验

7.4.1　实验目的

了解油品蒸气压测定的意义，掌握雷德法测定蒸气压的原理和方法，明确影响蒸气压测定结果的主要因素。

7.4.2　实验原理

在密闭条件中，在一定温度下，液体(或固体)进行蒸发(或升华)，当上方蒸气与液体(或固体)处于相平衡时，此时的蒸气所具有的压强称为饱和蒸气压，简称蒸气压。油品饱和蒸气压是指在规定条件下，油品在适当的容器内，气液两相达到平衡时，液面蒸气所显示的最大压力，以 kPa 表示。

本节重点介绍雷德饱和蒸气压测定法，用来评价发动机燃料的蒸发强度、启动性能、生成气阻的倾向及在储运过程中损失轻质馏分的倾向。雷德蒸气压是指在规定条件下，石油产品在雷德式饱和蒸汽压测定器中所显示的压力，以 kPa 表示。纯物质的饱和蒸气压只与物质和温度有关，与气相、液相的组成无关。石油产品是各种烃类的复杂混合物，其饱和蒸气压不仅与温度有关，还与油品的组成有关，在一定温度下，油品的馏分越重，饱和蒸气压越小，而油品的组成是随汽化率不同而改变的。在一定量的油品汽化过程中，由于气相中轻组分含量多，因此当汽化率增加时，则液相组成逐渐变重，其饱和蒸气压不断降低。

7.4.3 实验装置

实验仪器主要是雷德式饱和蒸气压测定器，如图7－5所示。蒸气压测定器由两个室组成，上室为气体室，下室为液体室；气体室的一端有连接压力表的接头，另一端有一个与液体室连接的开口；液体室是与气体室内径相同的圆筒形容器，其容积应满足气体室与液体室的容积比在3.8～4.2的要求；液体室一端有与气体室相连接的开口，另一端是完全密闭的。除此之外，还应包括数字压力表、水浴、玻璃水银温度计、玻璃液体温度计、金属制带开口式取样器并附设倒油装置等。

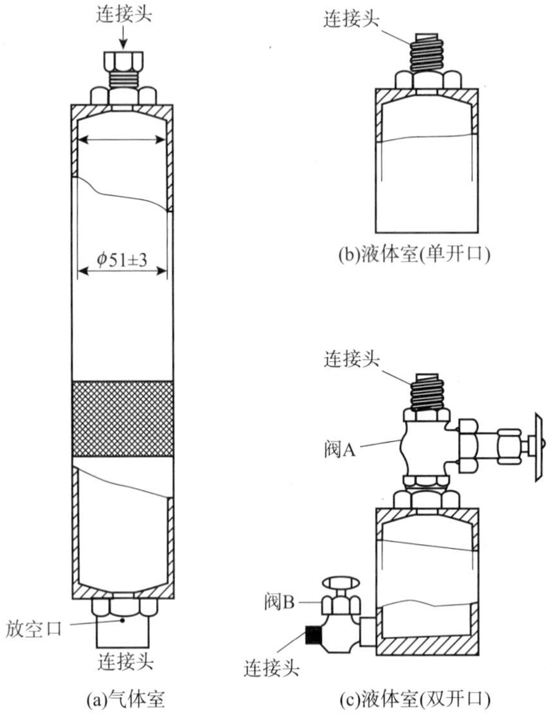

图7－5 雷德式饱和蒸气压测定器

7.4.4 实验步骤与方法

方法概要：将蒸气压测定仪的液体室充入冷却的试样，并与在水浴中已经加热到37.8℃的气体室相连，将安装好的测定仪浸入37.8℃水浴中，直到观测到恒定压力。此读数经适当校正后，即报告为雷德法蒸气压。

7.4.4.1 实验准备

(1)确认容器中试样的装入量。当样品温度达到0～1℃之间时，将容器从冷浴或者冰箱中取出，并用吸湿材料擦干。如果容器不是透明的，先启封，用适当的计量仪器来确认液体容积为容器的70%～80%。如果容器是透明玻璃容器，用适当方式确认70%～80%的装入量。如果样品量不到容器的70%，便不能使用。如果容器中的样品量超过80%，就倒出一些使之在70%～80%的范围之内，倒出的样品不得再返回容器。如果必要，就重新封盖容器，并将样品容器放回到冷浴之中。

(2)样品容器中样品的空气饱和。①非透明容器：样品温度在0～1℃之间时，将样品容器从冷浴中拿出。用吸湿性材料将其擦干，快速开关样品容器盖，注意不要让水进入。重新封盖容器后，剧烈摇动。再将其放回到冷浴中至少2min。②透明容器：由于第(1)步并未要求透明容器开盖来验证样品的装入量，所以在重新封盖样品容器之前，为使透明容器盛装样品进行与盛装在非透明容器中的样品相同的实验步骤，需重复两次①的步骤。然后将样品容器放回到冷浴，直到操作步骤正式开始。

(3)气体室的准备。未添加含氧化合物的样品：气体室和压力表清洗以后，将二者连接。将气体室浸入37.8℃±0.1℃的水浴中，使水浴的液面高出气体室顶部至少24.5mm，并保持在10min以上，液体室充满试样之前不要将气体室从水浴中取出。注意应保证气体室的干燥。

7.4.4.2　操作步骤

(1)试样的转移。实验的各项准备工作完成以后，将冷却的样品容器从冷浴中取出，开盖，插入经冷却的试样转移连接装置和空气管。将经冷却的液体室尽快地放空，放在试样转移连接装置的试样转移管上，将整个装置很快倒置，最后液体室应保持直立位置，试样转移连接管应延伸到离液体室底部6mm处。试样充满液体室直至溢出，取出移液管，向实验台轻轻地叩击液体室以保证试样不含气泡。

(2)仪器的组装。立刻将气体室从水浴中取出，并尽快与充完样的液体室连接，不得有试样溅出，不得有多余动作。多余的动作可能导致室温空气与气体室内37.8℃的空气对流。从气体室由水浴中拿出到与液体室完成连接的时间不得超过10s。

(3)仪器置于浴中。将装好的蒸气压测定仪倒置，使试样从液体室进入气体室。在气体室仍倒置的状态，上下剧烈播动仪器8次。使压力表向上，将蒸气压测定仪浸入温度为37.8℃±0.1℃的水浴中。蒸气压测定仪应稍微倾斜，以便使液体室与气体室的连接处刚好位于水面下，并且仔细地检查连接处是否漏气或漏液。如未发现泄漏，则把蒸气压测定仪浸在水浴中，使水浴的液面高出空气室顶部至少25mm。在整个实验过程中，观察仪器是否漏气和漏液，实验过程中发现有漏气漏液现象，此次实验作废。舍弃试样，用新试样重新实验。

(4)蒸气压的测定。将装配好的仪器放入水浴至少5min之后，轻轻敲击压力表，并观察其读数。将仪器从水浴中取出，重复(3)的步骤。在不少于2min的时间间隔中，敲击压力表，观测读数，重复(3)，直到完成不少于5次的摇动和读数。继续此操作步骤，根据需要，直到最后两次相邻的压力读数相同并显示已达到平衡时为止。读取最后的压力，精确至0.25kPa。记录此数值作为试样未经校正的蒸气压。

迅速卸下压力表，不要试图除去可能窝存于压力表中的任何液体，将压力表与压力测量装置相连。在拆下压力表之前，应先冷却仪器组件，以方便拆卸工作，从而减少扩散到房间中的蒸气量。将压力表和压力测量装置处于同一稳定的压力之下，即压力值应在记录的未经校正蒸气压的±1.0kPa之内，将压力表读数同压力测量装置读数相对照。如果在压力测量装置和压力表的读数之间观察到差值，当压力测量装置的读数较高时，就把此差值加到未经校正的蒸气压上；当压力测量装置的读数较低时，就从未经校正的蒸气压减去此差值。记录此结果作为试样的雷德蒸气压。

(5)为下次实验准备仪器装置。用32℃的热水灌满气体室而后排出，以彻底清除其中的残液。重复这一清洗步骤，至少五次。以同样的方式清洗液体室。对于添加含氧化合物汽油样品的实验，用以上方式清洗气体室后，接着再用干燥空气吹干。用石脑油冲洗液体室，气体室和输液管若干次，而后再用丙酮冲洗若干次，接着再用干燥空气吹干。将液体室放入冷浴或冰箱，以备下次实验使用。对于添加含氧化合物汽油样品的实验，应将液体室适当密封后再放入冷浴或冰箱备用；气体室的底部(与液体室连接处)也应适当密封，并将准备好的压力表与气体室连接。如果在水浴中清洗气体室，当气体室通过水面时，要将气体室的底部和上部的口盖严，防止附着浮游试样的油膜。

压力表的准备：将压力表从连接着压力测量装置的支管脱开。采用离心法清除压力表波登管中窝存的液体。完成此操作的方法如下：双手握住压力表，右手掌贴住表面，压力表的螺纹接口朝前，将手臂向上前方提高到45°角伸开，手臂快速向下甩动达135°左右的弧度。离心力加重力可甩掉窝存的液体。重复这一操作至少三次，或直到液体完全从压力表排除。将压力表连上气体室(其与液体的接口已关闭)，并置于温度在37.8℃的浴中，以备下一次实验使用。

注：以上操作步骤仅限于测定蒸气压低于180kPa的汽油(包括仅含甲基叔丁基醚(MTBE)的汽油)和其他石油产品。蒸气压在其他范围内的石油产品请参见GB/T 8017—2012《石油产品蒸气压的测定　雷德法》。

7.4.5　实验结果及处理

将步骤(4)中观测到的结果，经过压力表和压力测量装置之间任一差异的校正后，精确到0.25kPa，报告为试样的雷德法蒸气压。

7.4.6　分析思考题

(1)饱和蒸气压的测定原理是什么？

(2)影响雷德法蒸气压测定的因素有哪些？

(3)简述饱和蒸气压测定在生产和应用中的意义。

第8章　储运工艺综合实验

本章主要介绍储运工艺综合实验，该部分实验是针对西安石油大学油气储运工程专业实验室的实际情况编写的。主要内容为气液两相流综合实验、等温输油管路模拟综合实验，前者包括气液两相流流型观测实验、压降及截面含液率测量实验，后者包括泵及泵站性能测试实验、管路特性曲线测试实验、异常工况调节及事故分析、观察清管球收发、翻越点等9个教学实验。各专业教师可根据实验条件、课程教学要求、学时情况等挑选实验项目。

通过实验教学，使学生了解油田油气集输系统的基本内容和工作特点，熟练掌握油气集输流程，掌握油、气、水系统的基本运行规律；了解多相流环道的流程及运行特点，了解多相流实验的基本步骤及关键参数的调节方法；使学生熟悉长输管道工艺生产流程、各站功能及运行方式，了解各种输送方式及其工艺特点，熟悉"泵到泵"运行的输油管路各站协调工作的情况，并掌握某泵站以及管路特性曲线的测定方法，掌握图解法求管路与泵站配合工作时的工作点的方法；学生通过观察管线发生异常工况或突发事故(如某泵站突然停电、管线泄漏、堵塞等)时全线运行参数的变化，分析事故原因，确定事故发生地点及采取相应的措施。学生通过本实验，熟悉工艺流程，掌握设备的使用方法，结合实验过程中观察到的现象，验证并巩固所学理论，掌握进行科学实验的基本方法和基本技能，为从事油气田地面工程现场工作提供实践基础。

8.1　气液两相流综合实验

8.1.1　实验目的

(1)了解多相流环道的流程及运行特点，了解多相流实验的基本步骤以及关键参数的调节方法；掌握测量仪表和计算机数据采集系统等的使用；

(2)通过实验观察水平管、倾斜管、垂直上升管中气液两相流的各种流型，并掌握流型、压力降、截面含液率的测量方法；明确气相和液相折算速度的含义及计算方法；

(3)分析和探讨影响气液两相流动中流型、压力降、截面含液率的各种因素。

8.1.2　实验原理

用一条管路输送一口或多口油气井所生产产物的管路，只要管路中存在气液两相，都称为油气混输管路，或称两相流（油气）和多相流（油气水或油气水固）管路。在矿场条件下，混输管路的应用十分广泛。气液两相流动是地面矿场集输系统中常见的流动形式，其流动特征比较复杂，在研究过程中，一般根据气液两相在管内的分布情况和结构特征把两相管路分成若干流型。压降计算时，不同流型有不同的能量损失机理，采用不同的计算公式。

测定流型的方法大致分为三大类：①目测法，包括肉眼观察、高速摄影等；②测定某一参数的波动量并与流型建立某种联系，例如测定压力的波动、探针与管壁间导电率的波动、X 射线被管内流体吸收量的波动；③由辐射射线透过量确定气液混合物的密度和流型，如 X 射线照相和多束 γ 射线密度计等。

水平管中气液两相的流动形态大致可分为以下三类，流型如图 8－1 所示。

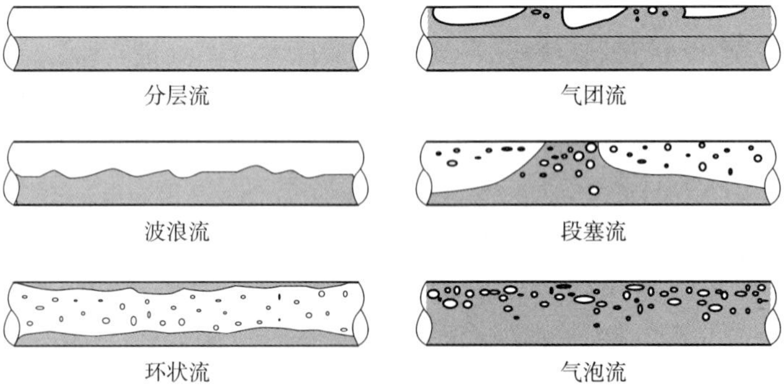

图 8－1　水平气液两相流流型

（1）分离流（segregated flow）：包括分层流、波浪流和环状流。气液均为连续相，管路压力较平稳。

（2）间歇流（intermittent flow）：包括气团流和段塞流。气体为分散相，液体为连续相，压力有较大波动。

（3）分散流（distributed flow）：包括气泡流、分散气泡流和弥散流。一种流体以细小颗粒分散于另一种流体内，压力较平稳。

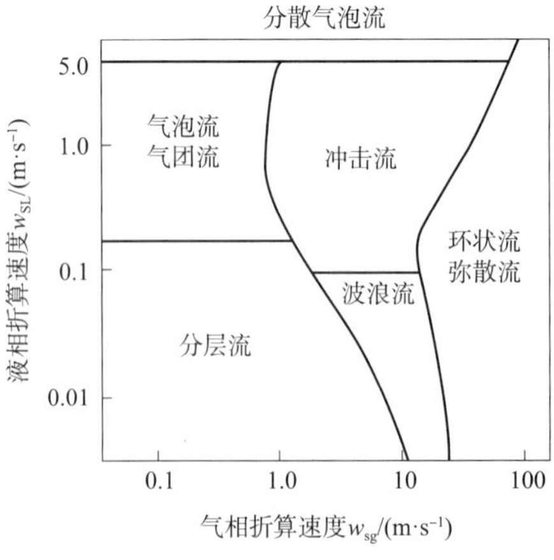

图 8－2　Mandhane 流型图

气液两相管路内，流型必然和气液两相的流动参数之间存在某种联系，据此能判断管路内处于何种流型。流型不同，气液两相沿管路流动时能量损失的机理就不同，压降计算公式的选择也相应有所区别。以实验和观察为主得到的流型图，称为经验流型图。目前适用范围比较广泛的是曼德汉（Mandhane）流型图，如图 8－2 所示。Mandhane 图以气液相折算速度为纵横坐标，将气液两相流动分为六种流型，该图是在大量实验所获得 1000 多组数据的基础上建立的，适用范围非常广泛，但在该图上不能体现气液流体物性对流型的影响。

在陆上油气田地面管网中，较高的垂直管路很少，但在海洋采油时立管较多。垂直管中气液两相的流动型态大致可分为以下几种，具体流型如图 8 - 3 所示。

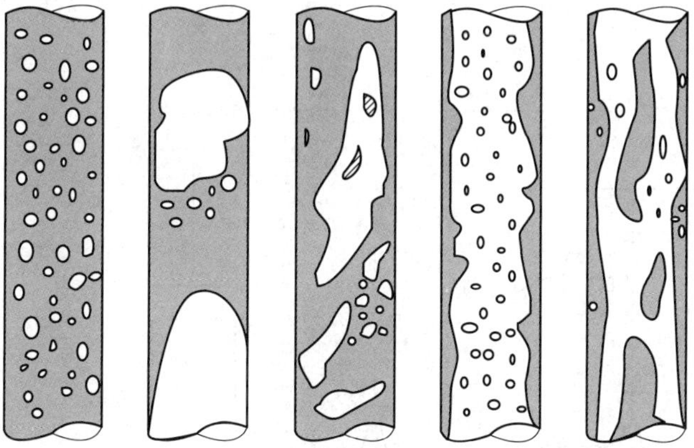

图 8 - 3 垂直气液两相流流型

对于倾斜管道，一般认为其气液两相流流型与水平和垂直气液两相流流型具有类似的基本结构。

8.1.3 实验装置

本套油气水三相流动实验系统是集油气输送、处理等多种实验项目为一体的教学和科研实验平台，系统本着高起点、实验参数范围宽、高可靠性和高精度的原则，由西安石油大学油气储运工程专业相关教师自行设计并搭建完成的。该系统主要由管道物理系统和数据采集自动控制系统两部分组成，整个系统分为油路、水路和气路，分别由螺杆泵、离心泵、空气压缩机提供动力，与实验回路上的阀门配合，可以保证实验系统的压力和流量能够调节至需要的压力和流量参数。三部分实验管路均装有加热系统，并且电加热功率可连续调节，可以实现气液两相(油水、气水、油气)实验研究及油气水混合三相实验研究。实验系统流程如图 8 - 4 所示。

管道物理系统由动力供给系统、流量计量与控制系统、热量供给系统、智能冷却系统、流量分配、混合系统、油气水分离系统、液体存储系统和实验段组成。数据采集和自动控制系统由一次仪表和传感器、局域网、中心服务器(教师)、系统软件等组成，如图 8 - 5 所示。通用数据采集和控制平台，可以对系统参数(压力、温度、流量、液位、热量、含水率及流型等参数)实现实时采集，并通过中央控制台对各控制环节进行调节控制；同时，该系统还对热量供给进行部分自动控制功能。

整个系统设置了油气水分离系统和独立的液体存储系统，油气水分离系统能保证将三相介质较好地分离，由分离器和 2 台离心泵组成；液体存储系统设置 2 个液体储罐储存分离后的液体。另外，为保证实验参数满足实验条件下的要求，系统设置了流量分配及混合系统，对油气水三相进行合理的混合。实验段为壁厚 5mm，内径 25mm 的透明有机玻璃管，可以清晰地观察到管道内部的流型情况；实验段由水平、倾斜、垂直三部分构成，能够实现水平管路、倾斜管路和垂直管路的流动实验，该部分与系统其他部分采用法兰连接，方便拆卸；其余部分都采用 *DN*50 不锈钢保温管线制成。

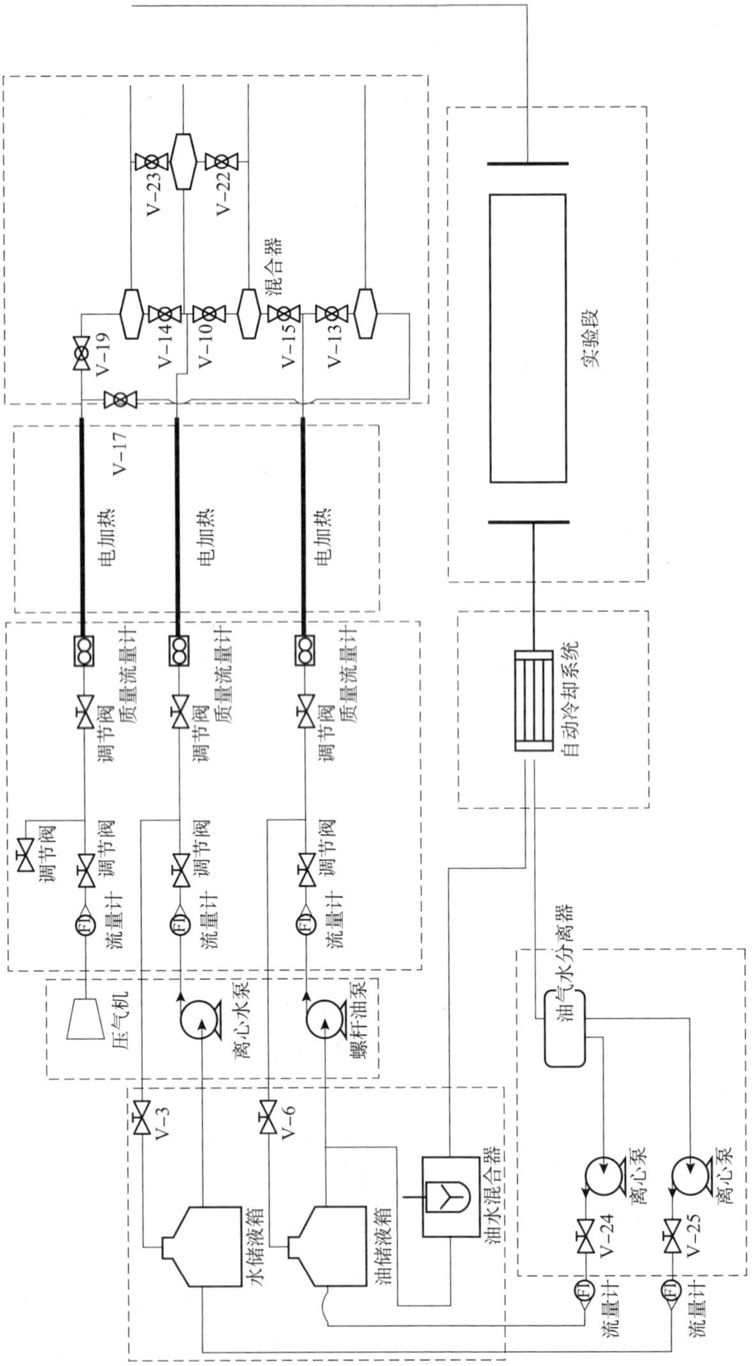

图 8－4　油气水三相流动实验系统流程图

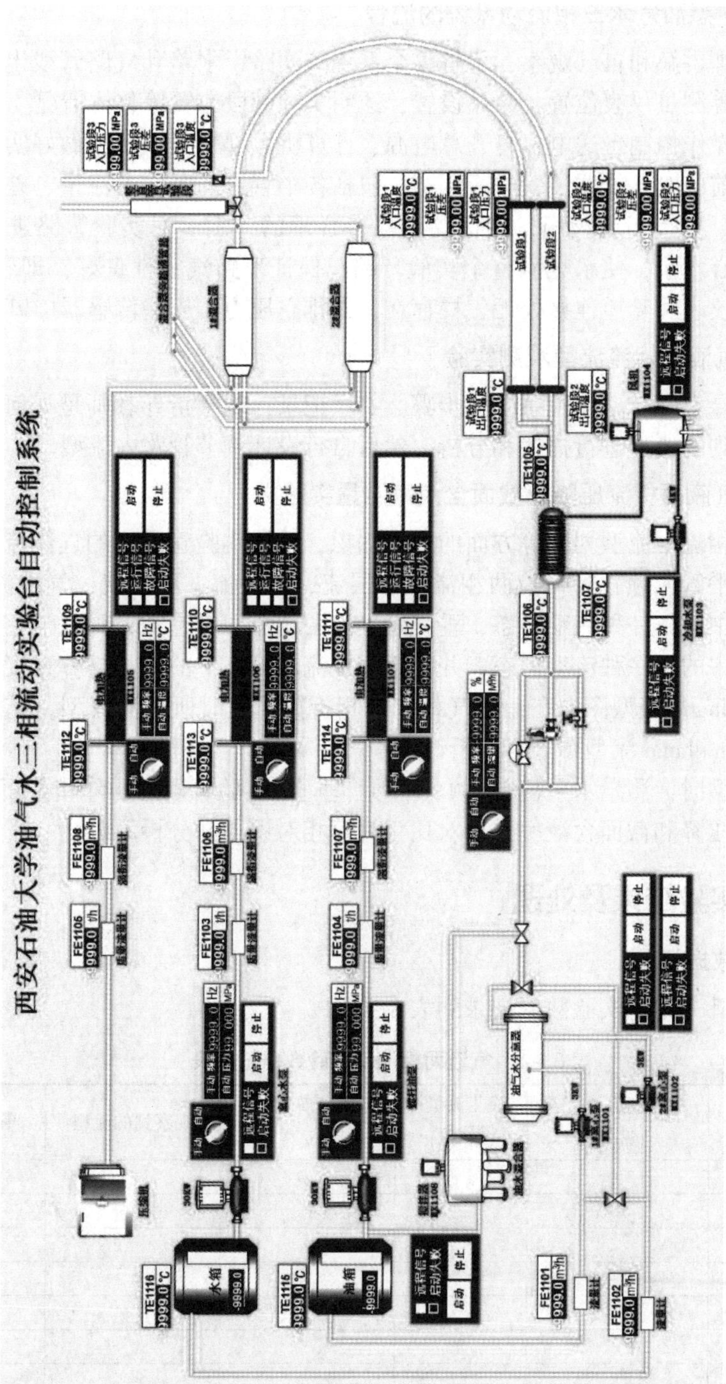

图8－5　油气水三相流动实验系统自动控制系统

8.1.4 实验步骤与方法

根据实验目的及要求，确定实验内容如下：

8.1.4.1 熟悉油气水三相流动系统的流程

通过实验教师讲解和自己观察，了解整个系统的油路、水路和气路管线走向，阀门控制，流量、压力等测量仪表位置，泵站设置，透明实验管段布置等整体情况。

给实验系统操作控制台送电，打开总电源、计算机数据采集系统，做好实验前准备工作。在实验开始前应对各仪器装置进行调试，包括各个管道的阀门及流量、差压变送器量程的调节和校准。检查相关阀门，确保阀门保持合理的开度。对实验管路进行密封性检查，开启多级离心水泵，使水充满整个实验环路，保证环路气密性良好，即管道无漏气、漏水现象存在，仪表和管道连接处无气柱存在，并排空压力、压差传感器接口的气体。

8.1.4.2 气液两相流流型观测实验

仔细观察指导教师启动实验系统的步骤，并做记录；观察指导教师是如何调节管路内流型，并对观察到的流型进行描述和分析，然后自行设计调节管路内流型。

8.1.4.3 气液两相流压降及截面含液率测量实验

根据气液两相流中流型划分等方面的理论知识，设计实验管道中的气体流量和液体流量，使之出现水平管或倾斜管气液两相流中分层流、波浪流、环状流、气泡流、气团流、冲击流、弥散流中的任一种流动形态，垂直管气液两相流中气泡流、弹状流、泡沫流、环状流、液丝环流中的任一种流动形态，并计算相应流动形态下的气相折算速度和液相折算速度。对比 Mandhane 流型图中在上述气相和液相折算速度时所处的流型，结合设计方案实验结果对照 Mandhane 流型图进行分析讨论。

出现目标流型时，测量水平(或上倾、下倾、垂直)实验管段的压降和截面含液率，与通过公式计算的压降和截面含液率进行对比，计算相对误差并分析原因。

8.1.5 实验结果及处理

8.1.5.1 数据记录

根据实验设计方案将实验数据记录到表 8－1 中。

表 8－1 气液两相流动实验数据记录表

序号	气相流量/(m^3/h)	气相折算速度/(m/s)	液相流量/(m^3/h)	液相折算速度/(m/s)	观察到的流型	管道倾斜角度
1						
2						
3						
4						
5						
6						
7						
8						
9						
10						

注：可根据实际情况添加表格。

8.1.5.2 数据处理

(1)黏度

20℃时水的黏度：$\mu_{20}=0.001002\text{Pa}\cdot\text{s}$，$0℃<t<20℃$时，黏度用式(8－1)表示：

$$\mu_t=\mu_{20}\cdot 10^{\left[\frac{1301}{998.333+8.1855(t-20)+0.00585(t-20)^2}-3.30233\right]} \quad (8-1)$$

$20℃<t<100℃$时，黏度用式(8－2)表示：

$$\mu_t=\mu_{20}\cdot 10^{\left[\frac{1.3272(20-t)-0.001053(t-20)^2}{t+105}\right]} \quad (8-2)$$

测试条件下，空气黏度与管路压力关系不大，只和温度有关，可用式(8－3)估算：

$$\mu_g=[184+0.43(T-300)]\times 10^{-7}\text{Pa}\cdot\text{s} \quad (8-3)$$

式中 T——管段绝对温度，K。

(2)气体流量和密度

气体流量是由气体涡轮流量计测得的标准体积流量。把实测标准气体体积流量换算成测试管段压力、温度条件下的气体流量需应用气体状态方程。因此，需把表压和温度分别换算成绝对压力和绝对温度。

在标准大气压、0℃条件下，空气的密度为1.293kg/m^3。根据状态方程求得测试管段压力、温度下的空气密度。

(3)表面张力

应用布里尔法确定流型时，需用到水－空气表面张力的数据，可按式(8－4)计算：

$$\sigma=(75.831-0.15568t)\cdot 10^{-3} \quad (8-4)$$

式中 t——管段温度,℃；

σ——表面张力，N/m。

(4)管段粗糙度

液体管壁绝对当量粗糙度取0.1mm，气管取0.05mm。

(5)截面含液率

应用洛－马参数X求截面含液率时，可按式(8－5)计算：

$$H_L=0.1461+0.1639\ln X+\frac{0.08}{X}+\frac{0.0273}{X\ln X}+\frac{0.001095}{X^2} \quad (8-5)$$

(6)实验管段的平均压力

为避免烦琐的迭代计算，各测试管段的平均压力均取实验管段两端压力的平均值。

(7)实验管段的实测压降

实验管段用压力传感器测量管段压力，用两个压力传感器读数之差计算管段压降，读数为kPa。

(8)实验管段的平均截面含液率

$$H_L=\frac{\text{管段放出水质量}}{\text{管段体积}\times\text{水密度}}=\frac{M}{v\times\rho} \quad (8-6)$$

(9)气液相折算速度

$$J_G=Q_G/A \quad (8-7)$$

$$J_L=Q_L/A \quad (8-8)$$

式中 J_G——气相折算速度，m/s；

J_L——液相折算速度，m/s；

Q_G——气相体积流量，m^3/s；

Q_L——液相体积流量，m^3/s；

A——管道横截面积，m^2。

(10)实验管段的计算压降

总压力降 ΔP：
$$\Delta P = \Delta P_F + \Delta P_G \tag{8-9}$$

摩擦阻力压力降 ΔP_F：
$$\Delta P_F = \lambda \frac{L}{D}\frac{\rho_m u_m^2}{2} \tag{8-10}$$

重位压力降 ΔP_G：
$$\Delta P_G = \rho_m g L \sin a \tag{8-11}$$

均匀流动时气液两相流平均密度 ρ_m：
$$\rho_m = \frac{\rho_G Q_G + \rho_1 Q_L}{Q_G + Q_L} \tag{8-12}$$

均匀流动时气液两相流平均流速 u_m：
$$u_m = \frac{Q_G + Q_L}{A} \tag{8-13}$$

式中 λ——单相液体摩擦阻力系数，根据 Moody 图或按相应公式计算；

L——实验管长度，m；

D——实验管内径，m；

ρ_m——均匀流动时气液两相流平均密度，kg/m^3；

u_m——均匀流动时气液两相流平均流速，m/s；

a——实验管段倾斜角。

8.1.5.3 报告要求

(1)计算实验工况下的气相折算速度和液相折算速度，对比 Mandhane 流型图中在上述气相和液相折算速度时所处的流型，结合设计方案实验结果，对照 Mandhane 流型图进行分析讨论。

(2)根据实验工况计算水平、上倾、下倾、垂直实验管段的压降和截面含液率，并与实测压降和截面含液率进行对比，计算相对误差并分析原因。

8.1.6 分析思考题

(1)简述管段压降和截面含液率的测量方法。

(2)简述实验中能观察到的影响压降和截面含液率的因素。

(3)把气液量调节到某一数值时，为什么要待流动状态稳定后再进行测量？

(4)在气液比一定的情况下，观察到的流型稳定吗？分析影响流型的因素。

8.2 等温输油管路模拟综合实验

8.2.1 实验目的

(1)通过实验深入了解泵的性能，熟悉实验室所配离心泵的性能及泵站性能；测定泵及泵站性能曲线；

(2)学习测定管路的 H－Q 特性曲线，用图解法求管路与泵站联合工作时的工作点，熟悉采用“泵到泵”运行的输油管路各站协调工作的情况；

(3)观察管线发生异常工况或事故时(如某泵站突然停电、泄漏、堵塞等)全线运行参数的变化；学会根据参数变化，分析事故原因、事故发生地点及应采取的处理措施，在实验中加以验证；

(4)了解旁接油罐在长输管线上的意义，通过实验熟悉旁接油罐调节流量的方法及过程；

(5)学习和掌握清管球的收、发操作，观察清管球在管道中的运行状况；

(6)观察翻越点后的流体流动状态，分析影响翻越点的因素和消除翻越点的措施，并在实验中加以验证；

(7)了解计算机数据采集系统的组成及运行情况。

8.2.2　实验原理

输油站一般采用“从泵到泵”和“旁接油罐流程”两种输油方式，两种方式各有特点。“从泵到泵”密闭输送是全线各泵站直接串联在一起，上站来油管线直接与下站泵的吸入管相连整个管路形成一个密闭的、连续的水力系统；如前一站给出压头大于站间管路所需要的压头，则剩余的压头就加在下一站输油泵的进口上即提供于进口压头，该站输油泵的出口压头则为进口压头和输油泵扬程之和。由于一站影响一站，全线形成统一的水力系统，每个输油站的工况(流量和压力)决定了全线总的能量供应与消耗，即各站工况要由全线总的输油泵站特性和总的管路特性曲线来判断。“从泵到泵”密闭输油流程优点在于能减少轻质油品挥发损耗，利用余压节省动力，简化了流程，便于各泵站就地自控及实现全线集中控制。旁接油罐也是一种比较好的输油方式，旁接油罐起调节上下两站流量差的作用，液面波动决定于差额的大小；当上站来油量与本站发油流量相等时，则液面保持稳定，这种输油方式最大的优点是可以大大减轻水击产生的影响。

本实验主要采用“从泵到泵”的运行方式，泵站和管道组成了一个统一的水力系统。管道所消耗的能量(包括摩阻损失、高程差、站内局部摩阻等)等于泵站所提供的能量之和，二者必然保持能量供需的平衡关系。

全线的能量平衡方程如式(8－14)：

$$H_{s1} + n(A - BQ^{2-m}) = fLQ^{2-m} + (Z_1 - Z_2) + nh_m + H_{sz} \tag{8-14}$$

式中　Q——管道工作流量，m^3/s；

n——全线泵站数；

f——单位流量的水力坡降，$(m^3/s)^{m-2}$；

H_{s1}、H_{sz}——管道首站进站压头/终点剩余压头，m 液柱；

h_m——每个泵站的站内损失，m 液柱；

L——管道的总长度，m；

Z_2、Z_1——管道起/终点高程，m；

A、B——由离心泵特性及组合方式确定的常系数；

m——与流态有关的常数。

根据能量平衡方程式(8－14)，可以确定管道的输量和各个站的进、出站压力，及管路工作点、分析发生事故工况时运行参数的变化趋势。

8.2.3 等温输油管路模拟系统概况

本套等温输油管路模拟系统是由西安石油大学油气储运工程专业相关教师在参观、借鉴国内外现有管路系统的基础上，自行设计并搭建完成的。该系统可以模拟《输油管道设计与管理》课程中所涉及的全部工况，既可以通过计算机进行远程控制，模拟长输管线的“站控室”，也可以通过每个泵站的独立控制柜模拟站间就地手动操作，“仿真”现场。除测量泵特性曲线实验、管路特性曲线、异常工况调节及事故分析外，还可以通过所设置的部分透明实验管段观察清管球收发、越站、翻越点后不满流等现象。通过系列实验，加深学生对课程内容的理解和掌握。

等温输油管路模拟系统全线设有三座泵站，可采用两种流程运行，即开式流程和闭式流程，也称“旁接油罐流程”和“从泵到泵”流程，实验流程如图 8 –6 所示。

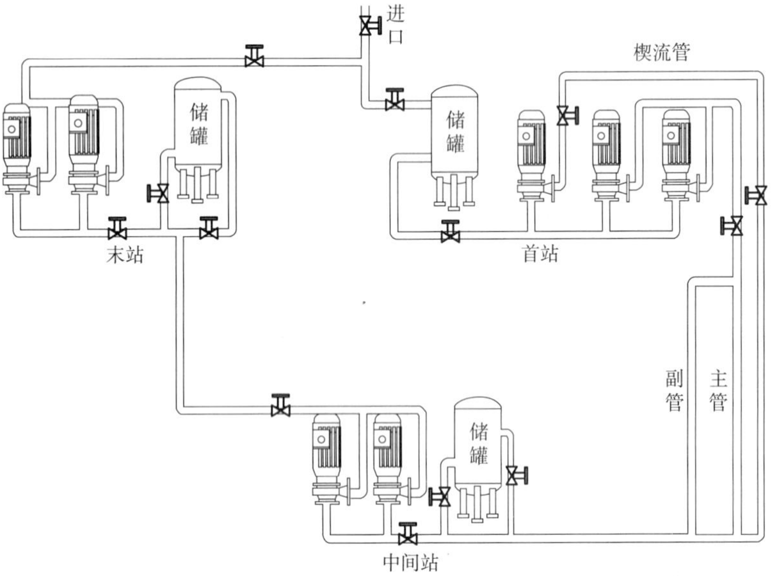

图 8 –6 等温输油管路模拟系统流程图

整个实验室管道均采用无缝钢管(有部分用于观察实验现象的管段采用透明有机玻璃管)，其规格尺寸如表 8 –2 所示。全线设置有 3 个泵站，每座泵站配有 2 台离心泵(首站附设一台辅助泵)，并配有 1 个调节罐。首站可实现串、并联工作，中间站和末站可实现串联工作。首站出口设有清管球发球装置，中间站设有清管演示流程、越站流程，末站进口设有收球装置，以便进行清管球收发模拟实验；在中间站与末站间，加装调节阀手动模拟堵塞工况，并留有泄漏口模拟泄漏工况；末站设有翻越点，并能通过透明管段显示翻越点后的不满流现象。

表 8 –2 钢管尺寸

主管及副管	泵吸入管	泄流(楔流)管
ϕ57 ×3. 25	ϕ32. 5 ×3. 25	ϕ57 ×3. 5

该系统所用泵为多级离心泵，其主要性能参数如表 8－3 所示。

表 8－3 离心泵性能参数

泵型号	流量/(m^3/h)	扬程/m	功率/kW	转速/(r/min)
主泵	7.5	19	0.75	3000
辅助泵	11	20	1.1	3000

本系统主要测定的参数是流量和压力。压力主要是通过压力传感器和压力表测定。在各泵站的进出口、泄漏点、堵塞点、翻越点前后分别布置压力传感器和压力表，学生可以通过压力表直观地看到压力的指示，压力传感器将测定的压力值反馈到操作平台，也可以通过计算机远程监测压力的变化。流量是通过流量计测定，每个泵站的进、出口及流量变化点前、后分别安装流量计，可以就地读取流量的数值，同时可以通过反馈到操作平台的流量数据在计算机上远程读取。由于采用了较为先进的数字流量计和压力传感器，在实验过程中，流量和压力测定数据与理论计算值相符，保证了该套系统测量的可靠性。

本系统选用 SIEMENS 可编程控制器 S7—200PLC 与上位监控机相结合的控制方式。泵的转速变化通过变频器控制。可编程控制器主要用于采集输送系统的相关参数并对泵的转速、管路流量、压力、温度 PID 调节等进行自动控制，同时实现连锁保护等功能。上位监控机作为人机界面以多种图形的方式显示记录各种参数，并能让管理人员/操作人员对整个系统进行必要的操作。这种控制方式在完成实验指导书所要求的全部实验项目的同时，还能使学生了解现代自动控制的基本概念，熟悉现代自控技术的一般操作方法。

数据采集软件由以下模块组成：①矩阵表子模块：以数据表格的形式实时显示当前压力、流量数据。②波形显示子模块：在虚拟示波器上实时显示当前各通道的温度、压力、流量的电压值，并具有可调性。③流程显示子模块：以流程为背景实时显示当前的压力、流量、温度。在流程显示中，屏幕上绘出了泵到泵实验的流程图，并将过程测量的数据显示在文本框中，且该模块也具有控制数据采集周期的功能。

数据采集软件系统主要包括系统设定、数据采集、数据处理、传感标定、文件管理这几项功能，其基本组成如表 8－4 所示。

表 8－4 实验数据采集系统功能

系统自检	数据采集	数据处理	传感器标定	文件管理
数据列表	输入档案	数据计算	温度传感器	文件管理
波形显示	预处理	压力分析	压力传感器	
流程显示	实验测试			
显示设置	压力零点			
传感器设置				

除此之外，系统还包括若干差压变送器、液位变送器、温度变送器、阀门、A/D 转换板、计算机等设备。

8.2.4 实验内容和步骤

根据《输油管道设计与管理》课程的要求，确定实验内容如下。

8.2.4.1 熟悉等温输油管路模拟系统的站内、站间流程设置情况

通过实验教师讲解和自己观察，了解整个系统的管线布站情况，熟悉管线走向、泵站、油罐、翻越点、清管装置的位置、各阀门的作用等，熟悉站内、站间流程设置情况。给实验系统操作控制台送电，打开总电源、计算机数据采集系统，做好实验前准备工作。

8.2.4.2 泵及泵站性能测试实验

通常泵样本上给出的 $Q-H$ 曲线是泵在额定转速下的性能曲线，在实际应用中，泵不一定在此额定转速下工作，而且泵站组合方式不同，泵站则有不同的性能曲线，故在实际使用中需测试出不同转速下的性能。

本实验使用等温管路模拟系统中各泵站控制系统及检测系统，测试泵的性能曲线是利用调节泵的排出阀门的开度来改变泵的流量，测试泵在某一转速下不同流量所对应的压力参数，从而得到单台泵、两台泵串联、两台泵并联的 $Q-H$ 曲线。

操作步骤如下：

(1)实验前准备：将管路的所有阀门关闭；接通电源柜上的总电源、首站电源、调节阀电源和 PLC 柜上的所有电源开关，开启上水电磁阀，首站贮水罐自动上水至至少 3/4 高度；启动上位监控系统 WINCC。

(2)泵的性能曲线测定：根据测试需要，实验中学生自行决定开启或关闭管路上的阀门，开启有关泵机组。

①测定首站 1#、2#泵的特性曲线：将首站 1#泵(2#泵)开启，使二、三站处于“越站”，设定某一固定转速，调节泵及泵站排出阀开度依次为 100%，50%，40%，…，10%，5%，3%，2%，1%，记录相应的流量 Q_i 和泵站的进出站压力 P_i。

②测定泵的串联、并联特性曲线：通过调节阀门，将首站 1#、2#泵串联(并联)，二、三站处于“越站”，设定某一固定转速，调节泵站排出阀开度依次为 100%，50%，40%，…，10%，5%，3%，2%，1%，记录相应的流量 Q_i 和泵站的进出站压力 P_i。

③远程自动控制时，依次按下泵远程→启动→使能按钮，在转速控制中设定测试需要的转速，就可以远程控制泵的启、停、转速。依次按下泵禁止→停止→就地按钮，由首站变频柜的变频器操作面板控制泵的启/停和转速。

④测试完毕后，将各泵转速调至最小，远程/就地状态下关闭泵电源，由后至前依次关闭 PLC 柜和电源柜电源。实验完毕后清理现场，关闭所有阀门。

(3)注意事项：①首站上水电磁阀有程序自动控制补水，自动状态下泵的启动受液位的限制；手动启动泵时，应注意首站液位不低于 3/4；②待管路工作稳定后，开始测试并记录数据。

8.2.4.3 管路工作点测试实验

管路特性曲线是指管路所需要的扬程随着管路流体流量的增大而显著增大的一条曲线，它的含义为当管路中流体的流速增大时，为了克服摩擦阻力和局部阻力，管路所需要的能量增大。离心泵特性曲线是离心泵自身工作能力的表现，与泵的叶轮尺寸、叶轮转速

等内在机械结构有直接关系，它表明如果要让该离心泵提供更大的流量则离心泵所能提供的扬程必然下降。管路特性曲线与离心泵特性曲线的交汇点即为工作点，这时离心泵与管路相匹配。改变泵站的工作特性(如改变运行的泵站数、泵机组调速、切削叶轮直径等)或者改变管路工作特性(如调节阀门开度等)都可以调节流量。

管路工作点测试过程是通过改变管路输量，记录各站进、出站压力，测出各泵站之间的管路摩阻损失，结合泵特性曲线，用图解法求出正常工作时管路系统的工作点。管路损失包括沿程阻力损失、局部阻力损失以及高差，本系统是在比较理想的情况下测试的，高差可以忽略。

(1)实验前准备：同8.2.4.2步骤(1)。

(2)测定管路特性曲线：根据测试需要，实验中学生自行决定开启或关闭管路上的阀门，开启有关泵机组。

①测定单泵运行时的管路特性曲线：开启首站1#泵(2#泵)，二、三站处于“越站”，调节转速分别为1200、1500、1800、2100、2400、2700、3000r/min(或根据需要自行设计转速值)，记录相应的流量Q_i和三个泵站的进出站压力P_i。

②测定泵串联、并联时的管路特性曲线：通过调节阀门，将首站1#、2#泵串联(并联)，二、三站处于“越站”，调节1#、2#泵转速分别为1200、1500、1800、2100、2400、2700、3000r/min(或根据需要自行设计转速值)，记录相应的流量Q_i和三个泵站的进出站压力P_i。

③测试完毕后，将各泵转速调至最小，远程/就地状态下关闭泵电源，由后至前依次关闭PLC柜和电源柜电源。实验完毕后清理现场，关闭所有阀门。

(3)根据所测实验数据得到总管路特性曲线，结合所测定的泵及泵站特性曲线，用图解法求出管路系统的工作点。

8.2.4.4 异常工况及事故分析处理实验

等温输油管道在正常输送时，全线基本处于运行参数相对最佳的稳定运行状态。但是在运行过程中，除了由于季节的变化、所输油品种类改变使油品黏度改变，会引起全线工况变化外，根据供、销的需要，有计划的调整输量，以及输油管道沿线间歇的分油和收油，也会导致全线工况变化。只有根据工况变化情况分析变化的原因，并采取相应的处理措施，才能对管线进行行之有效的管理，保证管线安全、稳定、高效运行。根据能量平衡方程式(8-14)，可以分析发生事故工况时运行参数的变化趋势。

常见的异常工况有以下几种：

(1)管道泄漏：管道沿线的漏油事故发生在管道腐蚀穿孔、机械破坏以及人为破坏等情况下，漏油后的全线各站输送量、进站压力和出站压力等参数都会发生变化。根据实验模拟管道沿线某处泄漏的情况，记录泄漏点前后的管道内的输量，以及漏油时全线各站进站和出站压力，进而比较管道沿线漏油前后的变化情况。沿线某处漏油后，漏油点前输量增加，漏油点后输量减小，管道全线的进出站压力均下降。

(2)管道堵塞：输油管道沿线局部阻塞发生在管道严重结垢、结蜡、阀门闸板脱落、清管器卡住以及其他异物阻塞等情况下。局部阻塞的发生，相当于增加了管道的局部压降，其工况会发生变化：管道沿线的输送量变化及管道沿线各站进站和出站压力的变化。管道出现局部阻塞后，全线的输量减少；阻塞点前各站的进、出站压力上升，阻塞点后各站的进、出站压力下降，越靠近阻塞点的站，压力变化程度越大。

(3)泵站停运：由于停电或其他因素导致泵站无法正常运行。此时全线压力会产生变化。“从泵到泵”运行的输油管道某中间泵站停运，采用压力越站后，管道的输量减少，停输站前面各站的进、出站压力均上升，停输站后面各站的进、出站压力均下降。越靠近停输站，压力的变化越明显。

实验操作步骤如下：

(1)模拟泵站突然停电：记录正常工况下各泵站的进、出站压力及流量数值；“就地”手动关闭2#泵站，模拟泵站突然停电情况。观察记录该工况下各泵站的进、出站压力及流量数值，调节相关阀门使流程恢复正常工况。

(2)模拟管路堵塞：记录正常工况下各泵站的进出站压力及流量数值。将中间站与末站之间设置好的堵塞阀门逐渐关小，模拟管路堵塞情况。观察记录该工况下各泵站的进、出站压力及流量数值，调节相关阀门使流程恢复正常工况。

(3)模拟管路泄漏：记录正常工况下各泵站的进出站压力及流量数值；将中间站与末站之间设置好的泄漏阀打开，模拟管路泄漏情况。观察记录该工况下各泵站的进出站压力及流量数值。调节相关阀门使流程恢复正常工况。

(4)测试完毕后，远程/就地状态下关闭泵电源，由后至前依次关闭 PLC 柜和电源柜电源。实验完毕后清理现场，关闭所有阀门。

8.2.4.5 其他工况分析处理实验

等温输油管道在输送过程中，除可能发生异常工况外，以下几种工况也经常出现，需要学会分析处理。

(1)楔流

输油过程中向沿途用油单位楔入油品叫楔流。发生楔流时，可以根据管路中的流量、压力的变化进行判断，操作步骤如下：

①记录正常工况下各泵站的进出站压力及流量数值；②打开相关阀门，启动辅助泵，向中间站进口楔流，观察记录该工况下各泵站的进、出站压力及流量数值；③调节相关阀门使流程恢复正常工况。

(2)泵站工作状态调整

管道正常运行过程中，可能会需要进行泵站的倍增和铺设副管，同样也会导致管路中的流量和压力产生变化，操作步骤如下：

①倍增泵站：启动1#、3#、5#泵，将转速调至最大，待管路运行稳定后，记录各站进出站压力及流量数值。启动2#、4#、6#泵，也将转速调至最大，待管路运行稳定后，记录各站进出站压力及流量数值。观察倍增泵站后各工况参数变化情况。

②铺设副管：将1#～6#泵全部开启，转速调至最大，待管路运行稳定后，记录各站进、出站压力及流量数值。打开副管铺设的阀门，待管路运行稳定后，记录各站进、出站压力及流量数值。观察铺设副后各工况参数变化情况。

8.2.4.6 旁接油罐的输送调节

旁接油罐可以起到调节上下两站流量差的作用，通过实验熟悉旁接油罐调节流量的方法及过程。操作步骤如下：

(1)实验前准备：同8.2.4.2步骤(1)。

(2)打开相关阀门，将$1^{\#}\sim6^{\#}$泵全部开启，使全线进入泵到泵全速运行状态；

(3)打开中间站、末站的进罐阀门，待管路运行稳定后，观察并记录中间站、末站旁接油罐的液面高度；

(4)调整中间站、末站的进口或出口阀门，使中间站、末站旁接油罐的液面高度维持在3/4左右；

(5)恢复平稳后，降低末站转速，观察液面高度变化情况；

(6)打开泄漏阀门跑油，观察中间站、末站的旁接油罐液面变化情况。

注意事项：

(1)开启各泵后，仔细观察中间站、末站旁接油罐液面变化高度，防止水罐溢水；

(2)末站转速不宜降得太低，应不低于1500r/min。

8.2.4.7　水击、清管球收发、翻越点后不满流演示

通过实验观察水击、清管球收发、翻越点后不满流现象，操作步骤如下：

(1)水击现象：做好实验准备工作后，打开相关阀门，将$1^{\#}\sim6^{\#}$泵全部开启，待管路运行稳定后，突然关闭中间电磁阀，同时观察各站压力变化情况，然后打开，防止下一站断流。

(2)清管球收发：做好实验准备工作后，打开发球装置盲板，把清管球放入发球装置$DN50$管内，盖好发/收球装置的盲板，拧紧螺丝。开启泵站，从透明实验管段观察清管球通过至收球端。关闭泵站、阀门，打开收球装置盲板，取出清管球。

(3)翻越点后不满流：做好实验准备工作后，开启泵站，开启放水阀门至翻越管后侧水位下降至一半左右时关闭；观察翻越点后的不满流现象，并注意翻越管顶部排气阀的反应。

8.2.5　实验结果及处理

(1)根据所做的实验内容，将实验数据整理至表8－5～表8－8中。

表8－5　泵及泵站性能测试数据记录表　　转速：＿＿＿＿＿rpm

	阀门开度/%	100	50	40	30	20	10	5	3	1
$1^{\#}$泵	流量$Q/(m^3/h)$									
	进站压力P/kPa									
	出站压力P/kPa									
$2^{\#}$泵	流量$Q/(m^3/h)$									
	进站压力P/kPa									
	出站压力P/kPa									
串联	流量$Q/(m^3/h)$									
	进站压力P/kPa									
	出站压力P/kPa									
并联	流量$Q/(m^3/h)$									
	进站压力P/kPa									
	出站压力P/kPa									

表8-6 管路特性曲线测试数据记录表

1#泵	转速 r/(r/min)							
	流量 Q/(m^3/h)							
	首站进站压力 P/kPa							
	首站出站压力 P/kPa							
	中间站进站压力 P/kPa							
	中间站出站压力 P/kPa							
	末站进站压力 P/kPa							
	末站出站压力 P/kPa							
2#泵	流量 Q/(m^3/h)							
	首站进站压力 P/kPa							
	首站出站压力 P/kPa							
	中间站进站压力 P/kPa							
	中间站出站压力 P/kPa							
	末站进站压力 P/kPa							
	末站出站压力 P/kPa							
串联	流量 Q/(m^3/h)							
	首站进站压力 P/kPa							
	首站出站压力 P/kPa							
	中间站进站压力 P/kPa							
	中间站出站压力 P/kPa							
	末站进站压力 P/kPa							
	末站出站压力 P/kPa							
并联	流量 Q/(m^3/h)							
	首站进站压力 P/kPa							
	首站出站压力 P/kPa							
	中间站进站压力 P/kPa							
	中间站出站压力 P/kPa							
	末站进站压力 P/kPa							
	末站出站压力 P/kPa							

表8-7 异常工况测试数据记录表

		正常工况	停电工况	堵塞工况	泄漏工况
首站	流量 Q/(m^3/h)				
	进站压力 P/kPa				
	出站压力 P/kPa				

续表

		正常工况	停电工况	堵塞工况	泄漏工况
中间站	流量 $Q/(m^3/h)$				
	进站压力 P/kPa				
	出站压力 P/kPa				
末站	流量 $Q/(m^3/h)$				
	进站压力 P/kPa				
	出站压力 P/kPa				

表 8－8　其他工况测试数据记录表

		正常工况	楔流	铺设副管	倍增泵站	
					倍增前	倍增
首站	流量 $Q/(m^3/h)$					
	进站压力 P/kPa					
	出站压力 P/kPa					
中间站	流量 $Q/(m^3/h)$					
	进站压力 P/kPa					
	出站压力 P/kPa					
末站	流量 $Q/(m^3/h)$					
	进站压力 P/kPa					
	出站压力 P/kPa					

(2)在直角坐标系下绘制管路特性曲线、各泵站的泵特性曲线，用图解法求泵站在单泵、串联、并联运行时的工作点，求出各站进、出站压力，并与实测结果对比，分析产生偏差的原因。

(3)比较各种事故工况和正常工况的数据，能够根据运行参数的变化判断事故发生的地点，分析事故工况对运行参数的影响，并讨论应采取的措施。从能量供求关系角度讨论堵塞事故工况和停电事故工况的运行参数变化有何相同和不同之处。

(4)比较清管球发送前、后管道流量和各站进、出站压力的变化情况，分析清管过程的能耗情况。

(5)描述翻越点后的流动状态，分析影响翻越点的因素，给出消除翻越点后不满流的措施。

(6)实验的收获及改进的建议。

8.2.6　分析思考题

(1)为什么要关闭泵出口阀后才能启动离心泵？往复泵能否这样操作？

(2)当首站提供的能量不足以把相应输量的液体输送到管道终点时，应怎样启动长输管道？这一般发生在什么情况下？

以根据哪些参数来判断输油管道运行工况是否正常？

中间站停输后，不能自动越站输送将会出现什么情况？

点后不满流现象的产生原因是什么？怎样消除不满流现象？

击发生时工况变化过程。

罐输油方式有何特点？旁接油罐后，中间站、末站的进站压头是怎样确

铺设复管或倍增泵时，为什么流量不能成倍地增加？

参考文献

[1]史贤林，张秋香，周文勇，潘正官．化工原理实验[M]．上海：华东理工大学出版社，2015.
[2]毛根海．应用流体力学实验[M]．北京：高等教育出版社，2008.
[3]毛根海．应用流体力学[M]．北京：高等教育出版社，2006.
[4]毛根海．奇妙的流体运动科学[M]．杭州：浙江大学出版社，2009.
[5]杨树人，王春生．工程流体力学[M].2版．北京：石油工业出版社，2019.
[6]周锡堂．油气储运工程专业实验指导[M]．北京：中国石化出版社，2012.
[7]李晓燕，杨大恒，李春颖．流体力学实验基础理论与应用[M]．北京：中国建材工业出版社，2017.
[8]姬忠礼，邓志安，赵会军．泵和压缩机[M]．北京：石油工业出版社，2015.
[9]龙安厚，张树文，王志华．油气储运工程实验[M]．北京：石油工业出版社，2010.
[10]王志华，毕海胜，朱砂．油气储运工程实验[M].2版．北京：石油工业出版社，2021.
[11]张树文，陈振瑜．油气储运工程专业教学实验[M]．东营：中国石油大学出版社，2018.
[12]杜峰．储运油料学[M].3版．东营：中国石油大学出版社，2015.
[13]熊云．储运油料学[M]．北京：中国石化出版社，2014.
[14]李传宪．原油流变学[M]．东营：中国石油大学出版社，2007.
[15]王玉福，仇阳．油气储运实验实训教程[M]．北京：中国石化出版社，2018.
[16]李小艳．油气储运工程实验[M]．北京：中国石化出版社，2014.
[17]沈本贤．化工类油气储运工程专业实验[M]．上海：华东理工大学出版社，2014.
[18]李江飞，张鉴益，刘忠运．油气储运实验实训教程(富媒体)[M]．北京：石油工业出版社，2019.
[19]郭学本．油品分析实训教程[M]．北京：化学工业出版社，2016.
[20]GB/T 29617—2013，数字密度计测试液体密度、相对密度和 API 比重的实验方法[S].
[21]GB/T 1884—2000，原油和液体石油产品密度实验室测定法(密度计法)[S].
[22]GB/T 26984—2011，原油馏程的测定[S].
[23]GB/T 6536—2010，石油产品常压蒸馏特性测定法[S].
[24]GB/T 510—2018，石油产品凝固点测定法[S].
[25]SY/T 0541—2009，原油凝固点测定法[S].
[26]GB/T 3535—2006，石油产品倾点测定法[S].
[27]GB/T 26985—2018，原油倾点的测定[S].
[28]SY/T 7551—2004，原油倾点测定法[S].
[29]GB/T 2430—2008，航空燃料冰点测定法[S].
[30]GB/T 6986—2014，石油产品浊点测定法[S].
[31]NB/SH/T 0179—2013，轻质石油产品浊点和结晶点测定法[S].
[32]SH/T 0248—2019，柴油和民用取暖油冷滤点测定法[S].
[33]SN/T 3518—2013，石油产品运动黏度的测定 斯塔宾格黏度计法[S].
[34]SY/T 0520—2008，原油黏度测定 旋转黏度计平衡法[S].
[35]GB/T 28910—2012，原油流变性测定方法[S].
[36]SY/T 7547—2014，原油屈服值的测定 旋转黏度计法[S].

[37]SY/T 7550—2012，原油中蜡、胶质、沥青质含量的测定[S].
[38]GB/T 26982—2011，原油蜡含量的测定[S].
[39]NB/SH/T 0509—2010，石油沥青四组分测定法[S].
[40]SY/T 0537—2008，原油中蜡含量的测定[S].
[41]SY/T 0545—2012，原油析蜡热特性参数的测定 差示扫描量热法[S].
[42]SY/T 0521—2008，原油析蜡点测定 显微观测法[S].
[43]SY/T 0522—2008，原油析蜡点测定 旋转黏度计法[S].
[44]GB/T 5096—2017，石油产品铜片腐蚀实验法[S].
[45]GB/T 380－1977，石油产品硫含量测定法 燃灯法[S].
[46]GB/T 17606—2009，原油中硫含量的测定 能量色散 X 射线荧光光谱法[S].
[47]GB/T 6532—2012，原油中盐含量的测定 电位滴定法[S].
[48]SN/T 2782—2011，原油中盐含量的测定 电测法[S].
[49]GB/T 8929—2006，原油水含量的测定 蒸馏法[S].
[50]SY/T 5281—2000，原油破乳剂使用性能检验方法 瓶试法[S].
[51]GB/T 5549—2010，表面活性剂 用拉起液膜法测定表面张力[S].
[52]GB/T 22237—2008，表面活性剂 表面张力的测定[S].
[53]SY/T 5370—2018，表面及界面张力测定方法[S].
[54]JB/T 9388—2015，界面张力仪 技术条件[S].
[55]崔之健，史秀敏，李又绿．油气储运设施腐蚀与防护[M]．北京：石油工业出版社，2009.
[56]段林峰，张志宇．化工腐蚀与防护[M]．北京：化学工业出版社，2008.
[57]张仁坤．石油化工设备腐蚀与防护[M]．北京：海洋出版社，2017.
[58]王凤平．金属腐蚀与防护实验[M]．北京：化学工业出版社，2015.
[59]郭光臣，董文兰，张志廉．油库设计与管理[M]．东营：石油大学出版社，2006.
[60]SN/T 2939—2011，石油产品闪点的测定 宾斯基－马丁闭口杯法[S].
[61]GB/T 261—2008，闪点的测定 宾斯基－马丁闭口杯法[S].
[62]GB/T 3536—2008，石油产品闪点和燃点的测定 克利夫兰开口杯法[S].
[63]GB/T 8017—2012，石油产品蒸气压的测定 雷德法[S].
[64]GB/T 11059—2003，原油饱和蒸汽压测定法 参比法[S].
[65]戴静君，董正远，田野．油气集输[M]．北京：石油工业出版社，2012.
[66]冯叔初，郭揆常，等．油气集输[M]．东营：石油大学出版社，1988.
[67]蒋华义．输油管道设计与管理[M]．北京：石油工业出版社，2010.
[68]梁金禄，石海信．油气储运虚拟仿真实验[M]．北京：中国原子能出版社，2017.
[69]梁金禄，石海信，张树文．油气储运综合实验指导[M]．北京：中国原子能出版社，2017.
[70]蒋华义，田野，吴晓南．油气储运毕业设计指导书[M]．北京：石油工业出版社，2018.